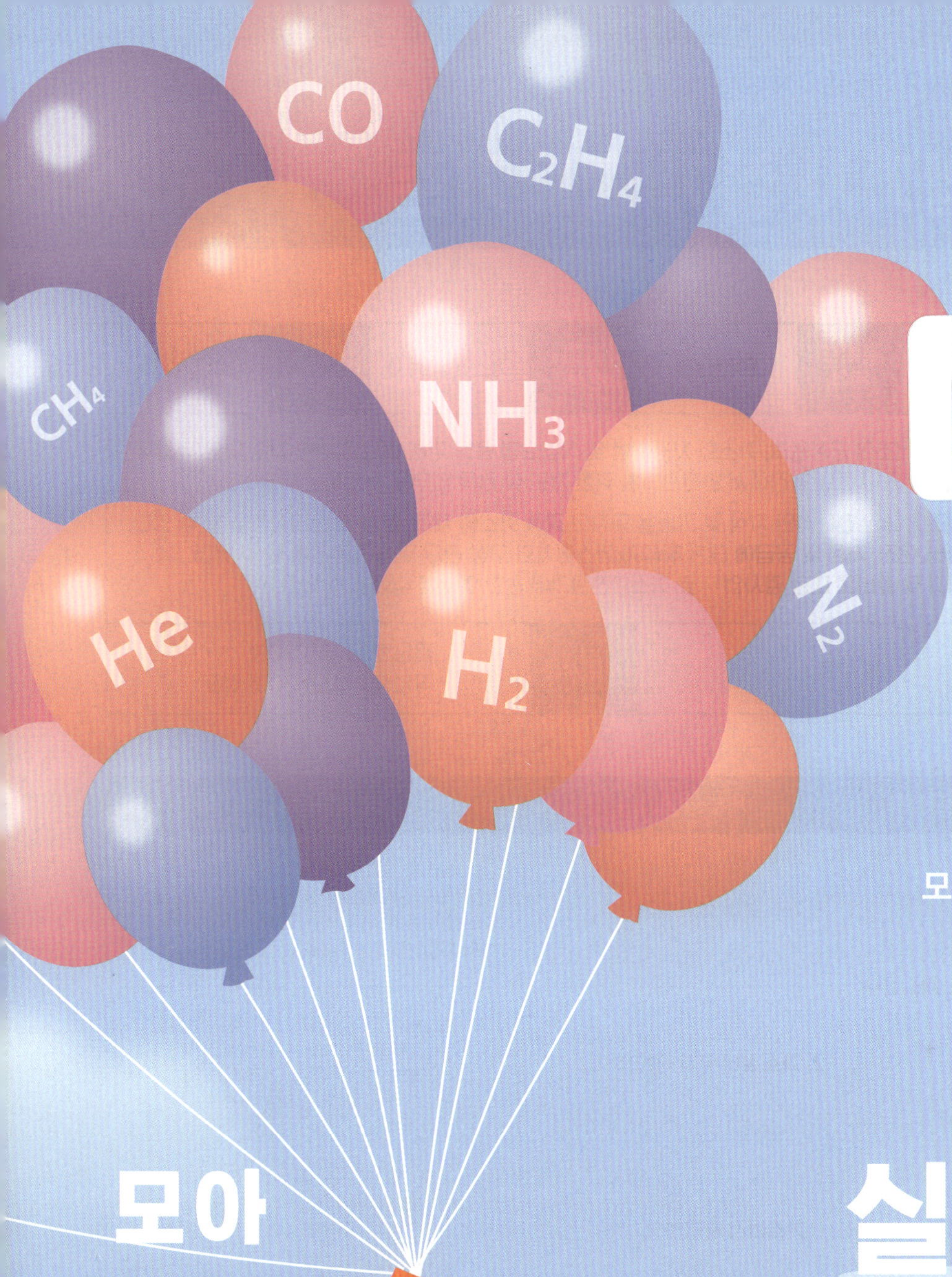

2025
개정2판

모아합격전략연구소

이론+과년도

모아 실기
가스산업기사

가스산업기사 실기 출제기준

직무분야	안전관리	중직무분야	안전관리	자격종목	가스산업기사	적용기간	2024. 1. 1. ~ 2027. 12. 31.

○ 직무내용 : 가스 및 용기제조의 공정관리, 가스의 사용방법 및 취급요령 등을 위해 예방을 위한 지도 및 감독업무와 저장, 판매, 공급 등의 과정에서 안전관리를 위한 지도 및 감독 업무를 수행하는 직무이다.

○ 수행준거
1. 가스제조에 대한 전문적인 지식 및 기능을 가지고 각종 가스를 제조, 설치 및 정비작업을 할 수 있다.
2. 가스설비, 운전, 저장 및 공급에 대한 취급과 가스장치의 고장 진단 및 유지관리를 할 수 있다.
3. 가스기기 및 설비에 대한 검사업무 및 가스안전관리에 관한 업무를 수행할 수 있다.

실기검정방법	복합형	시험시간	필답형 : 1시간 30분 작업형 : 1시간 30분 정도

실기 과목명	주요항목	세부항목	세세항목
가스 실무	1. 가스설비 실무	1. 가스 설비 설치하기	1. 고압가스 설비를 설계·설치관리할 수 있다. 2. 액화석유가스 설비를 설계·설치관리할 수 있다. 3. 도시가스 설비를 설계·설치관리할 수 있다. 4. 수소 설비를 설계·설치관리할 수 있다.
		2. 가스 설비 유지·관리하기	1. 고압가스 설비를 안전하게 유지·관리할 수 있다. 2. 액화석유가스 설비를 안전하게 유지·관리할 수 있다. 3. 도시가스 설비를 안전하게 유지·관리할 수 있다. 4. 수소 설비를 안전하게 유지·관리할 수 있다.
	2. 안전관리 실무	1. 가스안전 관리하기	1. 용기, 가스용품, 저장탱크 등 가스설비 및 기기의 취급 운반에 대한 안전 대책을 수립할 수 있다. 2. 가스폭발 방지를 위한 대책을 수립하고, 사고발생 시 신속히 대응할 수 있다. 3. 가스시설의 평가, 진단 및 검사를 할 수 있다.
		2. 가스 안전검사 수행하기	1. 가스관련 안전인증대상 기계·기구와 자율안전 확인 대상 기계·기구 등을 구분할 수 있다. 2. 가스관련 의무안전인증 대상 기계·기구와 자율안전 확인대상 기계·기구 등에 따른 위험성의 세부적인 종류, 규격, 형식의 위험성을 적용할 수 있다. 3. 가스관련 안전인증 대상 기계·기구와 자율안전 대상 기계·기구 등에 따른 기계·기구에 대하여 측정장비를 이용하여 정기적인 시험을 실시할 수 있도록 관리계획을 작성할 수 있다. 4. 가스관련 안전인증 대상 기계·기구와 자율안전 대상 기계·기구 등에 따른 기계·기구 설치방법 및 종류에 의한 장단점을 조사할 수 있다. 5. 공정진행에 의한 가스관련 안전인증 대상 기계·기구와 자율안전 확인 대상 기계·기구 등에 따른 기계기구의 설치, 해체, 변경 계획을 작성할 수 있다.

시험일정 및 합격률

산업기사 응시자격

1. 기능사 등급 이상의 자격을 취득한 후 응시하려는 종목이 속하는 동일 및 유사 직무분야에 1년 이상 실무에 종사한 사람
2. 응시하려는 종목이 속하는 동일 및 유사 직무분야의 다른 종목의 산업기사 등급 이상의 자격을 취득한 사람
3. 관련학과의 2년제 또는 3년제 전문대학졸업자 등 또는 그 졸업예정자
4. 관련학과의 대학졸업자 등 또는 그 졸업예정자
5. 동일 및 유사 직무분야의 산업기사 수준 기술훈련과정 이수자 또는 그 이수예정자
6. 응시하려는 종목이 속하는 동일 및 유사 직무분야에서 2년 이상 실무에 종사한 사람
7. 고용노동부령으로 정하는 기능경기대회 입상자
8. 외국에서 동일한 종목에 해당하는 자격을 취득한 사람

2025년 시험일정

구분	필기원서 접수	필기시험	합격자 (예정자)발표	실기원서 접수	실기시험	최종합격자 발표일
1회	2025.01.13~ 2025.01.16	2025.02.07~ 2025.03.04	2025.03.12	2025.03.24~ 2025.03.27	2025.04.19~ 2025.05.09	1차 : 2025.06.05 2차 : 2025.06.13
2회	2025.04.14~ 2025.04.17	2025.05.10~ 2025.05.30	2025.06.11	2025.06.23~ 2025.06.26	2025.07.19~ 2025.08.06	1차 : 2025.09.05 2차 : 2025.09.12
3회	2025.07.21~ 2025.07.24	2025.08.09~ 2025.09.01	2025.09.10	2025.09.22~ 2025.09.25	2025.11.01~ 2025.11.21	1차 : 2025.12.05 2차 : 2025.12.24

자세한 정보는 큐넷(https://www.q-net.or.kr)을 참고 바랍니다.

합격률 및 응시인원

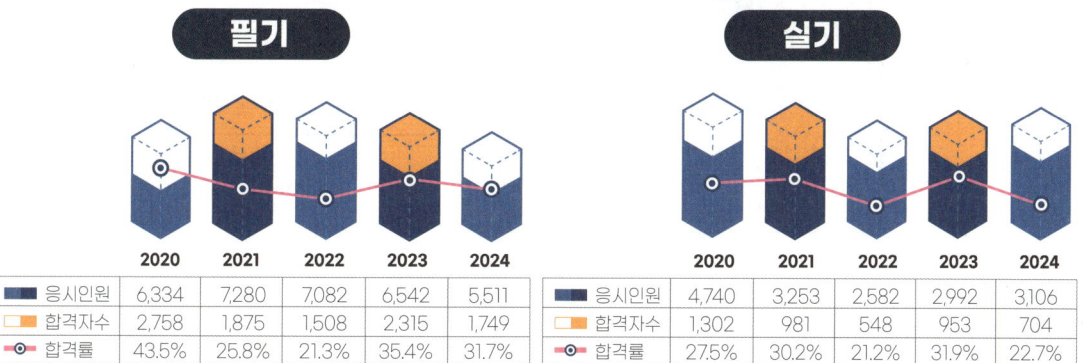

필기

	2020	2021	2022	2023	2024
응시인원	6,334	7,280	7,082	6,542	5,511
합격자수	2,758	1,875	1,508	2,315	1,749
합격률	43.5%	25.8%	21.3%	35.4%	31.7%

실기

	2020	2021	2022	2023	2024
응시인원	4,740	3,253	2,582	2,992	3,106
합격자수	1,302	981	548	953	704
합격률	27.5%	30.2%	21.2%	31.9%	22.7%

참 잘 만들어서
참 공부하기 쉬운 모아 가스산업기사

실전에 유용한 **암기법**

실전에 유용한 **암기법**을 제시하여
한눈에 **쉽게 외우고**, 시험 당일까지
오랫동안 기억할 수 있습니다.

합격에 딱 맞춰 정리한 **핵심이론**

이것저것 교재에 담아내기보다 최대한 간결하고
빠르게 이해할 수 있도록 **핵심만 정리**했습니다.

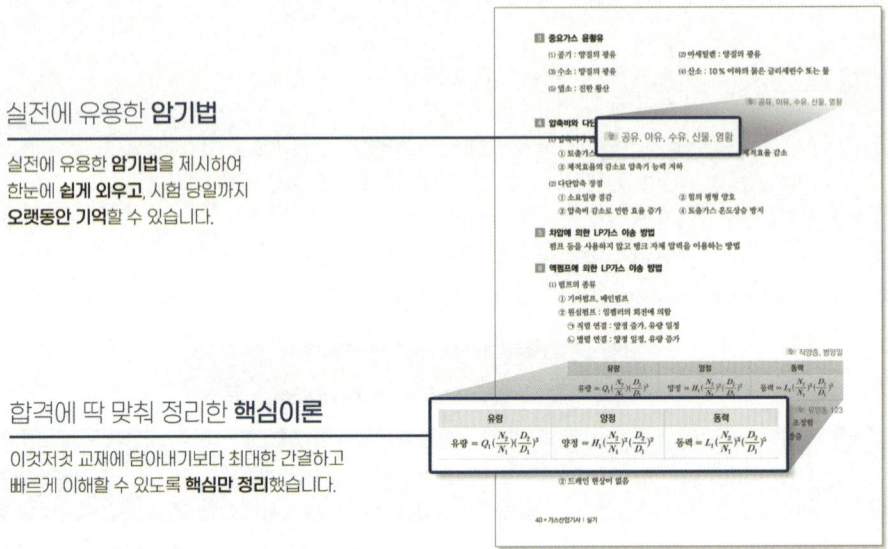

실력향상을 위한 Level up

추가로 정리된 개념 등을 통해
Level up할 수 있도록 하였습니다.

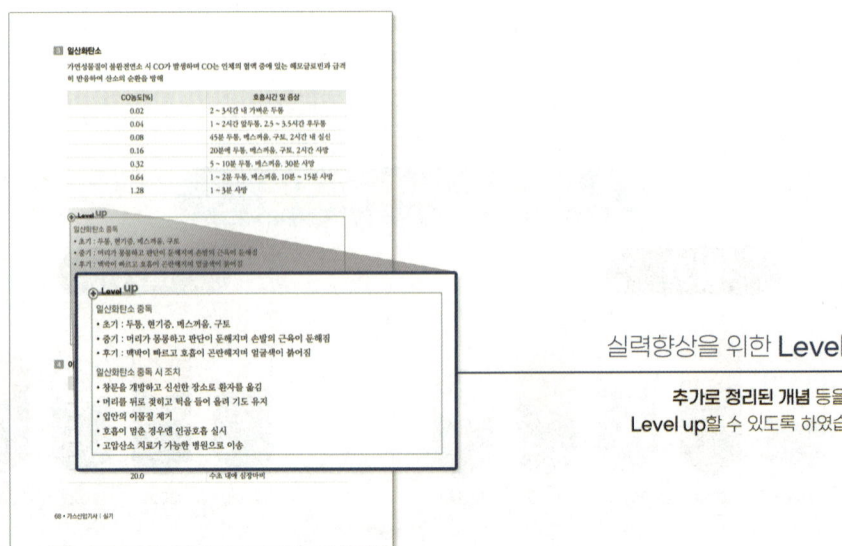

빠르고 쉽게 이해할 수 있는 **핵심이론**
다양한 유형을 파악할 수 있는 **과년도 기출문제**
시험 전 최종 마무리를 위한 **KGS CODE 핵심모음**

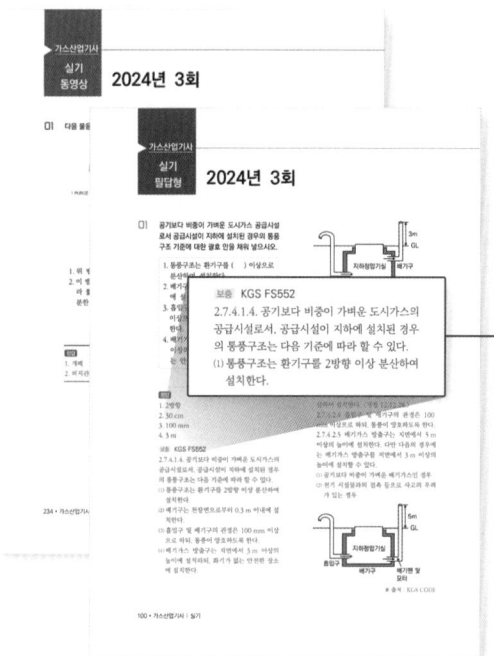

최신 10년분 필답형 & 동영상 기출문제

다양한 문제 유형을 접해서
철저하게 시험을 대비할 수 있게 구성했습니다.
또한 **상세한 보충설명**으로
문제 하나하나의 가치를 극대화했습니다.

KGS CODE 핵심모음집

과년도 기출문제와 최근 출제경향 분석을
통해 시험에 출제될 가능성이 있는
핵심 KGS CODE를 정리했습니다.

가스산업기사 실기 (21일 완성)

하루 소요 공부예정시간 대략 평균 5시간

DAY 1	OT 및 커리큘럼	강의시간 약 3시간 / 복습 2시간
	핵심이론 Chapter 01~04	
DAY 2	핵심이론 Chapter 05~08	강의시간 약 3시간 / 복습 2시간

✏️ **[DAY 1~2 학습 Comment]**
가스산업기사 실기시험에 가장 기본이 되는 핵심개념들을 위주로 구성해놓은 부분입니다. 필답형과 동영상 과년도를 들어가기에 앞서 한 번은 꼭 정독하고 넘어가주세요.

DAY 3	필답형 기출문제 - 2024, 2023년도	강의시간 약 4시간 / 복습 1시간
DAY 4	필답형 기출문제 - 2022, 2021년도	강의시간 약 4시간 / 복습 1시간
DAY 5	필답형 기출문제 - 2020, 2019년도	강의시간 약 4시간 / 복습 1시간
DAY 6	필답형 기출문제 - 2018, 2017년도	강의시간 약 4시간 / 복습 1시간
DAY 7	필답형 기출문제 - 2016, 2015년도	강의시간 약 3시간 / 복습 2시간

✏️ **[DAY 3~7 학습 Comment]**
최근 출제경향을 보면 KGS CODE 내용이 빈번히 출제되고 있습니다. 단순 문답형식이 아닌 해설에 수록해놓은 관련 CODE 내용을 반드시 암기 및 학습해주시고, 계산문제는 시험에 합격하기 위해 반드시 숙지하고 넘어가주세요.

DAY 8	동영상 기출문제 2024년도, 2023년도	강의시간 약 3시간 / 복습 2시간
DAY 9	동영상 기출문제 2022년도, 2021년도	강의시간 약 3시간 / 복습 2시간
DAY 10	동영상 기출문제 2020년도, 2019년도	강의시간 약 3시간 / 복습 2시간
DAY 11	동영상 기출문제 2018년도, 2017년도	강의시간 약 3시간 / 복습 2시간
DAY 12	동영상 기출문제 2016년도, 2015년도	강의시간 약 3시간 / 복습 2시간

✏️ **[DAY 8~12 학습 Comment]**
동영상은 가스설비와 법령에 대해 실제 관련 영상이 컴퓨터 화면으로 주어지며 그에 관한 문제를 풀어야 하는 시험입니다. 따라서 설비와 법령에 대한 전체적인 이해가 필수적인 만큼 설비 사진을 눈에 많이 익히시기 바랍니다.

DAY 13~19	필답형 + 동영상 과년도 3회독	강의시간 약 2시간 / 복습 3시간

✏️ **[DAY 13~19 학습 Comment]**
강의와 교재 1회독을 마무리했다면 1주일 동안 필답형과 동영상 과년도를 반복 학습하여 최소 3회독을 해주시기 바랍니다. 처음엔 이해가 가지 않았던 개념과 문제가 회독 과정에서 이해될 것이며, 시험장에서도 문제의 접근법과 답을 떠올릴 수 있을 것입니다.

DAY 20~21	KGS CODE 핵심모음집	학습시간 2시간

✏️ **[DAY 20~21 학습 Comment]**
10년간 출제되었던 기출문제 관련 KGS CODE 내용뿐만 아니라 출제 가능성이 있는 CODE를 부록으로 정리했습니다. 시험보기 1~2일 전 정독해주세요.

모아바 www.moa-ba.com
모아소방전기학원 www.moate.co.kr

이 책의 순서

PART 01 핵심이론 • 12

　Chapter 01 안전관리 일반 ·· 12
　Chapter 02 연소 및 폭발 ·· 21
　Chapter 03 가스 장치 및 기기 ·· 25
　Chapter 04 압축기 및 펌프 ·· 38
　Chapter 05 가스 기본 ·· 43
　Chapter 06 LPG 및 도시가스 설비 ·· 59
　Chapter 07 가스사고 ·· 67
　Chapter 08 수소법 ·· 72

PART 02 필답형 기출문제 • 88

2024년 1회 ································ 88	2019년 1회 ································ 162
2024년 2회 ································ 93	2019년 2회 ································ 166
2024년 3회 ································ 100	2019년 4회 ································ 170
2023년 1회 ································ 107	2018년 1회 ································ 175
2023년 2회 ································ 111	2018년 2회 ································ 180
2023년 4회 ································ 114	2018년 4회 ································ 183
2022년 1회 ································ 119	2017년 1회 ································ 187
2022년 2회 ································ 123	2017년 2회 ································ 191
2022년 4회 ································ 128	2017년 4회 ································ 194
2021년 1회 ································ 133	2016년 1회 ································ 198
2021년 2회 ································ 137	2016년 2회 ································ 202
2021년 4회 ································ 142	2016년 4회 ································ 206
2020년 1회 ································ 146	2015년 1회 ································ 211
2020년 2회 ································ 150	2015년 2회 ································ 216
2020년 3회 ································ 154	2015년 4회 ································ 221
2020년 4회 ································ 158	

PART 03　동영상 기출문제 · 226

2024년 1회 ·············· 226	2019년 1회 ·············· 294
2024년 2회 ·············· 230	2019년 2회 ·············· 298
2024년 3회 ·············· 234	2019년 4회 ·············· 302
2023년 1회 ·············· 240	2018년 1회 ·············· 306
2023년 2회 ·············· 244	2018년 2회 ·············· 311
2023년 4회 ·············· 248	2018년 4회 ·············· 315
2022년 1회 ·············· 252	2017년 1회 ·············· 319
2022년 2회 ·············· 256	2017년 2회 ·············· 323
2022년 4회 ·············· 260	2017년 4회 ·············· 326
2021년 1회 ·············· 264	2016년 1회 ·············· 331
2021년 2회 ·············· 268	2016년 2회 ·············· 335
2021년 4회 ·············· 273	2016년 4회 ·············· 340
2020년 1회 ·············· 278	2015년 1회 ·············· 344
2020년 2회 ·············· 282	2015년 2회 ·············· 347
2020년 3회 ·············· 286	2015년 4회 ·············· 351
2020년 4회 ·············· 290	

PART 04　KGS CODE 핵심모음 · 356

Part 01

핵심이론

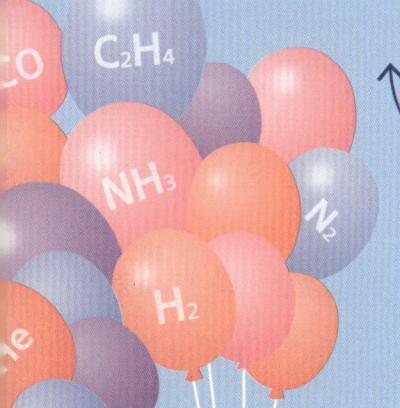

Chapter 01 안전관리 일반
Chapter 02 연소 및 폭발
Chapter 03 가스 장치 및 기기
Chapter 04 압축기 및 펌프
Chapter 05 가스 기본
Chapter 06 LPG 및 도시가스 설비
Chapter 07 가스 사고
Chapter 08 수소법

CHAPTER 01 안전관리 일반

1 저장능력 및 냉동능력 계산식

(1) 액화가스 저장탱크

$$W = 0.9dV$$

W : 저장능력[kg], d : 액화가스비중

(2) 액화가스 용기(충전 용기, 탱크로리)

$$W = \frac{V}{C}$$

W : 저장능력(kg), V : 내용적(L), C : 충전상수

(3) 압축가스, 저장탱크 및 용기

$$Q = (10P+1)V$$

Q : 저장능력[m^3], P : 최고충전압력[MPa], V : 내용적[m^3]

(4) 원심식 압축기를 사용하는 냉동설비

압축기의 원동기 정격출력 1.2 kW를 1일의 냉동능력 1톤으로 본다.

(5) 흡수식 냉동설비

발생기를 가열하는 1시간의 입열량 6640 kcal를 1일의 냉동능력 1톤으로 본다.

2 보호시설

(1) 제1종 보호시설

① 학교·유치원·어린이집·놀이방·어린이놀이터·학원·병원·도서관·청소년수련시설·경로당·시장·공중목욕탕·호텔·여관·극장·교회 및 공회당

② 사람을 수용하는 건축물로 독립된 부분의 연면적이 1000 m^2 이상인 것

③ 예식장·장례식장 및 전시장, 유사한 시설로서 300명 이상 수용할 수 있는 건축물

④ 아동복지시설 또는 장애인복지시설로서 20명 이상 수용할 수 있는 건축물

⑤ 「문화재보호법」에 따라 지정문화재로 지정된 건축물

(2) 제2종 보호시설

① 주택

② 사람을 수용하는 건축물로 독립된 연면적 100 m^2 이상 1000 m^2 미만

3 경보농도

(1) 가연성 가스

   폭발하한계의 1/4 이하

(2) 독성 가스

   TLV - TWA 기준농도 이하

(3) 암모니아를 실내에서 사용하는 경우

   50 ppm

4 방류둑

(1) 방류둑

   ① 저장탱크 내 액화가스가 액체상태로 유출되는 것을 방지하기 위해 설치

   ② 저장탱크 저부가 지하에 있으며 주위피트상 구조로인 것으로 그 용량 이상일 것

(2) 고압가스 특정제조

   ① 독성 가스 : 5톤 이상

   ② 가연성 가스 : 500톤 이상

   ③ 액화산소 : 1000톤 이상

(3) 고압가스 일반제조

   ① 독성 가스 : 5톤 이상

   ② 가연성 가스, 액화산소 : 1000톤 이상

(4) 냉동제조시설(독성 가스 냉매 사용)

   수액기 내용적 1만 L 이상

(5) 액화석유가스

   1000톤 이상

(6) 도시가스

   ① 가스도매사업 : 500톤 이상

   ② 일반도시가스사업 : 1000톤 이상

   ※ LNG 저장탱크는 가스도매사업에 해당

(7) 용량

   ① 저장탱크 저장능력에 상당하는 용적 이상으로 할 것

   ② 액화산소는 저장능력의 상당 용량의 60 % 이상으로 할 것

(8) 방류둑의 구조 및 기준

① 재료 : 철근콘크리트, 금속, 흙 또는 이를 혼합한 액밀한 구조
② 액체류 표면적 : 가능한 한 적게
③ 배관 관통부 틈새로부터 누설방지 및 방식조치
④ 금속재료 : 부식되지 않게 방식 및 방청조치
⑤ 방류둑 내 고인 물을 배출하기 위한 배수조치
⑥ 가연성과 독성, 가연성과 조연성 액화가스 방류둑은 혼합배치하지 말 것
⑦ 방류둑 내면과 외면으로부터 10 m 이내 : 저장 탱크 부속설비 이외의 것은 설치 금지
⑧ 성토 : 수평에 대해 45° 이하 구배를 가지고 성토 정상부 폭은 30 cm 이상
⑨ 방류둑 계단 및 사다리 : 출입구 둘레 50 m마다 1개 이상 설치
  → 둘레 50 m 미만 : 2개소 이상 분산 설치

5 제독제

가스	제독제	
염소	• 가성소다수용액 • 소석회	• 탄산소다수용액
포스겐	• 가성소다수용액	• 소석회
황화수소	• 가성소다수용액	• 탄산소다수용액
시안화수소	• 가성소다수용액	
아황산가스	• 가성소다수용액 • 물	• 탄산소다수용액
암모니아, 산화에틸렌, 염화메탄	• 다량의 물	

암 염가탄소, 포가소, 황가탄, 시가, 아가탄물, 암산염물

6 플레어스택 설치기준

(1) 긴급이송설비로 이송되는 가스를 안전하게 연소시킬 수 있는 것으로 할 것

(2) 플레어스택에서 발생하는 복사열이 다른 제조시설에 나쁜 영향을 미치지 아니하도록 안전한 높이 및 위치에 설치할 것

(3) 플레어스택에서 발생하는 최대열량에 장시간 견딜 수 있는 재료 및 구조로 되어 있는 것으로 할 것

(4) 파일럿버너를 항상 점화하여 두는 등 플레어스택에 관련된 폭발을 방지하기 위한 조치가 되어 있는 것으로 할 것

(5) 플레어스택의 설치 위치 및 높이는 플레어스택 바로 밑의 지표면에 미치는 복사열이 4000 kcal/m²·h 이하가 되도록 할 것

7 시안화수소

(1) 용기에 충전하는 시안화수소(HCN)는 순도가 98 % 이상이고, 아황산가스 또는 황산 등의 안정제를 첨가하고 시안화수소를 충전한 용기는 충전 후 24시간 정치하고, 그 후 1일 1회 이상 질산구리벤젠 등의 시험지로 가스누출검사를 실시

(2) 충전한 후 60일이 경과되기 전에 다른 용기에 옮겨 충전할 것

(3) 다만 순도가 98 % 이상으로 착색되지 아니한 것은 다른 용기에 옮겨 충전하지 아니할 수 있음

8 아세틸렌

(1) 습식아세틸렌 발생기 표면온도는 70 ℃ 이하로 유지

(2) 아세틸렌을 2.5 MPa 압력으로 압축 시 메탄, 일산화탄소, 에틸렌, 질소 등의 희석제 첨가

(3) 아세틸렌의 용제는 아세톤 25배, 알코올 6배, 벤젠 4배, 석유에 2배가 용해

(4) 아세틸렌 자연발화온도 : 406 ~ 408 ℃

9 산화에틸렌

(1) 은, 구리, 수은과의 접촉을 피할 것

(2) 분해 폭발의 위험이 있음

(3) 가열만으로도 폭발의 우려가 있음

(4) 독성이며 가연성인 가스

(5) 물, 알코올, 에테르에 용해됨

(6) 산화에틸렌의 증기는 전기스파크, 화염, 아세틸드 등에 의해 폭발함

10 압축금지 기준

(1) 가연성 가스(아세틸렌, 에틸렌 및 수소는 제외) 중 산소용량이 전체 용량의 4 % 이상인 것

(2) 산소 중 가연성 가스(아세틸렌, 에틸렌 및 수소는 제외)의 용량이 전체 용량의 4 % 이상인 것

(3) 아세틸렌, 에틸렌 또는 수소 중의 산소용량이 전체 용량의 2 % 이상인 것

(4) 산소 중 아세틸렌, 에틸렌 및 수소의 용량 합계가 전체 용량의 2 % 이상인 것

11 특정설비 종류

(1) 안전밸브·긴급차단장치·역화방지장치
(2) 독성 가스배관용 밸브
(3) 특정고압가스용 실린더캐비닛
(4) 기화장치
(5) 압력 용기
(6) 자동차용 가스 자동주입기
(7) 액화석유가스용 용기 잔류가스회수장치

12 고압가스 제조시설 기준

(1) 우회거리
  ① 가스설비 또는 저장설비와 화기를 취급하는 장소 : 2 m
  ② 가연성 가스 또는 산소의 가스설비 또는 저장설비 : 8 m
(2) 용기보관장소 주위 2 m 이내 화기 또는 인화성 물질이나 발화성 물질을 두지 않을 것
(3) 충전 용기와 잔가스 용기는 각각 구분하여 용기보관장소에 놓을 것
(4) 용기보관장소에는 계량기 등 작업에 필요한 물건 외에는 두지 않을 것
(5) 충전 용기는 항상 40 ℃ 이하의 온도를 유지하고, 직사광선을 받지 않도록 할 것
(6) 가연성 가스 저장탱크와 다른 가연성 가스 저장탱크 또는 산소저장탱크 사이에는 두 저장탱크 최대지름을 더한 길이의 4분의 1 이상의 거리를 유지할 것
(7) 가연성 가스 보관장소에 방폭형 휴대용 손전등 외의 등화를 지니고 들어가지 않을 것
(8) 충전 용기(내용적 5 L 이하인 것은 제외)에는 넘어짐 등에 의한 충격 및 밸브의 손상을 방지하는 등의 조치를 하고 난폭한 취급을 하지 않을 것
(9) 가연성 가스 제조시설의 고압가스설비는 그 외면으로부터 다른 가연성 가스 제조시설의 고압가스설비와 5 m, 산소 제조시설의 고압가스설비와 10 m 이상의 거리를 유지할 것
(10) 가연성 가스(암모니아, 브롬화 메탄 및 공기 중에서 자기 발화하는 가스는 제외한다)의 가스설비 중 전기설비는 그 설치장소 및 그 가스의 종류에 따라 적절한 방폭성능을 가지는 것일 것

13 고압가스 운반 차량의 경계표지

(1) 위험고압가스 표시 필수
(2) 경계표지 크기(직사각형)

가로	세로	면적
차체폭의 30 % 이상	가로치수의 20 % 이상	면적 600 cm^2 이상

14 혼합 적재 금지

(1) 염소와 아세틸렌

(2) 염소와 암모니아

(3) 염소와 수소

15 고압가스 운반기준

(1) 충전 용기는 차량에 세워서 적재하여 운반할 것

(2) 독성 가스를 운반하는 차량에는 일반인이 쉽게 알아볼 수 있도록 붉은 글씨로 "위험 고압가스" 및 "독성 가스"라는 경계표시와 전화번호를 표시할 것

(3) 차량에 고정된 탱크

차량에 고정된 탱크 운반차량	가연성 가스 및 산소 (LPG 제외)	1만 8천 L
	독성 가스 (암모니아 제외)	1만 2천 L

(4) 고압가스를 200 km 이상의 거리를 운반할 때는 운반책임자를 동승시킴

[운반책임자 동승기준]

액화가스	독성 가스	1000 kg 이상
	가연성 가스	3000 kg 이상
	조연성 가스	6000 kg 이상
압축가스	독성 가스	100 m^3 이상
	가연성 가스	300 m^3 이상
	조연성 가스	600 m^3 이상

(5) 주밸브 설치

① 후부 취출식 : 후범퍼와 수평 거리 40 cm 이상

② 후부 취출식 이외 : 후범퍼와 수평 거리 30 cm 이상

③ 조작상자 설치 시 : 후범퍼와 수평 거리 20 cm 이상

16 가스 중량에 대한 주의사항

(1) 공기보다 가벼운 가스

수소, 아세틸렌 등은 통풍이 잘되면 실외로 날아감

(2) 강제 통풍시설이 필요

① 가연성 가스 : 지면에 체류하므로 화기가 있으면 폭발

② 독성 가스 : 염소, 포스겐 등 인체, 동·식물의 중독사를 유발

(3) 가스누설경보기의 설치
　① 작동 : 가연성 가스는 폭발하한의 1/4 이하, 독성 가스는 허용농도 이하에서 작동
　② 설치위치 : 공기보다 가벼운 가스실은 천장 쪽 30 cm 부근, 공기보다 무거운 가스실은 바닥 쪽 30 cm 부근에 설치

(4) 통풍시설
　① 통풍구의 크기 : 바닥면적 1 m²에 대하여 300 cm² 이상(즉, 바닥면적의 3 %), 2개 이상 설치
　② 강제통풍 능력 : 바닥면적 1 m²당 0.5 m³/min 이상
　③ 배기가스 중의 가스농도가 0.5 % 이상일 때 가스누설 장소를 정밀조사, 보수할 것

17 액화석유가스 사용시설

(1) 저장능력과 화기와의 우회거리

저장능력	화기와 우회거리
1톤 미만	2 m 이상
1톤 이상 3톤 미만	5 m 이상
3톤 이상	8 m 이상

(2) 사용시설 저장설비 용기는 저장능력이 500 kg 이하일 것

(3) 소형저장탱크와 기화장치 주위 5 m 이내에서 화기 사용 금지할 것

(4) 가스계량기 설치 높이는 바닥으로부터 1.6 m 이상, 2 m 이하에 고정할 것

(5) 입상관에 부착된 밸브는 바닥으로부터 1.6 m 이상, 2 m 이내에 설치할 것

(6) 가스용 폴리에틸렌관은 노출배관으로 사용하지 않을 것
　→ 지상배관과 연결하기 위해서는 지면 30 cm 이하 사용 가능

(7) 가스보일러 설치시공확인서는 5년간 보존할 것

(8) 배관의 고정 부착

관지름 13 mm 미만	1 m마다
관지름 13 mm 이상 33 mm 미만	2 m마다
관지름 33 mm 이상	3 m마다

(9) 가스계량기와의 거리

전기계량기 및 전기개폐기	60 cm 이상
굴뚝·전기점멸기 및 전기 접속기	30 cm 이상
절연조치를 하지 않은 전선	15 cm 이상

18 가스도매사업 사업소경계와의 거리 기준

액화천연가스(기화된 천연가스를 포함)의 저장설비와 처리설비는 그 외면으로부터 사업소 경계까지 다음 계산식에서 얻은 거리(그 거리가 50 m 미만의 경우에는 50 m) 이상을 유지

$L = C \times \sqrt[3]{143000\,W}$

L : 유지하여야 하는 거리(m)
C : 저압저하식 탱크는 0.24,
그 밖의 가스저장설비 및 처리설비는 0.576
W : 저장탱크는 저장능력(톤)의 제곱근,
그 밖의 것은 그 시설 안의 액화천연가스의 질량(톤)

19 시험압력

(1) 내압시험
  ① 압축가스 및 액화가스 = 최고충전압력(FP) × 5/3배
  ② 아세틸렌 용기 내압시험 = 최고충전압력(FP) × 3배
  ③ 고압가스 설비 내압시험 = 상용압력 × 1.5배

(2) 기밀시험
  ① 초저온 및 저온 용기 기밀시험 = 최고충전압력(FP) × 1.1배
  ② 아세틸렌 용기 기밀시험 = 최고충전압력(FP) × 1.8배
  ③ 기타 용기 기밀시험 = 최고충전압력 이상

20 기타사항

(1) 도시가스 사용 시설의 정압기, 필터는 설치 후 3년까지는 1회 이상, 그 이후에는 4년에 1회 이상 분해점검을 실시할 것

(2) 일반도시가스사업의 가스공급시설 중 정압기 분해 점검은 2년에 1회 이상 실시할 것

(3) 압력조정기 설치 기준
  ① 중압인 경우 : 150세대 미만
  ② 저압인 경우 : 250세대 미만

21 배관 관경에 따른 고정

(1) 호칭지름이 100 mm 미만인 경우

관지름 13 mm 미만	1 m마다
관지름 13 mm 이상 33 mm 미만	2 m마다
관지름 33 mm 이상	3 m마다

(2) 호칭지름이 100 mm 이상인 경우

호칭지름	지지간격
100 A	8 m
150 A	10 m
200 A	12 m
300 A	16 m
400 A	19 m
500 A	22 m
600 A	25 m

22 배관 이음매와의 거리

배관의 이음매	60 cm	전기계량기 및 전기개폐기
	30 cm	전기점멸기 및 전기접속기(사용시설은 15 cm 이상)
	10 cm	절연전선
	15 cm	절연조치를 하지 않은 전선 및 단열조치를 하지 않은 굴뚝

23 월사용예정량 산정 공식

$$Q = \frac{(A \times 240 + B \times 90)}{11000}$$

A : 산업용으로 연소기 명판에 기재한 가스소비량의 합계(kcal/h)
B : 산업용이 아닌 연소기 명판에 기재한 가스소비량의 합계(kcal/h)
Q : 월사용예정량(m^3)

CHAPTER 02 연소 및 폭발

1 연소의 분류

(1) 확산연소

가연성 가스 분자와 공기 분자가 확산에 의해 급격하게 혼합되면서 연소가 일어나는 것으로 수소, 아세틸렌 등이 있음

(2) 증발연소

인화성 액체의 온도 상승에 따른 증발에 의해 연소가 일어나는 것으로 알코올, 에테르, 등유, 경유 등이 있음

(3) 분해연소

연소 시 열분해에 의해 가연성 가스를 방출시켜 연소가 일어나는 것으로 중유, 석유, 목재, 종이, 고체 파라핀 등이 있음

(4) 표면연소

고체 표면과 공기와 접촉되는 부분에서 연소가 일어나는 것으로 숯, 알루미늄박, 마그네슘 리본 등이 있음

(5) 자기연소

질산에스테르, 초산에스테르 등 산소 없이 연소하는 것으로 니트로글리세린, TNT, 피크린산 등이 있음

2 폭발

화학적 폭발	폭발성 혼합가스에 화학적 반응에 의한 폭발
압력의 폭발	압력 용기 또는 보일러 팽창탱크 폭발
분해폭발	가압에 의해 단일가스로 분리되어 폭발(산화에틸렌, 아세틸렌)
중합폭발	중합반응에 의한 중합열에 의해 폭발(시안화수소)
촉매폭발	촉매의 영향으로 폭발(수소, 염소)

3 르 샤틀리에 법칙

$$L = \frac{100}{\frac{V_1}{L_1} + \frac{V_2}{L_2}}$$

L : 혼합가스의 폭발한계치
L_1, L_2 : 각 성분 가스의 단독 폭발 한계치
V_1, V_2 : 각 성분 가스의 비율(부피[%])

4 위험도

$$위험도\ H = \frac{U - L}{L}$$

H : 위험도
U : 폭발상한값(%)
L : 폭발하한값(%)

5 가스 폭발범위

폭발범위 : 가연성 가스와 산소 또는 공기 혼합으로 연소, 폭발이 일어날 수 있는 범위(%)를 말하며, 낮은 쪽 농도를 연소하한계, 높은 쪽을 상한계라 한다.

가스명	하한	상한	가스명	하한	상한
부탄(C_4H_{10})	1.8	8.4	산화에틸렌(C_2H_4O)	3	80
프로판(C_3H_8)	2.1	9.5	수소(H_2)	4	75
아세틸렌(C_2H_2)	2.5	81	황화수소(H_2S)	4.3	45
에틸렌(C_2H_4)	2.7	36	시안화수소(HCN)	6	41
에탄(C_2H_6)	3	12.5	일산화탄소(CO)	12.5	74
메탄(CH_4)	5	15	암모니아(NH_3)	15	28

> 암 십팔팔사[부], [프]트리구오, [아]이고팔자야, [에]이칠쓰루, 삼일이오[에탄], [메]오시오, [싸이렌]삼팔광, [수]사치료, 사삼사오[황], 육사일[시], 씹이냐칠세[일산], 일러어이십팔[니아]

6 안전간격

(1) 1급

안전간격이 0.6 mm 이상인 가스(CO, CH_4, C_3H_8, NH_3, n - 부탄, 벤젠, 가솔린)

(2) 2급

안전간격이 0.6 mm 미만, 0.4 mm 이상인 가스(에틸렌, 석탄가스)

(3) 3급

안전간격이 0.4 mm 미만인 가스(수소, 수성 가스, 아세틸렌, 이황화탄소)

※ 급수가 클수록(3급 > 2급 > 1급) 위험

7 BLEVE(비등액체팽창증기폭발)

LPG가 누설되어 가연성 액체 저장탱크 주변에서 화재가 발생하여 기상부의 탱크가 국부적으로 가열되면 그 부분이 강도가 약해져 탱크가 파열된다. 이때 내부의 액화가스가 급격히 유출·팽창되어 화구(Fire Ball)를 형성하여 폭발하는 형태

8 폭굉과 폭연

(1) 폭연

음속 미만으로 진행되는 열분해 또는 음속 미만의 화염 전파속도로 연소하는 화재로 압력이 위험수준까지 상승할 수도 있고, 상승하지 않을 수도 있으며 충격파를 방출하지 않으면서 급격하게 진행되는 연소

(2) 폭굉

가스 중의 음속보다도 화염 전파속도가 큰 경우로서 파면선단에 충격파라고 하는 압력파가 생겨 격렬한 파괴작용을 일으키는 현상

(3) 폭굉유도거리(DID) 짧게 하는 요인
- 압력이 높을수록
- 연소열량이 클수록
- 연소속도가 클수록
- 관 지름이 작을수록

9 전기기기 방폭구조

(1) 내압방폭구조(d) : 방폭전기기기의 용기 내부에서 가연성 가스 폭발이 발생할 경우 인화되지 않도록 한 구조

(2) 유입방폭구조(o) : 절연유를 주입하여 인화되지 않도록 한 구조

(3) 압력방폭구조(p) : 보호가스(불활성 가스)를 압입하여 내부압력을 유지하며 가연성 가스가 용기 내부로 유입되지 않도록 한 구조

(4) 안전증방폭구조(e) : 정상운전 중 가연성 가스 점화원 발생 방지를 위해 기계적·전기적 구조·온도상승 안전도를 증가시킨 구조

(5) 본질안전방폭구조(ia, ib) : 정상 시 및 사고 시에 발생하는 전기 불꽃에 의해 가연성 가스가 점화되지 않도록 한 구조

(6) 특수방폭구조(s) : 방폭구조로서 가연성 가스에 점화를 방지할 수 있는 것이 확인된 구조

10 방폭전기기기 온도 등급에 따른 발화도 범위

(1) T1 : 450℃ 초과
(2) T2 : 300℃ 초과 450℃ 이하
(3) T3 : 200℃ 초과 300℃ 이하
(4) T4 : 135℃ 초과 200℃ 이하
(5) T5 : 100℃ 초과 135℃ 이하
(6) T6 : 85℃ 초과 100℃ 이하

11 폭발등급

(1) ⅡA : 최대안전틈새범위 0.9 mm 이상

(2) ⅡB : 최대안전틈새범위 0.5 mm 초과 0.9 mm 미만

(3) ⅡC : 최대안전틈새범위 0.5 mm 이하

12 위험성 평가기법

종류	영문약자	특징
체크리스트 (정성적)	-	공정 및 설비 오류, 결함상태, 위험상황을 목록화한 형태로 작성하여 경험적 비교로 위험성을 정성적으로 파악하는 기법
결함수분석 (정량적)	FTA	사고를 일으키는 장치 이상이나 운전사 실수 조합을 연역적으로 분석하는 기법
이상위험도분석	FMECA	공정 및 설비 고장 형태 및 영향, 고장형태별 위험도 순위를 결정하는 기법
위험과운전 분석 (정성적)	HAZOP	공정에 존재하는 위험 요소와 공정 효율을 떨어뜨릴 수 있는 운전상의 문제점을 찾아 원인 제거 기법
사건수분석 (정량적)	ETA	초기사건으로 알려진 특정 장치 이상이나 운전자 실수로부터 발생하는 잠재적 사고결과 평가기법
원인결과분석 (정량적)	CCA	잠재된 사고 결과와 근본적 원인을 찾아내고 결과와 원인의 상호관계를 예측·평가하는 기법
작업자 실수분석 (정량적)	HEA	설비 운전원, 정비보수원, 기술자 등의 작업에 영향을 미칠 요소를 평가하여 실수 원인을 파악 및 추적으로 상대적 순위를 결정하는 기법
사고예상질문분석 (정성적)	WHAT -IF	공정에 잠재하며 원하지 않는 나쁜 결과를 초래할 수 있는 사고에 대해 예상질문을 통해 사전 확인함으로써 위험을 줄이는 방법을 제시하는 기법
예비위험분석	PHA	공정 또는 설비에 관한 상세 정보를 얻을 수 없는 상황에서 위험물질과 공정 요소에 초점을 두어 초기위험을 확인하는 기법
공정위험분석	PHR	기존설비 또는 안전성향상계획서를 제출·심사 받은 설비에 대하여 설비 설계·건설·운전 및 정비 경험을 바탕으로 위험성 분석하는 방법
상대위험순위결정	-	설비 존재 위험에 대해 수치적으로 상대위험순위를 지표화하여 피해 정도를 나타내는 상대적 위험 순위를 정하는 안전성평가 기법

CHAPTER 03 가스 장치 및 기기

1 가스 액화 사이클

(1) 가스 액화 사이클 종류

린데식 공기액화 사이클	단열팽창(줄 - 톰슨 효과)를 따르는 방식
클로우드식 공기액화 사이클	팽창기에 의한 단열교축 팽창 이용
캐피자식 공기액화 사이클	축냉기를 사용하여 원료공기를 냉각시킴과 동시에 원료공기 중의 수분과 탄산가스를 제거하는 방식
필립스식 공기액화 사이클	줄 - 톰슨 효과를 따르며 실린더 중 피스톤과 보조 피스톤이 있으며 양 피스톤 작용으로 상부에 팽창기, 하부 압축기로 구성, 수소와 헬륨을 냉매로 이용
캐스케이드식 액화 사이클	다원냉동 사이클과 같이 비점이 점차 낮은 냉매(암모니아, 에틸렌, 메탄)를 사용하여 액화하는 방식
린데식 액화장치	압축기에서 압축된 공기를 통해 열교환기에 들어가 액화기에서 액화하지 않고 나오는 저온공기와 열교환함으로써 순환과정을 되풀이하는 액화장치
클로우드식 액화장치	일부는 액화되고 일부는 액화되지 않은 포화증기로 되는 방식

(2) 공기액화분리장치
  ① 고압식 액화 산소 분리장치
  ② 저압식 공기액화 분리장치

(3) 공기액화분리장치 폭발원인
  ① 공기 취입구에서 아세틸렌의 혼입
  ② 공기 중에서 산화질소, 이산화질소 등의 질소산화물이 혼입되었을 때
  ③ 액체공기 중 오존이 혼입되었을 때
  ④ 압축기용 윤활유의 분해에 따른 탄화수소가 생성되었을 때

2 저온 단열법

(1) 상압 단열법 : 단열공간에 분말, 섬유 등의 단열재 충전

(2) 진공 단열법 : 고진공 단열법, 분말진공 단열법, 다층 진공 단열법

3 응력 계산식

(1) 원주방향 응력 : $\sigma_A = \dfrac{PD}{2t}$

(2) 길이방향 응력 : $\sigma_B = \dfrac{PD}{4t}$

σ_A : 원주방향응력(kgf/cm²)
σ_B : 축방향응력(kgf/cm²)
P : 사용압력(mm)
D : 안지름(mm)
t : 두께(mm)

4 열처리

(1) 담금질 : 강의 경도 및 강도를 증가시키기 위해 A_3 변태점보다 30 ~ 50 ℃ 높게 가열하여 급속히 냉각시키는 방법

(2) 뜨임 : 담금질한 강을 변태점 이하의 적당한 온도로 가열하여 재료에 알맞은 속도로 냉각시켜 인성을 증가시키기 위한 열처리 방법

(3) 불림 : 단조, 압연 등의 소성가공이나 주조로 거칠어진 조각을 미세화하고, 편석이나 잔류응력을 제거하기 위해 A_3 또는 A_1 변태점보다 약 30 ~ 60 ℃ 높게 가열하여 공기 중에서 냉각시키는 열처리

(4) 풀림 : 상온가공을 용이하게 할 목적으로 뜨임온도보다 약간 높은 온도로 가열하여 가열로 속에서 천천히 냉각시켜 가공 경화나 내부응력을 제거시키기 위해 행하는 열처리

※ A_3 변태점 : 910 ℃에서 발생되는 자기변태점

5 전기방식법

(1) 유전양극법(희생양극법)

마그네슘 이용, 지중·수중 설치된 양극금속과 매설배관을 전선 연결하여 양극금속과 매설배관 등 사이의 전지작용에 의해 전기적 부식 방지

① 장점
  ㉠ 시공이 간편함   ㉡ 단거리 배관에 경제적임
  ㉢ 과방식의 우려가 없음   ㉣ 다른 매설 금속체로의 장해가 없음

② 단점
  ㉠ 효과 범위가 비교적 좁음   ㉡ 장거리 배관에는 비용이 많이 소요됨
  ㉢ 전류 조절이 어려움   ㉣ 관리장소가 많게 됨
  ㉤ 강한 전식에는 효과가 없음

(2) 외부전원법

한전 전원을 직류로 전환하여 가스관에 전기를 공급, 외부직류전원장치 양극(+)은 토양이나 수중 설치한 외부전원용 전극에 접속, 음극(-)은 매설배관에 접속시켜 전기적 부식 방지

(3) 배류법

직류전기철도 이용, 매설배관 전위가 주위 다른 금속구조물 보다 높은 장소에서 전기적 접속시켜 유입된 누출전류를 복귀시키며 전기적 부식 방지

(4) 강제배류법

외부전원법과 배류법의 병용

6 전기방식시설 시공

(1) 유지관리를 위해 전위측정용 터미널 설치

① 희생양극법·배류법 : 배관길이 300 m 이내 간격

② 외부전원법 : 배관길이 500 m 이내 간격

(2) 교량 및 횡단배관 양단부

① 외부전원법 및 배류법에 의해 설치된 것으로 횡단길이 500 m 이하 배관 제외

② 희생양극법에 의해 설치된 것으로 횡단길이 50 m 이하 배관 제외

(3) 전기방식전류가 흐르는 상태에서 토양에 있는 배관의 방식전위

포화황산동 기준전극으로 -2.5 V 이상, -0.85 V 이하일 것 (단, 황산염환원 박테리아가 번식하는 토양에서는 -0.95 V 이하일 것)

(4) 전기방식전류가 흐르는 상태에서 자연전위와 전위변화

최소 -300 mV 이하일 것

(5) 전기방식시설의 관대지전위

1년에 1회 이상 점검

(6) 외부전원법에 의한 전기방식시설 외부전원점 관대지전위, 정류기 출력, 전압, 전류

3개월에 1회 이상 점검

7 비파괴 검사

(1) 육안검사(VT : Visual Test)

(2) 침투검사(PT : Penetrant Test) : 표면의 미세한 균열, 작은 구멍, 슬러그 등을 검출

(3) 자기검사(MT : Magnetic Test) : 피검사물이 자화한 상태에서 표면 또는 표면에 가까운 손상에 의해 생기는 누설 자속을 사용하여 검출

(4) 초음파검사(UT : Ultrasonic Test) : 초음파를 피검사물의 내부에 침입시켜 반사파를 이용하여 내부의 결함과 불균일층의 존재 여부를 검사하는 방법

(5) 와류검사 : 동 합금, 18 - 8 STS의 부식검사에 사용

(6) 음향검사 : 간단한 공구를 이용하여 음향에 의해 결함 유무를 판단

(7) 전위차법 : 결함이 있는 부분에 전위차를 측정하여 균열의 깊이를 조사

(8) 방사선 투과 검사(RT : Rediographic Test) : X선이나 γ선으로 투과한 후 필름에 의해 내부 결함의 모양, 크기 등을 관찰할 수 있다.

8 허용응력 및 스케줄 번호(배관 두께)

(1) 허용응력 $S(kg/mm^2)$ = 인장강도(kg/mm^2) / 안전율

(2) 스케줄 번호 $Sch\ No = 10 \times (P/S)$

9 밸브

(1) 게이트밸브

구조상 퇴적물이 체류하지 않으며, 유체의 차단을 주목적으로 일반 배관용으로 가장 많이 사용

(2) 글로브밸브

구조상 유량조절용으로 사용되는 밸브

(3) 버터플라이밸브

나비형 밸브로 원통형의 몸체 속에서 밸브 스템을 축으로 하여 원관이 회전함으로써 개폐를 행하는 밸브

(4) 체크밸브

유체를 한 방향으로 유동시키고 보일러 급수배관에서 급수의 역류를 방지하기 위한 밸브

(5) 플러그밸브

중·고압용이며 개폐가 신속하고 가스관 중의 불순물에 따라 차단효과가 불량해짐

10 충전 용기 안전장치

(1) 스프링식 안전밸브

일반적으로 가장 널리 사용 → LPG 용기

(2) 가용전식 안전밸브

용기 내 온도가 규정온도 이상이면 녹이 용기 내 전체가스 배출

→ 염소, 아세틸렌, 산화에틸렌 용기

(3) 파열판식 안전밸브

얇은 박판 주위를 홀더로 공정하여 보호하는 장치에 설치

→ 산소, 수소, 질소, 액화이산화탄소 용기

(4) 초저온 용기

스프링식과 파열판식의 2중 안전밸브

11 열팽창에 의한 신축길이 계산

$\triangle L = L \times \alpha \times \triangle t$

$\triangle L$: 관의 신축길이(mm), L : 관의 길이(mm)
α : 선팽창계수(강관 : 1.2×10^{-5}/℃), $\triangle t$: 온도차(℃)

12 용기 구분

(1) 용접 용기(계목 용기)

주로 압력이 낮은 가스, 액화가스 충전

※ LPG, NH_3, C_2H_2, C_2H_4 등

※ 용접 용기의 두께공차 : 평균값의 20 % 이하일 것

(2) 이음매 없는 용기(무계목 용기)

주로 압력이 높은 가스, 압축가스, 초저온 액화가스 등을 충전

13 용기 밸브

(1) 충전구 형식에 의한 분류

① A형 : 충전구가 숫나사

② B형 : 충전구가 암나사

③ C형 : 충전구에 나사가 없는 것

(2) 충전구 나사형식에 의한 분류

① 왼나사 : 가연성 가스 용기(단, 액화암모니아, 액화브롬화메탄은 오른나사)

② 오른나사 : 가연성 가스 외의 용기

14 용접 용기 동판두께 산출식

$$t = \frac{PD}{2S\eta - 1.2P} + C$$

t : 두께[mm], P : 최고충전압력[MPa]
D : 내경[mm], S : 재료의 허용응력[N/mm²] = 인장강도 $\times \frac{1}{4}$
η : 용접 효율, C : 부식 여유 수치[mm]

15 용기 재검사기간

용기 종류		신규 검사 후 경과 연수에 따른 재검사 주기		
		15년 미만	15년 이상 20년 미만	20년 이상
용접 용기	500 L 이상	5년마다	2년마다	1년마다
	500 L 미만	3년마다	2년마다	1년마다
LPG용 용접 용기	500 L 이상	5년마다	2년마다	1년마다
	500 L 미만	5년마다		2년마다
이음매 없는 용기	500 L 이상	5년마다		
	500 L 미만	신규검사 후 10년 이하 : 5년마다 초과 : 3년마다		
LPG 복합재료 용기		5년마다		

16 영구증가율 계산식

영구증가율 $= \dfrac{영구증가량}{전증가량} \times 100$ → 영구증가율이 10 % 이하일 때 신규검사 합격

17 침입열량 계산식

$$Q = \dfrac{W \times q}{H \times \Delta t \times V}$$

(1) 내용적 1000 L 미만 : 침입열량 0.0005 이하일 때 합격

(2) 내용적 1000 L 이상 : 침입열량 0.002 이하일 때 합격

18 용기종류별 부속품

설비	기호
아세틸렌가스용	AG
압축가스용	PG
액화석유가스용	LPG
저온 및 초저온가스용	LT
그 밖의 가스용	LG

19 일반가스 용기 도색

가스종류	도색	가스종류	도색
액화염소	갈색	암모니아	백색
액화탄산가스	청색	아세틸렌	황색
산소	녹색	질소	회색
액화석유가스	회백색	수소	주황색

> 암 일반가스 : 염갈, 암백, 탄청, 아황, 산녹, 질회, 석회, 수주

20 의료용 가스 용기 도색

가스종류	도색	가스종류	도색
사이클로프로판	주황색	헬륨	갈색
에틸렌	자색	산소	백색
질소	흑색	액화탄산가스	회색
아산화질소	청색	그 밖의 가스	회색

> 암 의료용 가스 : 사주, 헬갈, 에자, 산백, 질흑, 탄회, 아청

21 시험지법

검지가스	시험지	반응
암모니아(NH_3)	리트머스지	청변
일산화탄소(CO)	염화팔라듐지	흑변
시안화수소(HCN)	초산벤지진지	청변
황화수소(H_2S)	연당지	흑변
아세틸렌(C_2H_2)	염화제일동(초산납시험지)	적갈색
염소(Cl_2)	요오드(아이오딘)화칼륨 (KI - 전분지)	청변
포스겐($COCl_2$)	하리슨 시약지	유자색

> 암 암리청, 일염흑, 시초청, 황연흑, 아염적, 염요청, 포하유

22 가연성 가스 검출기

(1) 안전등형 : 메탄가스 검출

(2) 간섭계형 : 가스 굴절률차를 이용한 가스분석

(3) 열선형 : 열전도식, 연소식

(4) 반도체식 : 반도체 소자에 가스를 접촉시키면 전압의 변화를 이용한 것으로 반도체 소자로 산화주석(SnO_2) 사용

23 흡수 분석법

혼합가스를 특정 흡수액에 흡수시켜 전후 가스용적 차에서 흡수된 가스량을 구하여 분석

(1) 헴펠법 분석순서
① CO_2(이산화탄소) : 수산화칼륨(KOH) 30 g/H_2O 100 ml
② CmHn(중탄화수소) : 무수황산 25 %를 포함한 발연황산
③ O_2(산소) : 수산화칼륨(KOH) 60 g/H_2O 100 ml + 피로카롤 12 g/H_2O 100 ml
④ CO(일산화탄소)

> 암기 이중산일 헴

(2) 오르자트법 분석순서
① CO_2(이산화탄소) : 수산화칼륨(KOH) 30 % 수용액
② O_2(산소) : 알칼리성 파이로갈롤 용액
③ CO(일산화탄소) : 암모니아성 염화 제1동 용액

> 암기 오 이산일

(3) 게겔법

24 연소 분석법

공기 또는 산소에 의해 연소되고 그 결과로 생긴 용적 감소, 이산화탄소 생성, 산소 소비량 등을 측정하여 분석

(1) 폭발법 : 가연성 가스 시료를 넣고 산소 또는 공기를 혼합하여 폭발시켜 분석

(2) 완만 연소법 : 완만연소 피펫으로 시료 가스의 연소를 행하는 방법

(3) 분별 연소법 : 2종 이상의 동족 탄화수소와 H_2가 혼재하고 있는 시료에서 H_2 및 CO를 분별적으로 완전산화시키는 방법

25 기기 분석법

(1) 가스크로마토그래피
캐리어가스 유량을 조절하면서 흘려 넣고 측정가스는 시료 도입부를 통하여 공급하면, 측정가스와 캐리어가스가 분리관에서 분리되어 시료 성분을 검출기에서 측정

(2) 캐리어 가스 조건
시료와 반응하지 않는 불활성 기체(수소, 헬륨, 질소, 아르곤)

(3) 가스크로마토그래피 검출기 종류

① 열전도형 검출기(TCD) : 캐리어 가스와 시료성분 가스의 열전도도차로 검출하며 일반적으로 가장 널리 사용

② 수소이온화검출기(FID) : 염으로 시료성분이 이온화됨으로써 염증에 놓인 전극 간의 전기전도가 증대하는 것을 이용 → 탄화수소에서의 감도가 최고

③ 전자포획이온화검출기(ECD) : 유기 할로겐 화합물, 니트로 화합물 및 유기금속 화합물을 검출

(4) 가스크로마토그래피 구성 요소

검출기, 컬럼(분리관), 기록계

(5) 질량 분석법

(6) 적외선 분광 분석법

분자 진동 중 쌍극자 모멘트의 변화를 일으키는 진동에 의해 적외선 흡수가 일어나는 것을 이용하며 단원자 분자(He, Ne, Ar 등) 및 대칭 2원자 분자(H_2, O_2, N_2, Cl_2 등)는 적외선을 흡수하지 않아서 분석할 수 없음

26 온도계의 구분

접촉식 온도계	열팽창을 이용한 팽창식 온도계	유리제 온도계	알코올 온도계	-
			수은 온도계	
			베크만 온도계	
		압력식 온도계	액체 팽창식	
			기체 팽창식	
			증기 팽창식	
		고체 팽창식 온도계	바이메탈 온도계	
	전기저항을 이용한 저항 온도계	저항치 증가	백금 저항체	측정범위가 넓고 안정
			니켈 저항체	가격이 저렴
			동 저항체	고온에서 산화
		저항치 감소	서미스터	온도상승에 따라 저항률 감소
접촉식 온도계	열기전력을 이용한 열전대 온도계	열전대 온도계 (제백효과)	백금 - 백금로듐	0 ~ 1600 ℃ 의 고온측정용
			크로멜 - 알루멜	0 ~ 1200 ℃ 비금속 열전대
			철 - 콘스탄탄	-20 ~ 800 ℃ 기전력이 크고 값이 쌈
			동 - 콘스탄탄	-200 ~ 350 ℃의 저온용

비접촉식 온도계	방사 온도계	열전대를 직렬로 접촉시켜 물체에서 나오는 복사열 측정
	색 온도계	물체에서 발생하는 빛의 밝고 어두움을 이용
	광고 온도계	측정 대상물체의 빛과 전구 빛을 같게 하여 저항을 측정
	광전관식 온도계	광전지 또는 광전관을 사용하여 자동으로 측정

⊕ Level up

가스는 온도에 따른 압력과 체적의 변화가 크기 때문에 저장탱크에는 반드시 온도계를 설치
(1) 서모커플 : 두 종류의 금속을 이용하여 온도가 다를 때 전류가 흐르는데 이를 이용하여 온도 차를 계측
(2) 바이메탈 : 열팽창 정도가 다른 두 금속을 붙여 온도가 올라가면 열팽창 정도가 작은 쪽으로 휘는 것을 이용
(3) 파이로미터 : 수은 온도계나 알코올 온도계로는 계측 불가능한 높은 온도를 재는 온도계

27 열전대의 구비조건

(1) 열기전력이 크고 특성이 안정될 것

(2) 전기저항 및 열전도율이 작을 것

(3) 내열성이 크고 고온 가스에 대한 내식성이 없을 것

(4) 재료 공급이 쉬우며 가격은 쌀 것

28 저항온도계 저항선 구비조건

(1) 저항계수가 클 것

(2) 온도변화에 따른 저항값이 규칙적일 것

(3) 동일 특성을 얻기 쉬울 것

(4) 화학적, 물리적으로 안정할 것

29 온도계의 특징

(1) 서미스터 온도계
  ① 온도계수가 큼
  ② 흡습에 의해 열화되기 쉬움
  ③ 응답이 빠르며 미소 온도차 측정 가능

(2) 접촉식 온도계
  ① 측정 온도의 오차가 적음
  ② 측정시간이 많이 소요

(3) 비접촉식 온도계
   ① 이동 물체의 온도 측정 가능
   ② 고온(1000 ℃) 이상 측정 유리

30 압력계의 구분

(1) 1차 압력계 : 압력 직접 측정
   ① 액주식
   ② 자유피스톤식

(2) 2차 압력계 : 압력 간접 측정
   ① 부르동관식   ② 다이어프램식
   ③ 벨로스식   ④ 전기식
   ⑤ 피에조 전기압력계식

(3) 측정 방법
   ① 탄성 이용
   ② 전기적 변화 이용
   ③ 물질변화 이용

31 압력계의 종류

(1) 액주식
   ① U자관식
   ② 단관식
   ③ 경사관식

(2) 부르동관식
   2차 압력계 중 일반적인 것으로 가장 많이 사용하며 탄성을 이용
   ① 저압일 경우 재질 : 황동, 인청동, 니켈, 청동
   ② 고압일 경우 재질 : 니켈강, 특수강, 인발관, 강
   ③ 눈금 범위는 상용압력의 1.5배 이상 2배 이하로 사용
   ④ 가연성 가스의 압력계와 혼용 시 폭발의 위험이 있음
   ⑤ 유지류와 접촉 시 산화폭발의 위험이 있음

(3) 부르동관 압력계 주의사항
   ① 안전장치를 한 것을 사용
   ② 압력계에 가스를 유입하거나 빼낼 때 서서히 조작
   ③ 온도변화나 진동, 충격이 적은 장소에 설치

(4) 다이어프램식

   얇은 막 형태로 미소 압력 변화에서 대응된 수직방향 팽창 수축 압력계
   ① 재질 : 천연고무, 합성고무, 테프론, 가죽 등 비금속 재료
   ② 극히 미소한 압력 측정 가능
   ③ 차압 측정 가능
   ④ 응답이 빠르나 온도 영향을 받기 쉬움

(5) 벨로스식

   얇은 금속판으로 만들어진 원통에 주름이 있으며 탄성을 이용한 압력계
   ① 유체 내 먼지 영향이 적음
   ② 압력 변동에 적응하기 어려움
   ③ 진공압 및 차압 측정용
   ④ 측정압력 범위 : $0.01 \sim 10 \, kg/cm^2$

(6) 전기저항 압력계 : 금속 전기저항이 압력에 의해 변화하는 것을 이용한 압력계

(7) 피에조 전기 압력계 : 특정방향에 압력을 가해서 일어난 전기량이 압력계에 비례

32 유량계 구분

직접법	• 중량이나 용적 유량을 직접 측정 ※ 오벌 기어식, 루트식, 로터리 피스톤식, 로터리 베인식, 습식 가스미터, 왕복피스톤식
간접법	• 유속을 측정하여 유량을 구하는 방법 • 베르누이 정리 이용 ※ 차압식 유량계, 면적식 유량계(부자식, 로터미터), 유속식 유량계(임펠러식, 피토관, 열선식)
고압용 유량계	• 압력 천평식 유량계, 전기 저항식 유량계, 부자식(플로식) 유량계
용적식 유량계	• 오벌 유량계, 가스미터, 로터리 팬, 루트 유량계, 로터리 피스톤
면적식 유량계	• 플로트형, 피스톤형, 게이트형, 로터미터

(1) 로터미터(면적 가변식 유량계) 장점

   ① 소용량 측정 가능
   ② 압력손실이 적으며 거의 일정
   ③ 유효 측정범위가 넓음
   ④ 장치 간단

33 차압식 유량계

(1) 벤투리미터 : 입구 바로 앞 및 목부분의 압력차를 측정하여 유량을 구하는 계측장치

(2) 오리피스유량계 : 관 도중 조리개를 넣어 조리개 차압을 이용해 유량 측정하는 계측기

(3) 플로노즐 : 유체관 내에 노즐 등과 같은 차압기구를 설치하여 기구 전후 압력차가 유속에 비례하여 변하는 것을 이용

34 액면계

용기나 탱크 속에 들어 있는 액의 위치를 파악하기 위한 계기

35 액면계의 구분

구분	종류		원리	특징
직접식	편위식 액면계		부력으로 액면 측정	-
	플로트식 액면계 (부자식)		액면에 띄운 부자의 위치를 이용하여 액면 측정	
	유리관식 액면계		탱크의 액면과 같은 높이의 액체가 유리관에 나타나는 것을 이용하여 액면 측정	
	검척식 액면계		-	
간접식	차압식 액면계	압력식 액면계	액면 높이에 따른 압력을 측정하여 액의 높이를 측정	고압 밀폐탱크 측정
		햄프슨식 액면계		극저온 저장조 액면 측정
	퍼지식 액면계		탱크 속 파이프 끝 부분의 공기압을 압력계로 측정하여 액면 측정	압력식 액면계
	방사선식 액면계		방사선 세기 변화 측정	고온, 고압용
	초음파식 액면계		초음파를 발사하여 되돌아오는 시간을 측정하여 액면 측정	액면 제어용
	정전용량식 액면계		정전 용량 검출 프로브를 액중에 넣어 측정	-

CHAPTER 04 압축기 및 펌프

1 압축기의 분류

```
압축기 ┬ 용적형 ┬ 왕복동식[왕복동식, 다이어프램(격판)식]
       │        └ 회전식[베인, 나사(스크루)식]
       └ 터보형 ┬ 원심식
                └ 축류식
```

(1) 용적형 압축기

일정 용적 실내에 기체를 흡입한 후 흡입구를 닫아 기체를 압축하면서 다른 토출구에서는 압출을 반복하는 형식

① 왕복 압축기 특징
  ㉠ 고압을 얻을 수 있음
  ㉡ 압축기 효율이 높음
  ㉢ 용량조절이 용이하고 범위가 넓음
  ㉣ 기체의 송출에 맥동이 있으므로 방진장치가 필요함
  ㉤ 저속회전이며, 형태가 크고 중량이 무겁고, 고가이며 설치 면적이 큼
  ㉥ 용적형
  ㉦ 윤활유식 또는 무급유식

(2) 터보형 압축기

기계에너지를 회전에 의해 기체의 압력과 속도에너지로 전하고 압력을 높이는 형식이며 원심식과 축류식이 있음

① 터보형 원심식 압축기 : 임펠러의 출구각이 90°보다 작을 때
② 터보형 축류식 압축기 : 임펠러 회전 시 기체가 한 방향으로 압출되어 흐르는 형식
  ㉠ 무급유식이며 원심형
  ㉡ 기체의 맥동이 없고 연속적임
  ㉢ 용량조절이 가능하나 비교적 어렵고 범위도 좁음
  ㉣ 대용량에 적당하고 설치면적이 적음
  ㉤ 서징 현상이 있으므로 운전 중 주의할 것
  ㉥ 고속회전이므로 형태가 작고 경량

2 왕복동 압축기 피스톤 압출량

이론적 피스톤 압출량	실제적 피스톤 압출량	기호
$V = \dfrac{\pi}{4} D^2 \times L \times N \times n \times 60$	$V = \dfrac{\pi}{4} D^2 \times L \times N \times n \times 60 \times \eta$	D : 피스톤 지름[m] L : 행정 거리[m] N : 분당 회전수[rpm] n : 기통수 η : 체적효율(항상 < 1) V : 피스톤 압출량[m²/hr]

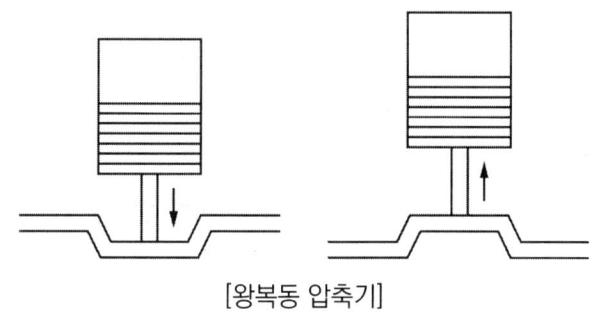

[왕복동 압축기]

(1) 왕복동 압축기의 소요동력과 효율

① 압축효율 $(\eta_C) = \dfrac{\text{이론동력(이론상 가스압축에 필요로 하는 동력)}(N)}{\text{지시동력(실제로 가스압축 시 필요로 하는 동력)}(N')}$

② 기계효율 $(\eta_m) = \dfrac{\text{지시동력}(N')}{\text{축동력(압축기의 운전에 필요로 하는 동력)}(N_S)}$

※ $N' = \dfrac{N}{\eta_C}$, $N_s = \dfrac{N'}{\eta_m} = \dfrac{N}{\eta_C \times \eta_m}$

(2) 가스의 압축 방식

① 등온압축 : $PV^n = $ 일정

압축하는 동안 가해지는 열량을 방출하는 상태에서 압축 전후의 온도 차가 없도록 하는 압축 방식이나 실제로는 불가능한 압축이며, 일량, 온도 상승이 최소가 됨

② 단열압축

가스 압축 중 열이 외부로 방출되지 않게 하여 압축하는 방법이며, 소요일량, 온도의 상승, 압력의 상승 비율이 가장 크나 실제적으로는 불가능한 압축

③ 폴리트로프압축

실제적인 압축 방식이며, 등온압축과 단열압축의 중간형태의 압축 방식으로 압축 중에 가해지는 열량, 온도의 상승, 압력의 상승은 중간이나 단열압축으로 취급

3 중요가스 윤활유

(1) 공기 : 양질의 광유
(2) 아세틸렌 : 양질의 광유
(3) 수소 : 양질의 광유
(4) 산소 : 10 % 이하의 묽은 글리세린수 또는 물
(5) 염소 : 진한 황산

> 암 공유, 아유, 수유, 산물, 염황

4 압축비와 다단압축

(1) 압축비가 클 때 미치는 영향
 ① 토출가스의 온도가 상승
 ② 압축기의 과열로 체적효율 감소
 ③ 체적효율의 감소로 압축기 능력 저하

(2) 다단압축 장점
 ① 소요일량 절감
 ② 힘의 평형 양호
 ③ 압축비 감소로 인한 효율 증가
 ④ 토출가스 온도상승 방지

5 차압에 의한 LP가스 이송 방법

펌프 등을 사용하지 않고 탱크 자체 압력을 이용하는 방법

6 액펌프에 의한 LP가스 이송 방법

(1) 펌프의 종류
 ① 기어펌프, 베인펌프
 ② 원심펌프 : 임펠러의 회전에 의함
  ㉠ 직렬 연결 : 양정 증가, 유량 일정
  ㉡ 병렬 연결 : 양정 일정, 유량 증가

> 암 직양증, 병양일

유량	양정	동력
유량 $= Q_1 (\frac{N_2}{N_1})(\frac{D_2}{D_1})^3$	양정 $= H_1 (\frac{N_2}{N_1})^2 (\frac{D_2}{D_1})^2$	동력 $= L_1 (\frac{N_2}{N_1})^3 (\frac{D_2}{D_1})^5$

> 암 유양동 123

 ③ 압력 조정기 : 기화부에서 나온 가스를 소비목적에 따라 일정 압력으로 조정함
 ④ 안전밸브 : 기화장치 내압이 이상 상승했을 때 장치 내 가스를 외부로 방출

(2) 펌프 사용의 장점
 ① 재액화 현상이 일어나지 않음
 ② 드레인 현상이 없음

(3) 펌프 사용의 단점
  ① 충전시간이 긺   ② 잔가스 회수 불가
  ③ 베이퍼록 현상이 일어나 누설의 원인이 됨

(4) 펌프에서 발생하는 현상
  ① 캐비테이션(공동) 현상 : 수중에 융해하고 있는 공기가 석출하여 적은 기포를 발생시키는 현상
    ※ 캐비테이션 방지책
      ㉠ 양흡입 펌프를 사용
      ㉡ 수직축 펌프를 사용하고 회전차를 수중에 잠기게 할 것
      ㉢ 펌프의 회전수를 낮출 것
      ㉣ 펌프의 설치위치를 낮춰 흡입양정을 짧게 할 것
      ㉤ 펌프를 두 대 이상 설치할 것
  ② 수격작용 : 관속의 액체 속도를 급격히 변화시키면 액체에 압력 변화가 생겨 물이 관 벽을 치는 현상
    ※ 수격작용 방지책
      ㉠ 관경을 크게 하고 관내 유속을 느리게 할 것
      ㉡ 관로에 조압수조를 설치할 것
      ㉢ 밸브를 펌프 송출구 가까이 설치할 것
      ㉣ 펌프의 속도가 급격히 변화하는 것을 막을 것
  ③ 서징 현상 : 펌프 운전 시 주기적으로 운동, 양정, 토출량이 변동하는 현상으로 토출구와 흡입구에서 압력계의 바늘이 흔들리며 동시에 유량이 변함
  ④ 베이퍼록 현상 : 저비등점 액체를 이송할 때 펌프의 입구 쪽에서 발생하는 현상으로 액상이 흘러가는 것을 막는 현상
    ※ 베이퍼록 발생 원인
      ㉠ 흡입관 지름이 작을 때   ㉡ 펌프의 설치 위치가 높을 때
      ㉢ 외부에서 열량 침투 시   ㉣ 배관 내 온도 상승 시
    ※ 베이퍼록 방지법
      ㉠ 실린더 라이너 외부를 냉각
      ㉡ 펌프의 설치위치를 낮춤
      ㉢ 흡입관로를 청소
      ㉣ 흡입배관을 크게 하고 단열처리할 것

7 압축기에 의한 LP가스 이송 방법

(1) 압축기 사용의 장점
  ① 펌프에 비해 충전시간이 짧음
  ② 잔가스 회수가 가능
  ③ 베이퍼록 현상이 생기지 않음

(2) 압축기 사용의 단점
① 부탄의 경우 저온에서 재액화 현상
② 드레인현상이 생김

8 LP 압축기 부속장치

(1) 액트랩

가스 흡입 측에 설치하며 실린더의 앞에서 액과 드레인을 가스와 분리

(2) 사방밸브

압축기의 토출 측과 흡입 측을 전환시키는 밸브로서 액송과 가스회수를 한 동작으로 가능

9 자연기화 방식

(1) 용기 내 LP 가스가 대기 중의 열을 흡수하여 기화하는 간단한 방식

(2) LP 가스

비등점이 낮기 때문에 대기에서도 쉽게 기화

(3) 특징
① 소량 소비 시에 적당함　　② 가스의 조성 변화량이 큼
③ 발열량의 변화가 큼　　　④ 용기 수가 많이 필요함

10 강제기화 방식

(1) 용기 또는 탱크에서 액체의 LP 가스가 도관을 통하여 기화기에 의해 기화하는 방식

(2) 공기혼합가스 공급 방식

공기혼합가스는 기화기, 혼합기에 의해 기화한 부탄에 공기를 혼합하여 만들며 다량 소비에 유효

(3) 공기혼합가스 공급목적
① 발열량 조절　② 누설 시의 손실 감소
③ 재액화 방지　④ 연소효율 증대

11 펌프의 축동력

(1) $PS = \dfrac{\gamma Q H}{75 \times \eta}$

(2) $kW = \dfrac{\gamma Q H}{102 \times \eta}$

γ : 액체의 비중량(kgf/m^3), Q : 유량(m^3/s), H : 전양정(m), η : 효율

CHAPTER 05 가스 기본

1 압력

(1) 압력 : 단위면적에 수직으로 작용하는 힘

$$P = \frac{F}{A}$$

F : 힘(N)
A : 단위 면적[m²]

(2) 압력의 분류

① 표준대기압[1 atm] : 0 ℃에서 표준 중력일 때, 760 mm 높이 수은주의 압력

$$1\text{기압(atm)} = 760 \text{ mmHg} = 10.332 \text{ mH}_2\text{O} = 1.0332 \text{ kg/cm}^2 = 1.013 \text{ bar}$$
$$= 0.101325 \text{ MPa}$$
$$= 101.325 \text{ kPa}$$
$$= 14.7 \text{ psi}$$
$$= 14.7 \text{ lb/in}^2$$

② 절대압력(Absolute Pressure) : 완벽한 진공을 0점으로 두고 측정한 압력
③ 게이지압력(Gauge Pressure) : 대기압의 기준을 0으로 하여 측정한 압력

절대압력 = 대기압 + 게이지압력
절대압력 = 대기압 - 진공압력

암 절대게

2 온도

(1) 섭씨온도[℃] : 1기압에서 물의 어는점을 0 ℃, 끓는점을 100 ℃로 100 등분한 것
(2) 화씨온도[℉] : 1기압에서 물의 어는점을 32 ℉, 끓는점을 212 ℉로 180 등분한 것

$$\text{화씨온도(℉)} : \frac{9}{5} \times \text{℃} + 32$$

(3) 절대온도
① 캘빈온도 : K = t ℃ + 273
② 랭킨온도 : R = t ℉ + 460 = K × 1.8

3 열량

(1) 1 kcal : 대기압에서 물 1 kg의 온도를 1 ℃ 올리는 데 필요한 열량

(2) 열용량 : 어떤 물질의 온도를 1 ℃ 올리는 데 필요한 열량

(3) 비열[kcal/kg·℃]

어떤 물질 1 kg의 온도를 1 ℃ 올리는 데 필요한 열량

① 정압비열(C_P) : 일정한 압력의 기체를 측정한 비열

② 정적비열(C_V) : 일정한 체적의 기체를 측정한 비열

③ 비열비(K) : 기체에 적용되며 정적비열에 대한 정압비열의 비로 1보다 큼

$$비열비\ K = \frac{C_P}{C_V} > 1$$

1원자 분자(1.67), 2원자 분자(1.4), 3원자 분자(1.33)

④ 정적비열과 정압비열의 관계

㉠ 공학단위

$$C_P - C_V = AR \qquad C_P = \frac{k}{k-1}AR \qquad C_V = \frac{1}{k-1}AR$$

㉡ SI 단위

$$C_P - C_V = R \qquad C_P = \frac{k}{k-1}R \qquad C_V = \frac{1}{k-1}R$$

$$R : 기체상수\left(\frac{8.314}{M}kJ/kg\cdot K\right)$$

(4) 현열 : 온도변화만 일으키는 열(상태변화 없음) $Q = WC\Delta T$

(5) 잠열 : 상태변화만 일으키는 열(온도변화 없음) $Q = W\gamma$

① 얼음의 융해 잠열 : 79.68 kcal/kg

② 물의 증발 잠열 : 539 kcal/kg

암 현온잠상

4 일

(1) 어떤 물체에 힘을 가했을 때 힘의 방향으로 이동한 거리

(2) 1 Joule

1 N(뉴턴)의 힘이 작용하여 1 m의 변위에 해당한 일

```
1 Joule = 1 N × 1 m
1 kgf·m = 1 kgm × 9.807 m/sec² × 1 m
        = 9.807 N·m = 9.807 Joule
```

5 열역학법칙

(1) 제0법칙 : 물체의 고온과 저온에서 마침내 열평형을 이룬다.

(2) 제1법칙 : 일은 열로, 열은 일로 교환할 수 있다.

(3) 제2법칙 : 자연계는 비가역적인 변화가 일어난다.

(4) 제3법칙 : 절대온도 0도에 이르게 할 수 없다.

6 밀도, 비중

(1) 밀도(ρ)

단위 체적당 차지하는 질량

$$\rho = \frac{m}{V}$$

m : 질량[kg]
V : 체적[m³]

→ 기체의 밀도(d) = 기체분자량 / 22.4 L

(2) 비중

4℃ 물의 무게와 같은 체적을 갖는 물질의 무게 비

→ 기체의 비중 = 기체분자량 / 29(공기분자량)

7 엔탈피

(1) 단위중량당 열에너지

(2) $I = U + APV$

I : 엔탈피$[kcal/kg]$, U : 내부에너지$[kcal/kg]$
A : 일의 열당량$[kcal/kg \cdot m]$, P : 압력$[kg/m^2]$, V : 비체적$[m^3/kg]$

8 분자

(1) 분자량 : 분자를 구성하는 원자량의 합

(2) 분자 구분

① 원자분자 : 헬륨(He), 네온(Ne), 아르곤(Ar)

② 원자분자 : 산소(O_2), 수소(H_2), 질소(N_2)

③ 원자분자 : 물(H_2O), 이산화탄소(CO_2), 오존(O_3)

9 몰(mol)

(1) 물질의 양을 나타내는 단위

(2) 아보가드로 법칙 : 일정 온도와 압력에서 모든 기체분자는 같은 수의 분자가 존재한다.

→ 0℃, 1 atm 모든 기체 1 mol의 부피는 22.4 L이고, 분자수는 6.02×10^{23}개이다.

10 이상기체 법칙

(1) 보일 법칙 : 일정 온도에서 압력과 부피는 서로 반비례한다.

$$P_1 V_1 = P_2 V_2$$

P_1 : 변하기 전 압력, P_2 : 변한 후의 압력
V_1 : 변하기 전 부피, V_2 : 변한 후의 부피

(2) 샤를 법칙 : 일정 압력에서 부피는 절대온도에 서로 비례한다.

$$\frac{V_1}{T_1} = \frac{V_2}{T_2}$$

T_1 : 변하기 전 온도, T_2 : 변한 후의 온도
V_1 : 변하기 전 부피, V_2 : 변한 후의 부피

> 암 보온샤압

(3) 보일 - 샤를의 법칙 : 기체의 부피는 압력과 서로 반비례하고 절대온도와 정비례한다.

$$\frac{P_1 V_1}{T_1} = \frac{P_2 V_2}{T_2}$$

(4) 기체상수 R 단위
① kcal/kmol·K
② kg·m/kmol·K

(5) 실제기체 중 온도가 높고 낮은 압력에서 이상기체에 가까운 행동을 함

11 돌턴 법칙

전체의 압력은 각 성분 분압의 합과 같다.

$$분압(P_a) = 전압(P) \times \frac{성분기체몰수}{전몰수}$$

12 아마갓 법칙(Amagat)

전체 부피는 각 성분 부피의 합과 같다

13 기체 확산 속도 법칙

$$\frac{U_b}{U_a} = \sqrt{\frac{M_a}{M_b}} = \frac{T_a}{T_b}$$

U_a, U_b : 각 성분기체의 확산속도
M_a, M_b : 각 성분기체의 분자량
T_a, T_b : 각 성분기체의 확산시간

14 헨리의 법칙

(1) 용해도가 작은 기체는 일정 온도에서 일정 용매에 용해되는 기체 질량이 압력에 비례

(2) 기체 용해도 : 온도가 낮고 압력이 높을수록 빠르다.

(3) 물에 잘 녹지 않는 기체만 적용됨

(4) 헨리법칙 적용 기체 : 질소(N_2), 수소(H_2), 산소(O_2), 이산화탄소(CO_2) 등

(5) 헨리법칙 제외 기체 : 암모니아(NH_3), 황화수소(H_2S), 염화수소(HCl) 등

15 르 샤틀리에 법칙

어떤 반응에서 평형상태의 조건(농도, 온도, 압력 등)을 변동시키면 그 변화를 없애는 방향으로 새로운 평형에 도달한다.

16 아보가드로의 법칙

STP하에서 모든 기체 1몰(mol)의 부피는 22.4 L이다.

(1) $PV = nRT$ (이상기체상태 방정식)

(2) 기체상수 $R = \dfrac{PV}{nT} = \dfrac{1atm \times 22.4L}{1mol \times 273K} = 0.0821 L \cdot atm/mol \cdot K$

(3) 여기서 n은 몰 수이므로 $n = \dfrac{W}{M}$ (W : 질량, M : 분자량)

(4) $PV = \dfrac{W}{M}RT \therefore M = \dfrac{WRT}{PV} = \dfrac{dRT}{P}$

(5) 밀도 $d = MP/RT$

(6) $PV = GRT$

P : 압력($kgf/m^2 \cdot a$), V : 체적(m^3), G : 중량(kgf), T : 절대온도(K),

R : 기체상수($\dfrac{848}{M} kgf \cdot m/kg \cdot K$)

(7) SI단위 : $PV = GRT$

P : 압력($kgf/m^2 \cdot a$), V : 체적(m^3), G : 질량(kg), T : 절대온도(K),

R : 기체상수($\dfrac{8.314}{M} kJ/kg \cdot K$)

17 연소

(1) 연소

가연성 물질이 산소와 결합하여 빛이나 열 또는 불꽃을 내는 현상

(2) 연소의 3요소

가연성 물질, 산소공급원, 점화원

암 가산점

(3) 연소의 종류

확산연소	가연성 가스 분자와 공기 분자가 확산에 의해 급격하게 혼합되면서 연소가 일어나는 것으로 수소, 아세틸렌 등이 있음
증발연소	인화성 액체의 온도 상승에 따른 증발에 의해 연소가 일어나는 것으로 알코올, 에테르, 등유, 경유 등이 있음
분해연소	연소 시 열분해에 의해 가연성 가스를 방출시켜 연소가 일어나는 것으로 중유, 석유, 목재, 종이, 고체 파라핀 등이 있음
표면연소	고체 표면과 공기와 접촉되는 부분에서 연소가 일어나는 것으로 숯, 알루미늄박, 마그네슘 리본 등이 있음
자기연소	질산에스테르, 초산에스테르 등 산소 없이 연소하는 것으로 니트로글리세린, TNT, 피크린산 등이 있음
등심연소	액체연료의 연소형태 중 램프 등과 같이 연료를 심지로 빨아올려 심지의 표면에서 연소시키는 것

암 확증분표자등

18 폭발

(1) 폭발

급격한 화학 변화 또는 물리 변화를 일으켜 열팽창과 큰 파괴력을 생성하는 현상

(2) 폭발의 종류

화학적 폭발	폭발성 혼합가스에 화학적 반응에 의한 폭발
압력의 폭발	압력 용기 또는 보일러 팽창탱크 폭발
분해폭발	가압에 의해 단일가스로 분리되어 폭발(산화에틸렌, 아세틸렌)
중합폭발	중합반응에 의한 중합열에 의해 폭발(시안화수소)
촉매폭발	촉매의 영향으로 폭발(수소, 염소)

19 가스 폭발

(1) 원인

온도, 압력, 용기 크기, 가스의 조성 등

(2) 인화점과 발화점

① 인화점 : 점화원이 있을 때 연소가 일어나는 최저온도

② 발화점 : 점화원 없이 스스로 연소가 일어나는 최저온도

암 발전없다

(3) 발화

① 탄화수소 : 탄소수가 많은 분자일수록 발화온도가 낮음

② 최소점화에너지 : 가스가 발화하는 데 필요한 최소의 에너지로 낮을수록 위험

20 폭굉

(1) 정의

가스 중 음속보다 화염전파속도가 큰 경우 파면선단에 충격파라는 솟구치는 압력으로 격렬한 파괴작용을 하는 현상

(2) 속도

1000 ~ 3500 m/sec

(3) 폭굉유도거리(DID)를 짧게 하는 요인

① 압력이 높을수록

② 연소열량이 클수록

③ 연소속도가 클수록

④ 관 지름이 작을수록

21 수소의 성질

(1) 상온에서 무색, 무취, 무미인 가연성 압축가스

(2) 밀도가 작고 가장 가벼운 기체

(3) 액체수소는 극저온으로 연성의 금속재료를 취화시킴

(4) 산소와 수소의 혼합가스를 연소시키면 고온을 얻을 수 있음

$$2H_2 + O_2 \rightarrow 2H_2O + 135.6 \text{ kcal} : 수소폭명기$$

(5) 고온·고압에서 강재의 탄소와 반응하여 메탄을 생성하는 수소취화현상이 있음

$$Fe_3C + 2H_2 \rightarrow CH_4 + 3Fe : 탈탄작용$$

(6) 탈탄작용 방지금속 : <u>Ti, Mo, V, Cr, W</u>

> 암 탈탄작용 방지금속 : 티모부끄러워

(7) 탈탄작용 방지재료 : <u>5 ~ 6 %</u> 크롬강, <u>18 - 8</u> 스테인리스강

> 암 탈탄작용 방지재료 : 오류동끄, 십팔스텡

22 수소의 공업적 제법

(1) 수전해법 : 물 전기분해법

(2) 수성 가스법 : 석탄, 코크스의 가스화법

(3) 석유분해법 : 나프타(탄화수소)와 물의 반응으로 수소가 생성

(4) 천연가스 분해법 : 수증기와 천연가스를 고온에서 촉매와 반응시키는 방법

(5) 일산화탄소 전화법 : 일산화탄소와 물이 반응하여 이산화탄소와 수소가 발생

23 산소의 성질

(1) 무색, 무취, 무미의 기체

(2) 수소와 격렬하게 반응하여 폭발하고 물을 생성

(3) 탄소와 화합하면 이산화탄소와 일산화탄소를 생성

(4) 자신이 폭발하진 않지만 강한 조연성 가스

24 산소의 제법

(1) 물전기 분해 : 물을 전기분해하면 산소와 수소가 생성됨

(2) 공기 액화 분리 : 비등점 차에 의한 분리

25 산소의 용도

(1) 의료계 : 타 가스에 의한 마취로부터의 소생 등

(2) 잠수 또는 우주탐사 시 호흡용과 연료원

(3) 용접, 절단용

(4) 로켓 추진의 산화제 또는 액체산소 폭약

26 산소의 폭발성 및 위험성

(1) 물질의 연소성은 산소농도나 분압이 높아질수록 증대하고, 연소 속도 증가, 발화온도 저하, 화염온도 상승의 결과를 가져옴

(2) 산소과잉이거나 순산소인 경우 인체에 유해

27 산소의 장치 안전

(1) 산소압축기의 윤활유 : 물, 10 % 이하의 글리세린수

(2) 산소 용기재질 : Mn강, Cr강, 18 - 8 스테인리스강

28 질소의 성질

(1) 상온에서 무색, 무취인 기체로 공기 중 약 78.1 % 함유

　　공기 중 질소 78 %, 산소 21 %, 아르곤 0.9 %, 이산화탄소 0.03 %, 수소 0.01 % 존재

(2) 불연성 기체로 분자상태에서는 안정하나 원자상태는 화학적으로 활발함

29 질소의 용도

(1) 냉매로 사용

(2) 산화방지용 보호제로 사용

(3) 기기 기밀시험, 퍼지용으로 사용

30 염소의 성질

(1) 상온에서 자극적인 냄새가 있는 황록색의 독성기체

(2) -34 ℃ 이하로 냉각시키거나 6 ~ 8기압으로 액화하여 액체상태로 저장

(3) 조연성 가스로 취급

(4) 수소와 염소가 혼합하면 폭발성을 가짐(염소폭명기)

31 염소의 제조 : 소금전기분해

(1) 소금전기분해

　　① 수은법
　　② 격막법

32 염소의 용도

(1) 수돗물을 살균

(2) 펄프·종이·섬유 표백

(3) 공업수나 하수의 정화제

33 염소의 폭발성 및 위험성

(1) 염소와 아세틸렌의 접촉 시 자연발화

(2) 독성 가스로서 호흡기에 유해

(3) 제해제 : 소석회, 가성소다수용액, 탄산소다수용액

34 암모니아의 성질

(1) 상온에서 자극이 강한 냄새를 가진 무색의 기체

(2) 물에 잘 용해됨

(3) 독성이면서 가연성인 가스

35 암모니아의 제법

(1) 하버보시법

$$N_2 + 3H_2 \rightarrow 2NH_3 + 23 \text{ kcal}$$

① 고압법 : 클로드법, 카자레법
② 중압법 : IG법, JCI법, 동고시법, 뉴파우더법
③ 저압법 : 구우데법, 케로그법

> 암 ① 고급카레, ② 중아재동고료, ③ 저구케로그

36 암모니아의 용도

(1) 질소비료, 황산암모늄 제조

(2) 나일론의 원료

(3) 흡수식이나 압축식 냉동기의 냉매

37 암모니아의 위험성

(1) 염산수용액과 반응하면 흰 연기 발생

(2) 독성 가스로 최대허용치는 25 ppm

(3) 고온·고압에서 질화작용으로 18 - 8 스테인리스강 사용

38 일산화탄소의 성질

(1) 무미, 무취, 무색의 기체

(2) 독성이 강하며 환원성의 가연성 기체

(3) 물에는 잘 녹지 않으며 알코올에 녹음

(4) 금속(Fe, Ni)과 반응하면 금속 카르보닐을 생성

> 암 일산페닉

(5) 카르보닐 방지금속 : Cu, Ag, Al

39 일산화탄소의 용도

(1) 메탄올 합성 (2) 포스겐 제조

40 이산화탄소의 성질

(1) 무미, 무취, 무색의 기체 (2) 무독성의 불연성 기체

(3) 물에는 녹기 어려움

41 이산화탄소의 제조

(1) 일산화탄소 전화반응 (2) 석회석 가열

42 이산화탄소의 용도

(1) 드라이아이스 제조

(2) 요소 원료

(3) 탄산수

43 액화석유가스의 성질

(1) 프로판, 부탄, 프로필렌, 부틸렌 등을 주성분으로 한 탄화수소

(2) 기화 및 액화가 쉬움

(3) 공기보다 무겁고 물보다 가벼움(누설 시 낮은 곳으로 모여 인화할 가능성이 있음)

(4) 폭발성이 있음

(5) 연소 시 다량의 공기 필요

(6) 무색, 무취인 가스(부취제 메르캅탄 첨가)

(7) 기화하면 체적이 커짐(프로판은 약 250배, 부탄은 약 230배)

(8) 증발 잠열(기화열)이 큼

(9) 온도 상승에 따라 액체 체적이 커지므로 용기는 40 ℃를 넘지 않을 것

(10) 발화점이 다른 연료보다 높으므로 안전성이 있음

(11) 발열량이 큼(12000 kcal/kg)

(12) 연소 시 많은 공기가 필요

프로판(C_3H_8)	$C_3H_8 + 5O_2 \rightarrow 3CO_2 + 4H_2O$
부탄(C_4H_{10})	$2C_4H_{10} + 13O_2 \rightarrow 8CO_2 + 10H_2O$

(13) 폭발범위가 좁음

44 액화석유가스의 용도

프로판 : 가정용·공업용 연료, 내연기관 연료

45 액화석유가스의 위험성

(1) LPG는 공기보다 무겁기 때문에 누출 시 바닥에 고이게 되므로 특히 주의

(2) 가스 누출 시 착화원을 신속히 치우고 밸브를 잠근 후 신속히 환기시킬 것

46 액화천연가스의 조성

메탄(CH_4) 가스가 주성분이며, 약간의 에탄과 황화수소, 이산화탄소, 부탄, 펜탄이 있음

47 액화천연가스의 용도

(1) 도시가스, 발전용, 공업용 연료로 사용

(2) 액화산소, 액화질소 제조

(3) 냉동창고, 냉동식품 등 한랭 이용

(4) 메탄올, 암모니아 냉각 등 화학 공업 원료

48 아세틸렌의 성질

(1) 3중 결합을 가진 무색의 탄화수소

(2) 자기분해를 일으켜 수소와 탄소로 분해

(3) 구리(Cu), 수은(Hg), 은(Ag) 등의 금속과 결합하여 금속 아세틸라이드 생성

> 암 아구 수은아

(4) 습식아세틸렌 발생기 표면온도는 70 ℃ 이하로 유지

(5) 아세틸렌을 2.5 MPa 압력으로 압축 시 메탄, 일산화탄소, 에틸렌, 질소 등의 희석제 첨가

(6) 아세틸렌의 용제는 아세톤 25배, 알코올 6배, 벤젠 4배, 석유에 2배가 용해

(7) 아세틸렌 자연발화온도 : 406 ~ 408 ℃

49 아세틸렌의 제법

카바이드(탄화칼슘)에 물을 첨가하여 제조

50 아세틸렌의 용도

산소, 아세틸렌염을 이용하여 금속 용접 및 절단에 사용

51 아세틸렌의 발생기

(1) 역화방지기

　역화방지기 내부에 페로실리콘이나 물, 모래, 자갈 사용

(2) 아세틸렌가스 용제

　아세톤, 디메틸포름아미드(DMF)

(3) 아세틸렌가스를 용제에 침윤시킨 다공도 : 75 ~ 92 % 이하

　　　　　　　　　　　　　　　　　　　　　　　　　　　　암 아 실어구미호

(4) 다공도(%) = [(V − E)/V] × 100(V : 다공 물질 용적, E : 아세톤 침윤시킨 전용적)

52 아세틸렌 – 보충내용

(1) 충전 중의 압력은 25 kg/cm² 이하로 할 것[2.5 MPa]

(2) 충전 후의 압력은 15 ℃에서 15.5 kg/cm² 이하로 할 것[1.5 MPa]

(3) 충전 후 24시간 정치할 것

(4) 분해 폭발을 방지하기 위해 메탄, 일산화탄소, 질소, 수소 등의 안정제를 첨가할 것

53 프레온의 성질

(1) 무색, 무미, 무취의 기체　　(2) 무독성, 불연성 기체

54 프레온의 용도

냉동기 냉매로 이용

55 헬라이트 토치 램프 색상을 이용한 프레온 누설검사

(1) 누설이 없을 때 : 청색

(2) 소량누설 : 녹색

(3) 다량누설 : 자색

(4) 극심할 때 : 불꺼짐

　　　　　　　　　　　　　　　　　　　　　　　　　　　　암 청옥자꺼

56 메탄(CH_4)

(1) 공기 중에서 잘 연소함

(2) 담청색의 화염을 냄

(3) 염소와 반응하여 염소화합물을 생성함

57 에틸렌(C_2H_4)

(1) 물에 녹지 않으며 무색의 달콤한 냄새를 가진 가스

(2) 중합반응을 일으킴

58 포스겐($COCl_2$)

(1) 무색의 황록색이며 자극적인 냄새를 가진 유독가스

(2) 유독하고 부식성이 있는 가스 생성함

59 산화에틸렌(C_2H_4O)

(1) 상온에서 무색가스이며 고농도에서 자극적인 냄새

(2) 액체는 안정하나 기체는 중합 및 분해폭발함

(3) 가연성이며 독성인 가스(허용 농도 - 50 ppm)

60 시안화수소(HCN)

(1) 무색의 독성이 강하며 복숭아냄새가 나는 휘발하기 쉬운 가스

(2) 장기간 저장 시 중합하여 암갈색의 폭발성 고체가 됨(60일 이내 저장)

(3) 폭발범위는 6 ~ 41 %, 순도 98 % 이상임. 즉, 수분이 2 % 이상 있어서는 안 됨

(4) 중합을 방지하는 안정제로 황산, 염화칼슘, 인산, 오산화인, 동망 등이 있음

61 황화수소(H_2S)

달걀 썩는 냄새가 나는 유독성의 가연성 가스

62 이황화탄소(CS_2)

(1) 달걀 썩는 냄새가 나는 폭발성, 연소성 가스

(2) 저온에도 강한 인화성이 있음

63 아황산가스(SO_2)

(1) 물과 알코올, 에테르에 녹으며 환원성이 있음

(2) 표백제, 무기, 유기화합물의 용제로 사용

64 가스의 물성

가스이름	분자량	비점	허용농도(ppm)
수소(H_2)	2	-252.8 ℃	-
헬륨(He)	4	-272 ℃	
산소(O_2)	32	-182.97 ℃	-
질소(N_2)	28	-195.8 ℃	-
염소(Cl_2)	71	-34 ℃	1
암모니아(NH_3)	17	-33.4 ℃	25
일산화탄소(CO)	28	-192.2 ℃	50
이산화탄소(CO_2)	44	-78.5 ℃	-
프로판(C_3H_8)	44	-42.1 ℃	-
부탄(C_4H_{10})	58	-0.5 ℃	-
메탄(CH_4)	16	-162 ℃	-
에틸렌(C_2H_4)	28	-103.71 ℃	-
아세틸렌(C_2H_2)	26	83.8 ℃	-
포스겐($COCl_2$)	98.92	8.2 ℃	0.1
아황산가스(SO_2)	64	-10 ℃	5
시안화수소(HCN)	27	-25.6 ℃	10
이황화탄소(CS_2)	76.14	46.25 ℃	20

65 독성 가스 허용농도

가스이름	허용농도(ppm) TLV-TWA	허용농도(ppm) LC 50
이산화황	10	2520
요오드(아이오딘)화수소	0.1	2860
모노메틸아민	10	7000
디에틸아민	5	11100
염소	1	293
염화수소	5	3120
불화수소	3	966
황화수소	10	712
브롬화메탄	20	850
암모니아	25	7338
일산화탄소	50	3760
산화에틸렌	50	2900
디보레인	0.1	80
세렌화수소	0.05	2
불소	0.1	185
시안화수소	10	140
알진	0.05	20
포스겐	0.1	5
니켈카르보닐	-	35
포스핀	0.3	20
오존	0.1	9

CHAPTER 06 LPG 및 도시가스 설비

1 구형 저장탱크에 의한 저장

$$V = \frac{\pi}{6} \times D^3$$

(1) 표면적이 작고, 강도가 높음

(2) 외관 모양이 안정적임

(3) 기초가 간단하여 건설비가 적게 소요됨

2 기화장치의 개요

(1) 기화기 또는 증발기 등으로 불림

(2) 용기 내 액체가스를 전열, 온수 또는 증기 등으로 가열하여 증발시켜 가스화하는 것

(3) 자연기화 방식보다 설치공간이 작아짐

3 기화장치의 장점

(1) 한랭 시 충분히 기화 가능

(2) 기화량 가감 가능

(3) 가스 조성이 일정

(4) 자연기화보다 적은 용기 수, 설치면적이 작아도 됨

4 기화장치의 구조

(1) 기화부 : 액체상태의 LP 가스를 열교환기에 의해 가스화하는 부분

(2) 열매온도 제어장치

(3) 열매과열 방지장치

(4) 액유출 방지장치

(5) 안전변 : 기화장치 내압이 이상 상승했을 때 장치 내 가스를 외부로 방출하는 장치

(6) 압력 조정기 : 기화부에서 나온 가스를 일정 압력으로 조정하는 장치

5 기화장치의 분류

(1) 가온 감압 방식 : 열교환기에 액체상태의 LP가스를 들여보낸 후 기화된 가스를 가스용 조절기에 의해 감압 공급하는 방식

(2) 감압 가열 방식 : 액체상태의 LP가스를 조정기 또는 팽창변동을 통해 감압하여 온도를 내려 열교환기에 도입시켜 온수 등으로 가온하여 기화하는 방식

6 조정기의 기능

(1) 용기로부터 연소기구에 공급되는 가스 압력을 적당한 압력까지 감압

(2) 공급압력을 유지하고 소비가 중단되었을 때 가스를 차단

7 조정기의 목적

가스 유출압력을 조정하여 안정된 연소를 도모하기 위해 사용

8 조정기의 종류

(1) 단단 감압식 조정기 : 용기 내 가스압력을 한 번에 소요압력으로 감압하는 방식
  ① 단단 감압식 저압 조정기 : 단단 감압에 의해 일반소비자에게 LP 가스 공급 시 사용
  ② 단단 감압식 준저압 조정기 : 액화석유가스를 일반 소비자 등에게 생활용 이외의 것으로 사용하는 데 쓰이는 조정기
  ③ 단단 감압 방법

장점	단점
• 장치가 간단 • 조작이 간단	• 배관이 비교적 굵음 • 최종 압력에 정확을 가하기 힘듦

암 조가 장가간다

(2) 2단 감압식 조정기 : 용기 내 가스압력을 소요압력보다 높은 압력으로 감압한 후 다음 단계에서 소요압력까지 감압하는 방식
  ① 2단 감압용 1차 조정기 : 2단 감압식의 1차용으로 사용됨
  ② 2단 감압용 2차 조정기 : 2단 감압식의 2차 측으로 사용됨
  ③ 2단 감압 방법

장점	단점
• 공급 압력이 안정 • 중간 배관이 가늚 • 각 기구에 알맞게 압력 강하 보정 가능	• 설비가 복잡 • 재액화의 문제 • 검사 방법 복잡

(3) 자동절환식 조정기 : 사용 측에서 소요가스 소비량을 충분히 댈 수 없을 때 자동적으로 예비측 용기로부터 보충하기 위한 방법

(4) 자동절환식 조정기 장점

① 용기 교환주기 폭을 넓힐 수 있음

② 전체 용기 수량이 수동교체식보다 적음

③ 잔액이 거의 없어질 때까지 소비

④ 단단 감압식보다 압력손실을 크게 할 수 있음

9 조정기의 조정압력

구분	종류	1단 감압식	
		저압 조정기	준저압 조정기
입구압력	하한	0.07 MPa	0.1 MPa
	상한	1.56 MPa	1.56 MPa
출구압력	하한	2.3 kPa	5 kPa
	상한	3.3 kPa	30 kPa
내압시험	입구 측	3 MPa 이상	3 MPa 이상
	출구 측	0.3 MPa 이상	0.3 MPa 이상
기밀시험 압력	입구 측	1.56 MPa 이상	1.56 MPa 이상
	출구 측	5.5 kPa	조정압력 2배 이상
최대폐쇄압력		3.5 kPa	조정압력 1.25배 이하

구분	종류	자동절체식		
		분리형 조정기	일체형 저압 조정기	일체형 준저압 조정기
입구압력	하한	0.1 MPa	0.1 MPa	0.1 MPa
	상한	1.56 MPa	1.56 MPa	1.56 MPa
출구압력	하한	0.032 MPa	2.55 kPa	5 kPa
	상한	0.083 MPa	3.3 kPa	30 kPa
내압시험	입구 측	3 MPa 이상	3 MPa 이상	3 MPa 이상
	출구 측	0.8 MPa 이상	0.3 MPa 이상	0.3 MPa 이상
기밀시험 압력	입구 측	1.8 MPa 이상	1.8 MPa 이상	1.8 MPa 이상
	출구 측	0.15 MPa 이상	5.5 kPa 이상	조정압력의 2배 이상
최대폐쇄압력		0.095 MPa 이하	3.5 kPa	조정압력의 1.25배 이하

10 배관 내의 압력손실

(1) 마찰저항에 의한 압력손실
① 유속의 2승에 비례
② 관의 길이에 비례
③ 관 안지름의 5승에 반비례
④ 관 내벽의 상태와 관계있음
⑤ 유체의 점도와 관계있음
⑥ 압력과는 관계가 없음

(2) 입상배관에 의한 압력손실

$$H = 1.293(S-1)h$$

H : 가스의 압력손실(mmH_2O), S : 가스의 비중, h : 입상높이(m)

11 유량계산

(1) 저압 배관의 유량 결정

$$Q = K\sqrt{\frac{D^5 H}{SL}}$$

Q : 가스의 유량(m^3/hr), D : 관안지름(cm), H : 압력손실(mmH_2O)
S : 가스의 비중, L : 관의 길이(m), K : 유량계수

(2) 중·고압 배관의 유량 결정

$$Q = k\sqrt{\frac{D^5(P_1^2 - P_2^2)}{SL}}$$

12 분젠식 연소장치의 특징

(1) 연소온도가 높고 연소실이 작아도 됨
(2) 선화현상이 발생하기 쉬움
(3) 소화음, 연소음이 발생함
(4) 불꽃은 내염과 외염을 형성함
(5) 연소속도가 크고 불꽃길이가 짧음

13 노즐

(1) 가스 분출량 계산식

$$Q = 0.011 K D^2 \sqrt{\frac{P}{d}} = 0.009 D^2 \sqrt{\frac{P}{d}}$$

(2) 노즐 지름 변경률 계산식

$$\frac{D_2}{D_1} = \frac{\sqrt{WI_1 \sqrt{P_1}}}{\sqrt{WI_2 \sqrt{P_2}}}$$

(3) 웨버지수

$$WI = \frac{H_g}{\sqrt{d}}$$

14 연소기구 이상 현상

(1) 역화

염이 염공을 통해 버너의 혼합관 내에 불타며 들어오는 현상

(2) 역화의 원인

① 염공이 크게 된 경우
② 가스 공급압력이 저하되었을 때
③ 버너가 과열되어 혼합기 온도가 상승한 경우
④ 구경이 작게 된 경우
⑤ 댐퍼가 과다하게 열려 연소속도가 빨라진 경우

(3) 선화(Lifting)

가스가 염공을 떠나서 연소하는 현상

(4) 선화의 원인

① 버너의 압력이 높은 경우
② 가스 공급압력이 높은 경우
③ 구경이 크게 된 경우
④ 연소가스 배출이 불안전한 경우 또는 2차 공기 공급이 불충분한 경우
⑤ 공기조절장치를 많이 열었을 경우

(5) LP 가스 불완전연소 원인

① 공기 공급량 부족
② 배기 불충분
③ 가스 조성이 맞지 않을 때
④ 가스기구와 연소기구가 맞지 않을 때

(6) 블로 오프

불꽃 주변 기류에 의해 염공에서 떨어져 연소하는 현상

(7) 옐로 팁

불완전연소 시에 적황색 불꽃으로 되는 현상

15 가스 제조 방식

(1) 열분해공정 : 나프타, 원유, 중유 등의 분자량이 큰 탄화수소 원료를 고온으로 분해하여 고열량의 가스를 제조하는 공정

(2) 접촉분해공정 : 촉매를 사용하여 사용온도 400 ~ 800 ℃에서 탄화수소와 수증기와 반응하여 수소, 메탄, 일산화탄소, 에틸렌, 탄산가스, 에탄, 프로필렌 등의 저급 탄화수소로 변환시키는 방법

(3) 부분연소공정 : 메탄에서 원유까지는 원료를 가스화하는 것으로 산소 또는 공기 및 수증기를 이용하여 메탄, 수소, 일산화탄소, 이산화탄소로 변환하는 방법

(4) 수소화분해공정 : 수소기류 중 탄화수소 원료를 열분해 또는 접촉분해하여 메탄을 주성분으로 하는 고열량의 가스를 제조하는 방법

(5) 대체 천연가스공정 : 천연가스 이외의 석탄, 원유, 나프샤, LPG 등의 각종 탄화수소 원료에서 천연가스와 물리적, 화학적 성질이 거의 비슷한 가스를 제조하는 것

16 부취제의 정의

일종의 방향 화합물로 가스에 첨가하여 냄새로 확인 가능하도록 하는 물질

17 부취제의 종류

(1) TBM(Teritary Butyl Mercaptan) : 양파 썩는 냄새

(2) THT(Tetra Hydro Thiophene) : 석탄가스냄새

(3) DMS(Dimethyl Sulfide) : 마늘냄새

> 암 1. TBM : B 안에 양파 두 개
> 2. THT : 석탄 T
> 3. DMS : 마늘 M

18 부취제의 구비 조건

(1) 독성이 없을 것

(2) 극히 낮은 농도에서도 냄새가 확인될 수 있을 것

(3) 가스미터나 가스관에 흡착되지 않을 것

(4) 물에 잘 녹지 않을 것

(5) 화학적으로 안정될 것

(6) 토양에 대해 투과성이 클 것

(7) 연료가스 연소 시 완전연소될 것

19 부취제의 농도

액화석유가스 누설 시 용량의 1/1000 상태에서 감지하도록 냄새 나는 물질을 섞어 충전

20 부취제의 취기 강도

(1) TBM : 취기 강도가 가장 강함   (2) THT : 취기 강도 보통

(3) DMS : 취기 강도 약함

21 부취제의 주입 방법

(1) 액체주입식 부취설비
　① 펌프주입 방식
　② 적하(중력) 주입 방식
　③ 미터연결 바이패스 방식

(2) 증발식 부취설비
　① 바이패스 증발식
　② 위크 증발식(심지 증발식)

22 부취설비의 관리(부취제를 엎질렀을 때)

(1) 활성탄에 의한 흡착

(2) 화학적 산화처리

(3) 연소법

23 도시가스 공급 방식의 분류

(1) 저압 공급 방식 : 0.1 MPa 미만

(2) 중압 공급 방식 : 0.1 MPa 이상 1 MPa 미만

(3) 고압 공급 방식 : 1 MPa 이상

24 LNG 기화장치 종류

(1) 오픈 랙 기화법
　베이스로드용으로 바닷물을 열원으로 사용하므로 초기 시 설비가 많으나 운전비용이 저렴

(2) 중간매체
　베이스로드용으로 프로판, 펜탄 등을 사용

(3) 서브머지드법
　피크로드용으로 액중 버너를 사용하며 초기시설비가 적으나 운전비용이 많이 소요됨

25 가스홀더의 기능

(1) 공급설비의 일시적 중단에 대해 공급량 확보

(2) 공급가스의 성질 균일화

(3) 소비지역 근처에 설치하여 피크 시 공급

(4) 가스수요의 시간적 변동에 대해 공급가스량 확보

26 공급된 가스량 구하는 공식

$$\triangle V = V \times \frac{P_1 - P_2}{P_0} \times \frac{T_0}{T_1}$$

27 정압기의 기능

(1) 2차 측 압력을 허용범위 내의 압력으로 유지하는 정압기능

(2) 도시가스 압력을 사용처에 맞게 낮춰주는 감압기능

(3) 가스의 흐름이 없을 때는 밸브를 완전히 폐쇄하여 압력상승을 방지하는 폐쇄기능

28 정압기의 특성

(1) 정특성 : 정상 상태에서 유량과 2차 압력과의 관계

(2) 동특성 : 부하변동에 대한 응답의 신속성과 안정성 요구

(3) 유량특성 : 메인밸브의 열림과 유량과의 관계

(4) 사용 최대 차압 : 메인밸브에 1차와 2차 압력이 작용하여 최대로 되었을 때 차압

(5) 작동 최소 차압 : 정압기가 작동할 수 있는 최소 차압

29 정특성의 종류

(1) 시프트 : 1차 압력의 변화에 의하여 정압곡선이 전체적으로 어긋나는 것

(2) 로크업 : 유량이 0으로 되었을 때 끝맺음 압력과 기준압력과의 차

(3) 오프셋 : 유량이 변화했을 때 2차 압력과 기준압력과의 차

CHAPTER 07 가스사고

1 고압가스 사고 분류

(1) 고압 용기가 파열, 분출, 분진

(2) 독성, 질식성 가스가 누설하면 중독, 질식

(3) 지연성, 가연성 가스가 공기 또는 다른 가스와 혼합되어 폭발할 때 고장 난 용기의 밸브에서 분출하는 가스에 인화

(4) 저온가스에 의해 동상을 고온가스에 의해 화상을 입음

(5) 용기 내 가스의 물리적, 화학적인 변화에 의해 폭발사고를 일으킴

(6) 용기의 무게에 의해 취급부주의로 부상을 입음

※ 고압가스설비는 항상 40 ℃ 이하로 유지하며, 직사광선, 빗물을 피할 것

2 고압가스 용기의 파열사고

사용도수가 많은 용기, 노후화된 용기, 부식된 용기, 관리 부주의 등으로 파열하여 폭발, 화염과 파편에 의한 재해를 일으킴

(1) 용기의 내압 부족

(2) 용기의 압력 상승

(3) 용기검사의 태만, 부실, 기피

(4) 용기 재질의 불량

(5) 용기밸브의 불법 혼용

(6) 용접 용기의 용접상의 결함, 이면용접의 불이행

(7) 충격, 낙하, 타격, 전도, 전락

(8) 가스의 과충전

(9) 사제 용기의 불법 사용

(10) 균열, 내부에 이물질이나 오일 오염 등

(11) 가열, 일광, 주위의 화재에 의한 온도 상승

3 일산화탄소

가연성물질이 불완전연소 시 CO가 발생하며 CO는 인체의 혈액 중에 있는 헤모글로빈과 급격히 반응하여 산소의 순환을 방해

CO 농도[%]	호흡시간 및 증상
0.02	2~3시간 내 가벼운 두통
0.04	1~2시간 앞두통, 2.5~3.5시간 후두통
0.08	45분 두통, 메스꺼움, 구토, 2시간 내 실신
0.16	20분에 두통, 메스꺼움, 구토, 2시간 사망
0.32	5~10분 두통, 메스꺼움, 30분 사망
0.64	1~2분 두통, 메스꺼움, 10분~15분 사망
1.28	1~3분 사망

> **Level up**
>
> **일산화탄소 중독**
> - 초기 : 두통, 현기증, 메스꺼움, 구토
> - 중기 : 머리가 몽롱하고 판단이 둔해지며 손발의 근육이 둔해짐
> - 후기 : 맥박이 빠르고 호흡이 곤란해지며 얼굴색이 붉어짐
>
> **일산화탄소 중독 시 조치**
> - 창문을 개방하고 신선한 장소로 환자를 옮김
> - 머리를 뒤로 젖히고 턱을 들어 올려 기도 유지
> - 입안의 이물질 제거
> - 호흡이 멈춘 경우엔 인공호흡 실시
> - 고압산소 치료가 가능한 병원으로 이송

4 이산화탄소

CO_2 농도[%]	증상
2.5	몇 시간 흡입해도 장애는 없음
3.0	무의식중에 호흡수가 빨라짐
4.0	국부적인 자각증상
6.0	호흡량 증가
8.0	호흡 곤란
10.0	의식불명이 되며 사망
20.0	수 초 내에 심장마비

5 산소

산소 농도[%]	증상
21	정상
18 미만	산소결핍
16 ~ 12	맥박과 호흡수 증가, 정신집중 장애, 섬세한 근육작업이 되지 않으며 두통
14 ~ 9	판단력이 둔해지며, 흥분상태, 불안정한 정신상태, 취한 상태, 체온상승, 기억 희미
10 ~ 6	의식불명, 중추신경 장애, 찌아노제(혈액 중 산소가 부족하여 피부가 검푸르게 보이는 현상)
그 이하	6 ~ 8분 후 심장정지

6 정전기

LPG 또는 LNG 수입기지 및 가스충전시설 등과 가스공급 시설, 사용시설에서 일어나는 가스 폭발사고의 상당수는 정전기가 점화원이다. 특히 가스를 이·충전작업 중에 발생하는 폭발사고 대부분은 정전기에 의한 것이다.

(1) 정전기 발생현상
　① 마찰대전 : 마찰에 의해 전하분리가 일어나 정전기 발생
　② 박리대전 : 서로 밀착된 물체가 박리될 때 전하분리가 일어나 정전기 발생
　③ 유동대전 : 액화가스가 배관을 흐를 때 액체와 배관 계면에 전기이중층이 형성되고 전하 일부가 액체와 함께 이동하여 정전기가 발생
　④ 분출대전 : 가스가 작은 구멍으로 분출될 때 마찰과 액체 충돌 등에 의해 정전기 발생
　⑤ 비말대전 : 공간에 분출된 액체의 미세한 입자가 비산하여 작은 입자가 될 때 정전기 발생

(2) 정전기 발생억제
　① 유속 제한
　② 협착물 제거
　③ 유체 분출방지

(3) 정전기 완화촉진
　① 본딩, 접지
　② 정치시간 설정
　③ 공기를 이온화
　④ 적절한 습도 유지
　⑤ 절연체에 도전성 부여
　⑥ 정전화, 제전봉 등 작업자 대전방지

7 기타

(1) 탱크로리 이충전
   ① 안전관리자가 직접 이송작업 수행
   ② 차량 정비작업 금지
   ③ 이송설비의 가동상태, 가스 누출유무, 저장탱크 액면 등 감시
   ④ 가스압축기는 가동 전 액트랩을 열어 잔류가스 제거

(2) 용기 충전
   ① 과충전 금지
   ② 용기를 굴리거나 충격은 주지 않아야 하며 안전하고 조심스럽게 취급
   ③ 작업원에 의해 수행
   ④ 작업에 적절한 복장을 착용
   ⑤ 충전이 끝난 후 정량 충전 여부 및 가스누출 여부 확인
   ⑥ 충전장 주위에서 화기사용 금지
   ⑦ 충전작업 도중 용기를 물린 채로 자리이탈 금지

(3) 자동차 충전
   ① 과충전 금지(85 % 초과 금지)
   ② 반드시 충전 중 엔진정지
   ③ 충전작업 중이나 충전장 가까이에서 차량정비 금지
   ④ 충전장 주위 화기사용 금지

(4) 배관교체 작업
   ① 배관의 상류 측과 하류 측 밸브 등을 확실하게 잠금 조치
   ② 잠금조치 후 밸브 또는 플랜지에 맹판 삽입
   ③ 다른 설비나 장치로부터 가스 침입 차단
   ④ 부근 인화성가연물 제거 및 화기사용 금지
   ⑤ 화기사용 시 소화기, 소화용수 비치
   ⑥ 배관교체 후 가스누출 여부 확인

(5) 독성 가스 제독조치
   ① 물 또는 흡수제나 중화제에 의해 흡수 또는 중화
   ② 흡착제에 의해 흡착
   ③ 플레어스택 및 보일러 등의 연소설비에서 조치
   ④ 제독제 살포장치 또는 물로 제독이 가능한 경우 살수장치를 이용

(6) 가스사고 방지를 위한 급기 및 환기(환기 3대조건)
   ① 공기 유입구(급기구)가 있을 것
   ② 공기 배출구(배기구)가 있을 것
   ③ 공기의 흐름을 일으키는 힘이 있을 것(온도차에 의한 자연환기, 풍력, 기계환기)

8 사고의 종류별 통보 방법 및 기한

사고의 종류	통보 방법	통보 기한	
		속보	상보
가. 사람이 사망한 사고	전화 또는 팩스를 이용한 통보(이하 "속보"라 한다) 및 서면으로 제출하는 상세한 통보(이하 "상보"라 한다)	즉시	사고발생 후 20일 이내
나. 사람이 부상당하거나 중독된 사고	속보 및 상보	즉시	사고발생 후 10일 이내
다. 가스누출에 의한 폭발 또는 화재사고(가목 및 나목의 경우는 제외한다)	속보	즉시	
라. 가스시설이 파손되거나 가스누출로 인하여 인명대피나 공급중단이 발생한 사고(가목 및 나목의 경우는 제외한다)	속보	즉시	
마. 사업자등의 저장탱크에서 가스가 누출된 사고(가목부터 라목까지의 경우는 제외한다)	속보	즉시	

[비고] 한국가스안전공사가 법 제26조 제2항에 따라 사고조사를 한 경우에는 자세하게 보고하지 않을 수 있다.

> **Level up**
>
> **사고의 통보 내용에 포함되어야 하는 사항**
> 가. 통보자의 소속, 지위, 성명 및 연락처
> 나. 사고발생 일시
> 다. 사고발생 장소
> 라. 사고내용(가스 종류, 양 및 확산거리 등을 포함한다)
> 마. 시설현황(시설의 종류, 위치 등을 포함한다)
> 바. 인명 및 재산의 피해현황

CHAPTER 08 수소법

1 목적

수소경제 이행 촉진을 위한 기반 조성 및 수소산업의 체계적 육성을 도모하고 수소의 안전관리에 관한 사항을 정함으로써 국민경제의 발전과 공공의 안전확보에 이바지함을 목적

2 정의

1. "수소경제"란 수소의 생산 및 활용이 국가, 사회 및 국민생활 전반에 근본적 변화를 선도하여 새로운 경제성장을 견인하고 수소를 주요한 에너지원으로 사용하는 경제산업구조를 말한다.

2. "수소산업"이란 수소의 생산·저장·운송·충전·판매 및 연료전지, 수소가스터빈 등 수소를 활용하는 장비와 이에 사용되는 제품·부품·소재 및 장비의 제조 등 수소와 관련한 산업을 말한다.

3. "수소전문기업"이란 수소산업과 관련된 사업(이하 "수소사업"이라 한다)을 영위하는 기업으로서 다음 각 목의 어느 하나에 해당하는 기업을 말한다.
    가. 총매출액 중 수소사업과 관련된 매출액이 차지하는 비중이 대통령령으로 정하는 기준에 해당하는 기업
    나. 총매출액 대비 수소사업 관련 연구개발 등에 대한 투자금액이 차지하는 비중이 대통령령으로 정하는 기준에 해당하는 기업

4. "수소전문투자회사"란 자산을 운용하여 그 수익을 주주에게 배분하는 것을 목적으로 설립된 회사를 말한다.

5. "수소특화단지"란 수소경제 이행을 촉진하기 위하여 지정된 지역을 말한다.

6. "연료전지"란 「신에너지 및 재생에너지 개발·이용·보급 촉진법」 제2조 제1호에 따른 신에너지의 하나로서 수소와 산소의 전기화학적 반응을 통하여 전기와 열을 생산하는 설비와 그 부대설비를 말한다.

7. "수소연료공급시설"이란 수송·건물·발전 등의 용도로 사용되는 연료전지, 수소가스터빈 등 수소를 활용하는 장비에 수소를 공급하는 시설로서 산업통상자원부령으로 정하는 시설을 말한다.

7의2. "청정수소"란 인증받은 수소 또는 수소화합물로서 다음 각 목의 어느 하나에 해당하는 것을 말한다.

　가. 무탄소수소 : 수소의 생산·수입 등의 과정에서 「기후위기 대응을 위한 탄소중립·녹색성장 기본법」 제2조 제5호에 따른 온실가스(이하 "온실가스"라 한다)를 배출하지 아니하는 수소

　나. 저탄소수소 : 수소의 생산·수입 등의 과정에서 온실가스를 대통령령으로 정하는 기준 이하로 배출하는 수소

　다. 저탄소수소화합물 : 수소의 운송 등을 위하여 생산된 수소화합물로서 생산·수입 등의 과정에서 온실가스를 대통령령으로 정하는 기준 이하로 배출하는 수소화합물

7의3. "수소발전"이란 수소 또는 수소화합물을 연료로 전기 또는 전기와 열을 생산하는 것을 말한다.

7의4. "수소발전사업자"란 「전기사업법」 제2조 제4호에 따른 발전사업자 또는 같은 조 제19호에 따른 자가용전기설비를 설치한 자로서 수소발전을 하는 사업자를 말한다.

8. "수소용품"이란 연료전지와 수소관련 용품으로서 산업통상자원부령으로 정하는 용품을 말한다.

9. "수소연료사용시설"이란 연료전지, 수소가스터빈 등을 설치하여 전기 또는 열을 사용하기 위한 시설로서 산업통상자원부령으로 정하는 시설을 말한다.

10. "수소가스터빈"이란 수소 또는 수소를 포함하는 연료를 연소하여 발생하는 열에너지를 운동에너지로 전환하는 원동기를 말한다.

11. "수소제조설비"란 수소를 제조하기 위한 것으로서 다음 각 목의 설비를 말한다.

　가. 수전해설비 : 물을 전기분해하여 수소를 제조하는 설비

　나. 수소추출설비 : 도시가스 또는 액화석유가스 등으로부터 수소를 추출하여 제조하는 설비

12. "수소저장설비"란 수소를 충전·저장하기 위하여 지상 또는 지하에 고정 설치하는 저장탱크(수소의 품질을 균질화하기 위한 설비를 포함한다)를 말한다.

13. "수소가스설비"란 수소제조설비, 수소저장설비 및 연료전지와 이들 설비를 연결하는 배관 및 그 부속설비 중 수소가 통하는 설비를 말한다.

3 안전관리자

(1) 수소용품 제조사업자는 수소용품 등의 안전 확보와 위해 방지에 관한 직무를 수행하기 위하여 산업통상자원부령으로 정하는 바에 따라 사업을 시작하기 전에 안전관리자를 선임하고, 그 사실을 시장·군수·구청장에게 신고하여야 한다.

(2) 제1항에 따라 선임된 안전관리자를 해임하거나 안전관리자가 퇴직한 경우에는 지체 없이 그 사실을 시장·군수·구청장에게 신고하고, 해임하거나 퇴직한 날부터 30일 이내에 다른 안전관리자를 선임하여야 한다. 다만 30일 이내에 선임할 수 없을 경우에는 시장·군수·구청장의 승인을 받아 그 기간을 연장할 수 있다.

(3) 제1항에 따라 안전관리자를 선임한 자는 다음 각 호의 어느 하나에 해당하는 경우에는 대통령령으로 정하는 바에 따라 대리자를 지정하여 일시적으로 안전관리자의 직무를 대행하게 하여야 한다.
 ① 안전관리자가 여행·질병이나 그 밖의 사유로 일시적으로 그 직무를 수행할 수 없는 경우
 ② 안전관리자의 해임 또는 퇴직과 동시에 다른 안전관리자가 선임되지 아니한 경우

(4) 안전관리자는 그 직무를 성실히 수행하여야 하며, 그 수소용품 제조사업자와 종사자는 안전관리자의 안전에 관한 의견을 존중하고 권고에 따라야 한다.

(5) 시장·군수·구청장은 대통령령으로 정하는 안전관리자가 그 직무를 성실히 수행하지 아니하면 그 안전관리자를 선임한 수소용품 제조사업자에게 그 안전관리자의 해임을 요구할 수 있다.

(6) 안전관리자의 종류·자격·인원·직무범위 및 안전관리자의 대리자의 대행 기간과 그 밖에 필요한 사항은 대통령령으로 정한다.

4 안전교육

(1) 수소용품 제조사업의 안전관리에 관계되는 업무를 하는 자는 시장·군수·구청장이 실시하는 교육을 받아야 한다.

(2) 수소용품 제조사업자는 그가 고용하고 있는 자 중에서 제1항에 따라 교육을 받아야 하는 자에게 안전교육을 받게 하여야 한다.

(3) 제1항 및 제2항에 따른 안전교육대상자의 범위, 교육기간, 교육과정, 그 밖에 교육에 필요한 사항은 산업통상자원부령으로 정한다.

5 수소연료사용시설의 검사

(1) 수소연료사용시설을 설치하여 사용하려는 자(이하 "시설사용자"라 한다)는 산업통상자원부령으로 정하는 시설기준과 기술기준에 맞도록 수소연료사용시설을 갖추어야 한다.

(2) 시설사용자는 수소연료사용시설의 설치공사나 산업통상자원부령으로 정하는 변경공사를 완공하면 그 시설의 사용 전에 시장·군수·구청장의 완성검사를 받아야 하며, 완성검사에 합격한 후에만 그 시설을 사용할 수 있다.

(3) 시설사용자는 수소연료사용시설에 대하여 대통령령으로 정하는 일정 기간마다 정기검사를 받아야 한다.

(4) 제2항 및 제3항에 따른 완성검사 및 정기검사의 기준, 대상, 절차 및 방법에 관하여 필요한 사항은 산업통상자원부령으로 정한다.

6 수소 사용

(1) 수소충전소

(2) 수소자동차

(3) 연료전지

7 수소자동차 저장 용기 안전장치

(1) 수소탱크 솔레노이드밸브 : 평상시 수소를 공급하고 긴급 시 수소 차단

(2) 압력해제장치 : 수소탱크의 온도를 감지하여 화재 시에 수소를 주변 대기로 방출

(3) 과류방지밸브 : 튜브가 고압으로 인해 손상될 경우 과도한 수소흐름을 감지하고 공급 차단

(4) 압력완화밸브 : 압력 조절기에 설치되며 압력조절기의 이상 시 수소를 주변 대기로 방출하여 압력을 완화

8 수소충전소 안전장치

(1) 긴급차단장치(가스방출관) : 충전 중 긴급한 상황이 발생했을 때 차단장치를 작동하여 시스템을 중단하고 방출관 통해 안전한 장소로 가스 방출

(2) 가스누출 및 화재감지 경보장치 : 충전시설에 가스가 누출되거나 화재가 발생했을 때 신속하게 검지하여 대응할 수 있도록 하기 위해 가스누출 및 화재감지장치를 설치하며 검지 시 경보를 울리면서 자동으로 가스 차단

(3) 수소충전노즐 : 오장착 방지구조로 설계

9 안전관리자의 종류

(1) 안전관리총괄자

(2) 안전관리부총괄자

(3) 안전관리책임자

(4) 안전관리원

① 안전관리총괄자는 해당 수소용품 제조사업자(법인인 경우에는 그 대표자를 말한다)로 한다.

② 안전관리부총괄자는 해당 사업자의 수소용품 제조시설을 직접 관리하는 최고 책임자로 한다.

③ 안전관리자의 자격과 선임 인원은 다음과 같다.

안전관리자의 구분	자격	선임 인원
안전관리총괄자	해당 사업자(법인인 경우에는 그 대표자를 말한다)	1명
안전관리부총괄자	해당 사업자의 수소용품 제조시설을 직접 관리하는 최고 책임자	1명
안전관리책임자	일반기계기사·화공기사·금속기사·가스산업기사 이상의 자격을 가진 사람 또는 일반시설 안전관리자 양성교육 이수자(「근로기준법」에 따른 상시 사용하는 근로자 수가 10명 미만인 시설로 한정한다)	1명 이상
안전관리원	가스기능사 이상의 자격을 가진 사람 또는 일반시설 안전관리자 양성교육 이수자	1명 이상

[비고]
1. 안전관리자를 해당 분야의 상위 자격자로 선임하는 경우 가스기술사·가스기능장·가스기사·가스산업기사·가스기능사의 순으로 먼저 규정한 자격을 상위 자격으로 본다.
2. 안전관리책임자 자격을 가진 사람은 안전관리원 자격을 가진다.
3. 고압가스기계기능사보·고압가스취급기능사보 및 고압가스화학기능사보의 자격소지자는 일반시설 안전관리자 양성교육 이수자로 본다.
4. 안전관리총괄자 또는 안전관리부총괄자가 해당 기술자격을 가지고 있으면 안전관리책임자를 겸할 수 있다.
5. 안전관리자는 제48조 제2항에도 불구하고 「산업안전보건법」 제17조에 따른 안전관리자의 직무를 겸할 수 있다.
6. 허가관청이 안전관리에 지장이 없다고 인정하면 수소용품 제조시설의 안전관리책임자를 가스기능사 이상의 자격을 가진 사람 또는 일반시설 안전관리자 양성교육 이수자로 선임할 수 있으며, 안전관리원을 선임하지 않을 수 있다.

10 안전관리자의 직무범위

(1) 안전관리자는 다음 각 호의 안전관리업무를 수행한다.
① 수소용품 제조시설의 안전유지 및 검사기록의 작성·보존
② 수소용품의 제조공정 관리
③ 안전관리규정 이행 기록의 작성·보존
④ 사업소의 종업원에 대한 안전관리를 위하여 필요한 사항의 지휘·감독
⑤ 사업소를 개수(改修) 또는 보수하는 사람에 대한 안전관리를 위하여 필요한 사항의 지휘·감독
⑥ 그 밖의 수소용품 등의 위해(危害) 방지 조치

(2) 안전관리책임자 및 안전관리원은 이 영에 특별한 규정이 있는 경우 외에는 제1항 각 호의 직무가 아닌 일을 맡아서는 안 된다.

(3) 안전관리자는 다음 각 호의 구분에 따른 직무를 수행한다.
  ① 안전관리총괄자 : 사업소의 안전에 관한 업무의 총괄관리
  ② 안전관리부총괄자 : 안전관리총괄자를 보좌하여 그 수소용품 제조시설 안전의 직접 관리
  ③ 안전관리책임자 : 다음 각 목의 직무
    ㉠ 안전관리부총괄자를 보좌하여 사업장의 안전에 관한 기술적인 사항의 관리
    ㉡ 안전관리원에 대한 지휘·감독
  ④ 안전관리원 : 안전관리책임자의 지시에 따른 안전관리자의 직무

11 정기검사

수소연료사용시설을 설치하여 사용하려는 자(이하 "시설사용자"라 한다)는 완성검사 증명서를 발급받은 날을 기준으로 다음 각 호의 구분에 따른 시기에 정기검사를 받아야 한다. 다만 한국가스안전공사가 필요하다고 인정하는 경우에는 읍·면·동별로 같은 시기에 정기검사를 받게 할 수 있으며, 시설사용자가 요청하는 경우에는 한국가스안전공사와 시설사용자가 서로 협의하여 정한 시기에 정기검사를 받게 할 수 있다.

(1) 다중이용시설의 시설사용자 : 매 6개월이 되는 날의 전후 30일 이내

(2) 제1호 외의 시설사용자 : 매 1년이 되는 날의 전후 30일 이내

12 수소용품 및 외국수소용품 제조의 시설·기술·검사기준

1. 시설기준

  가. 수소용품을 제조하려는 자는 제2호의 기술기준에 따라 수소용품을 제조하는 데 기본적으로 필요한 제조설비를 갖출 것. 다만 허가관청이 부품의 품질향상을 위하여 필요하다고 인정하는 경우에는 그 부품을 제조하는 전문생산업체의 설비를 이용하거나 전문생산업체가 제조한 부품을 사용할 수 있고, 이 경우 허가관청은 그 필요성을 인정하기 전에 한국가스안전공사에 검토를 요청해야 한다.

  나. 수소용품을 제조하려는 자는 제품의 성능을 확인·유지할 수 있도록 다음 기준에 맞는 검사설비를 갖출 것. 다만 설계단계 검사항목의 검사설비에 대해 한국가스안전공사 또는 「국가표준기본법」에 따른 해당 공인시험·검사기관에 의뢰하여 시험·검사를 하는 경우 또는 검사설비의 임대차계약을 체결한 경우에는 검사설비를 갖춘 것으로 본다.

    1) 안전관리규정에 따른 자체검사를 수행할 수 있을 것
    2) 해당 사업소의 제품생산능력에 맞는 처리능력을 가질 것

2. 기술기준
   가. 수소용품의 재료는 그 수소용품의 안전을 위하여 사용하는 온도 및 환경에 적절한 것일 것
   나. 수소용품의 구조 및 치수는 그 수소용품의 안전성·편리성 및 호환성을 확보하기 위하여 그 수소용품의 재료 및 사용하는 환경에 적절한 것일 것
   다. 수소용품의 성능은 그 수소용품의 안전성과 편리성을 확보하기 위하여 그 수소용품의 재료 및 사용하는 환경에 적절한 성능을 갖춘 것일 것
   라. 수소용품에는 그 수소용품을 안전하게 사용할 수 있도록 하기 위하여 사용하는 환경에 따라 수소용품의 제조자, 수소용품 및 그 수소용품의 사용에 관한 정보 등에 대하여 적절한 표시를 할 것
   마. 수소용품을 안전하게 사용할 수 있도록 하기 위하여 필요한 경우 사용하는 환경에 적절한 취급설명서를 첨부할 것
   바. 수소용품에는 그 용품의 안전한 사용을 위하여 필요한 경우 사용하는 환경에 적절한 안전수칙을 표시할 것
   사. 수소용품에는 그 용품의 안전한 사용을 위하여 필요한 경우 배관표시와 시공표지판을 부착할 것
   아. 열처리가 필요한 재료로 제조한 수소용품의 경우 그 열처리는 안전을 위하여 그 수소용품의 재료와 두께에 따라 적절한 방법으로 할 것
   자. 수소용품에는 그 수소용품의 안전성과 편리성을 확보하기 위하여 그 수소용품의 종류와 사용하는 환경에 적절한 장치를 갖출 것

3. 검사기준
   가. 제조시설 검사기준
   수소용품 제조시설에 대한 검사는 제1호의 시설기준에 따라 제조설비 및 검사설비를 갖추었는지를 확인하기 위하여 필요한 항목에 대하여 적절한 방법으로 실시할 것
   나. 제품 검사기준
   수소용품에 대한 검사는 제2호의 기술기준에 적합한지를 확인하기 위하여 설계단계검사와 생산단계검사로 구분하여 실시할 것
   1) 설계단계검사
      다음 중 어느 하나에 해당하는 경우 설계단계검사를 받을 것. 다만 한국가스안전공사나 공인시험·검사기관이 부품의 성능을 인증한 시험성적서를 제출한 경우에는 그 부품에 대한 설계단계검사를 면제할 수 있다.
      가) 수소용품 제조자가 그 사업소에서 일정 형식의 제품을 처음 제조할 경우
      나) 수소용품 수입자가 일정 형식의 제품을 처음 수입하는 경우
      다) 설계단계검사를 받은 형식의 제품의 재료나 구조가 변경되어 성능이 변경된 경우
      라) 설계단계검사를 받은 형식의 제품으로서 설계단계검사를 받은 날부터 매 5년이 지난 경우

2) 생산단계검사

　가) 설계단계검사에 합격한 수소용품에 대하여 그 수소용품을 생산하는 경우에 실시할 것

　나) 자체검사능력과 품질관리능력에 따라 구분된 다음 표의 검사 종류 중 어느 하나에 해당하는 검사를 실시할 것

검사 종류	대상	구성 항목	주기
(1) 제품확인 검사	생산공정검사 또는 종합공정검사 대상 외의 품목	(가) 정기품질검사	2개월에 1회
		(나) 상시샘플검사	신청 시마다
(2) 생산공정 검사	제조공정·자체검사 공정에 대한 품질 시스템의 적합성을 충족할 수 있는 품목	(가) 정기품질검사	3개월에 1회
		(나) 공정확인심사	3개월에 1회
		(다) 수시품질검사	1년에 2회 이상
(3) 종합공정 검사	공정 전체(설계·제조·자체검사)에 대한 품질시스템의 적합성을 충족할 수 있는 품목	(가) 종합품질관리 체계심사	6개월에 1회
		(나) 수시품질검사	1년에 1회 이상

　다) 수소용품이 안전하게 제조되었는지를 명확하게 판정할 수 있도록 제2호의 기술기준에 대하여 적절한 방법으로 할 것

　라) 생산공정검사와 종합공정검사의 대상 여부를 판정하기 위한 심사기준은 전문성·객관성 및 투명성이 확보될 수 있도록 정할 것

　마) 생산공정검사나 종합공정검사를 받고 있는 자가 검사대상 품목의 생산을 6개월이상 중단하거나 검사의 종류를 변경하려는 경우에는 한국가스안전공사에 신고하고 합격통지서를 반납할 것

　바) 생산공정검사나 종합공정검사를 받고 있는 자가 다음의 어느 하나에 해당하는 경우에는 생산공정검사나 종합공정검사를 다시 받을 것

　　⑴ 사업소의 위치를 변경하는 경우

　　⑵ 품목을 추가한 경우

　　⑶ 생산공정검사나 종합공정검사 대상 심사에 합격한 날부터 3년이 지난 경우. 다만 수소용품의 품목을 추가하는 경우에는 기존 품목의 나머지 기간으로 한다.

4. 그 밖의 사항

　가. 기술개발에 따른 새로운 수소용품의 제조 및 검사 방법이 이 별표에 따른 시설·기술 및 검사 기준에는 적합하지 않으나 안전관리를 저해하지 않는다고 산업통상자원부장관의 인정을 받은 경우에는 그 수소용품의 제조 및 검사 방법을 그 수소용품에 한정하여 적용할 수 있다.

13 안전관리규정의 작성요령

1. 안전관리규정에는 다음의 사항이 포함되어야 한다.
   가. 목적
   나. 안전관리자의 직무·조직 및 책임에 관한 사항
   다. 종업원의 교육과 훈련에 관한 사항
   라. 위해 발생 시의 소집 방법·조치·훈련에 관한 사항
   마. 검사장비에 관한 사항
   바. 수소용품의 공정검사·검사표 등에 관한 사항
   사. 하청업자 등 외부인의 안전관리규정 적용에 관한 사항
   아. 안전관리규정 위반행위자에 대한 조치에 관한 사항
   자. 그 밖에 안전관리의 유지에 관한 사항

2. 제1호에 따른 안전관리규정의 항목별 세부 작성기준은 산업통상자원부장관이 정하여 고시한다.

14 안전교육 실시 방법

1. 교육계획의 수립

   한국가스안전공사는 다음 연도의 전문교육과 양성교육 실시계획을 세워 매년 11월 30일까지 관할 시장·군수·구청장에게 보고해야 한다.

2. 교육 신청
   가. 전문교육의 대상자가 된 사람은 그날부터 1개월 이내에 교육 수강 신청을 해야 한다. 다만 부득이한 사유로 교육 수강 신청을 하지 못한 사람은 그 사유가 없어진 날부터 1개월 이내에 교육 수강 신청을 해야 한다.
   나. 양성교육을 이수하려는 사람은 한국가스안전공사가 매년 초에 지정하는 기간에 교육 수강 신청을 해야 한다.

3. 교육일시의 통보

   한국가스안전공사는 제2호에 따른 교육 신청이 있으면 교육 시작일 10일 전까지 교육대상자에게 교육장소와 교육일시를 알려야 한다.

4. 교육의 과정, 대상자 및 시기

교육과정	교육대상자	교육내용	교육시기
가. 전문교육	안전관리책임자와 안전관리원	수소용품 검사실무, 검사장비 및 안전관리규정 운용 등	신규 종사 후 6개월 이내 및 그 후에는 3년이 되는 해마다 1회
나. 양성교육	일반시설 안전관리자가 되려는 사람	수소안전관리 관련 법규, 가스개론 등	-

15 수소연료사용시설의 시설·기술·검사기준

1. 시설기준

가. 배치기준

1) 수소저장설비[방호벽(「고압가스안전관리법 시행규칙」 제2조 제1항 제22호에 따른 방호벽을 말한다. 이하 같다)을 설치한 수소저장설비는 제외한다]는 그 겉면으로부터 「도시가스사업법 시행규칙」 보호시설까지 다음 표에 따른 거리 이상으로 유지할 것. 다만 시장·군수·구청장이 공공의 안전을 위하여 필요하다고 인정하는 지역에 대해서는 다음 표에서 정한 거리에 일정 거리를 더하여 정할 수 있다.

저장능력(단위 : m³)	제1종 보호시설	제2종 보호시설
1만 이하	17 m	12 m
1만 초과 2만 이하	21 m	14 m
2만 초과 3만 이하	24 m	16 m
3만 초과 4만 이하	27 m	18 m
4만 초과	30 m	20 m

[비고]
1. 저장능력은 「고압가스안전관리법 시행규칙」 별표1 제1호 가목의 계산식에 따라 산정한 저장능력을 말한다.
2. 한 사업소 안에 2개 이상의 수소저장설비가 있는 경우에는 그 저장능력별로 각각 안전거리를 유지해야 한다.

2) 수소가스설비는 그 겉면으로부터 화기(그 설비 안의 것은 제외한다)를 취급하는 장소까지 8 m(연료전지가 설치된 건축물 내에 있는 연료전지와 배관 및 그 부속설비의 경우에는 2 m를 말한다)의 우회거리를 두거나, 그 설비에서 누출된 수소가 화기로 유동(流動)하는 것을 방지하기 위한 적절한 조치를 마련할 것

3) 산소의 저장설비 주위 5 m 이내에서는 화기를 취급해서는 안 되며, 작업에 필요한 양 이상의 연소하기 쉬운 물질을 두지 않을 것

4) 가스계량기는 다음 기준에 적합하게 설치할 것

   가) 가스계량기는 교체 및 유지관리가 쉽고, 환기가 양호한 장소에 설치할 것

   나) 가스계량기는 「건축법 시행령」 제46조 제4항에 따른 공동주택의 대피공간, 방·거실 및 주방 등으로서 사람이 거처하는 장소, 그 밖에 열이나 진동의 영향을 크게 받는 등 가스계량기에 나쁜 영향을 미칠 우려가 있는 장소에는 설치하지 않을 것

   다) 가스계량기와 다음에 해당하는 설비는 해당 구분에 따른 거리를 유지할 것

   ⑴ 전기계량기 및 전기개폐기 : 60 cm 이상

   ⑵ 굴뚝(단열조치를 하지 않은 경우만을 말한다)·전기점멸기 및 전기접속기 : 30 cm 이상

   ⑶ 절연조치를 하지 않은 전선 : 15 cm 이상

5) 입상관(立上管)은 환기가 양호한 장소에 설치하고, 입상관의 밸브는 바닥으로부터 1.6 m 이상 2 m 이내(보호상자 안에 설치하는 경우는 제외한다)에 설치할 것

나. 기초기준

수소제조설비(압축기는 제외한다) 및 수소저장설비의 기초는 부등침하(不等沈下) 등에 의하여 그 설비에 유해한 영향을 끼칠 우려가 없도록 안전확보를 위하여 필요한 적절한 조치를 할 것

다. 수소제조설비 및 수소저장설비 설치실 기준

수소제조설비 및 수소저장설비를 실내에 설치하는 경우 해당 공간의 벽은 그 설비의 보호와 그 설비를 사용하는 시설의 안전 확보를 위하여 불연재료(「건축법 시행령」 제2조 제10호에 따른 것을 말한다)를 사용하고, 그 설치실의 지붕은 가벼운 불연재료 또는 난연재료(「건축법 시행령」 제2조 제9호에 따른 것을 말한다)를 사용할 것

라. 수소가스설비기준

1) 수소가스설비(배관은 제외한다. 이하 라목에서 같다)의 재료는 그 수소를 취급하기에 적합한 기계적 성질 및 화학적 성분을 가지는 것일 것
2) 수소가스설비의 구조는 그 수소를 안전하게 취급할 수 있는 적절한 것일 것
3) 수소가스설비의 강도 및 두께는 그 수소를 안전하게 취급할 수 있는 적절한 것일 것
4) 수소가스설비는 그 수소를 안전하게 취급할 수 있는 적절한 성능을 가지는 것일 것
5) 수소연료사용시설에는 압력조정기·가스계량기·중간밸브 등 필요한 설비 및 장치를 설치하고, 그 시설의 안전 확보 및 정상작동을 위하여 필요한 적절한 조치를 할 것

마. 배관설비기준

1) 배관의 재료는 수소의 수송에 적합한 기계적 성질 및 화학적 성분을 가지는 것일 것
2) 배관의 구조는 수소를 안전하게 수송하는 데 적절한 것일 것
3) 배관의 강도 및 두께는 그 수소를 안전하게 수송할 수 있는 적절한 것일 것
4) 배관의 접합은 수소의 누출을 방지할 수 있도록 확실한 방법으로 하고, 이를 확인하기 위하여 필요한 경우에는 비파괴시험을 할 것
5) 배관은 신축 등으로 수소가 누출되는 것을 방지하기 위하여 필요한 조치를 할 것
6) 배관은 수송하는 수소의 특성 및 설치 환경조건을 고려하여 위해의 우려가 없도록 설치하고, 배관의 안전한 유지·관리를 위하여 필요한 설비를 설치하거나 필요한 조치를 할 것
7) 배관은 수소를 안전하게 사용할 수 있도록 하기 위하여 내압성능(압력에 견디는 성능을 말한다)과 기밀성능(기체가 통하지 않게 밀봉하는 성능을 말한다)을 가지도록 할 것
8) 배관의 안전을 위하여 배관의 외부에는 수소를 사용하는 배관임을 명확하게 알아볼 수 있도록 칠하고 표시할 것

바. 연료전지 설치기준

　연료전지는 화재 및 폭발 사고를 방지하기 위하여 수소연료사용시설의 안전 확보와 정상작동이 가능하도록 설치할 것

사. 사고예방설비기준

　1) 수소가스설비에는 그 설비 안의 압력이 최고허용사용압력을 초과하는 경우 즉시 그 압력을 최고허용사용압력 이하로 되돌릴 수 있는 안전장치를 설치하는 등 필요한 조치를 할 것

　2) 수소저장설비에는 필요에 따라 수소가 누출될 경우 이를 신속히 검지하여 효과적으로 대응할 수 있도록 하기 위하여 필요한 조치를 할 것

　3) 배관에는 긴급 시 수소의 누출을 효과적으로 차단할 수 있는 조치를 할 것

　4) 수소연료사용시설에 설치하는 전기설비는 그 설치장소에 따라 적절한 방폭성능(폭발을 방지하는 성능을 말한다)을 가진 것일 것

　5) 수소가스설비를 실내에 설치하는 경우에는 누출된 수소가 체류하지 않도록 환기구를 갖추는 등 필요한 조치를 할 것

　6) 수소저장설비 또는 배관에는 그 저장설비 또는 배관이 부식되는 것을 방지하기 위하여 필요한 조치를 할 것

　7) 수소연료사용시설에는 그 설비에서 발생한 정전기가 점화원(點火源)이 되는 것을 방지하기 위하여 필요한 조치를 할 것

　8) 연료전지, 수전해설비 및 수소추출설비에는 손상, 누출, 폭발 등을 방지하기 위하여 필요한 조치를 할 것

아. 피해저감설비기준

　1) 수소의 저장능력(「고압가스안전관리법 시행규칙」 별표1에 따라 산정한 저장능력을 말한다)이 60 m^3 이상인 수소저장설비를 실내에 설치하는 경우 해당 공간의 벽은 방호벽으로 할 것

　2) 수소저장설비 또는 배관에는 그 저장설비 또는 배관을 보호하기 위하여 온도상승방지조치 등 필요한 조치를 할 것

자. 표시기준

　수소연료사용시설의 안전을 확보하기 위하여 필요한 곳에는 수소를 취급하는 시설 또는 일반인의 출입을 제한하는 시설이라는 것을 명확하게 알아볼 수 있도록 경계표지, 식별표지 및 위험표지 등 적절한 표지를 하고, 외부인의 출입을 통제할 수 있도록 적절한 경계울타리를 설치할 것

차. 그 밖의 기준

　1) 수소연료사용시설에 설치 또는 사용하는 설비가 다른 법령에 따른 검사대상인 경우에는 그 검사에 합격한 것일 것

　2) 수소연료사용시설에 설치 또는 사용하는 수소용품이 법 제44조에 따라 검사를 받아야 하는 것인 경우에는 그 검사에 합격한 것일 것

2. 기술기준

　가. 안전유지기준

　　수소연료사용시설은 가스의 누출, 화재 및 폭발이 예방될 수 있도록 안전하게 유지·관리할 것

　나. 점검기준

　　1) 수소연료사용시설은 사용 시작 및 종료 시에 이상 유무를 점검하는 것 외에 1일 1회 이상 수소연료사용시설의 구조에 따라 수시로 소비설비의 작동 상황을 점검해야 하며 이상이 있을 때에는 이를 보수한 후 사용할 것

　　2) 수소가 통하는 설비를 수리·청소 및 철거할 때에는 그 작업의 안전 확보를 위하여 필요한 안전수칙을 준수하고, 작업 후에는 그 설비의 성능유지와 작동성 확인 등 안전 확보를 위하여 필요한 조치를 마련할 것

3. 검사기준

　가. 완성검사 및 정기검사의 검사항목은 시설이 적합하게 설치 또는 유지·관리되고 있는지를 확인하기 위하여 다음의 구분에 따를 것

검사종류	검사항목
1) 완성검사	제1호의 시설기준에 규정된 항목
2) 정기검사	가) 제1호의 시설기준에 규정된 항목 중 해당사항 나) 제2호의 기술기준에 규정된 항목(나목은 제외한다) 중 해당사항

　나. 완성검사 및 정기검사는 시설이 검사항목에 적합한지를 명확하게 판정할 수 있는 방법으로 실시할 것

16 수소용품

1. 연료전지(「자동차관리법」 제2조 제1호에 따른 자동차에 장착되는 것은 제외한다)로서 다음 각 목의 어느 하나에 해당하는 것

　가. 연료소비량이 232.6킬로와트 이하인 고정형 설비와 그 부대설비

　나. 이동형 설비와 그 부대설비

2. 수전해설비

3. 수소추출설비

17 다중이용시설

1. 「유통산업발전법」에 따른 대형마트·전문점·백화점·쇼핑센터·복합쇼핑몰 및 그 밖의 대규모점포

2. 「공항시설법」에 따른 공항의 여객청사

3. 「여객자동차 운수사업법」에 따른 여객자동차터미널

4. 「철도의 건설 및 철도시설 유지관리에 관한 법률」에 따른 철도 역사(驛舍)

5. 「도로교통법」에 따른 고속도로의 휴게소

6. 「관광진흥법 시행령」에 따른 관광호텔업, 관광객 이용시설업 중 전문휴양업·종합휴양업으로 등록한 시설 및 유원시설업 중 종합유원시설업으로 허가받은 시설

7. 「한국마사회법」에 따른 경마장

8. 「청소년활동 진흥법」에 따른 청소년수련시설

9. 「의료법」에 따른 종합병원

10. 「항만법」에 따른 항만시설 중 종합여객시설

18 판매가격 보고 대상 수소의 보고내용

보고대상자	보고내용	보고 방법	보고기한
수소판매사업자	수소의 종류별 중량 단위(kg) 정상 판매가격	전자보고 또는 그 밖에 적절한 방법을 이용한 보고	판매가격 결정 또는 변경 후 24시간 이내

[비고]
1. 위 표에서 "전자보고"란 인터넷, 부가가치통신망(VAN)을 이용한 보고를 말하고, "그 밖에 적절한 방법을 이용한 보고"란 전자보고를 제외한 전화, 팩스, 그 밖에 산업통상자원부장관이 정하는 방법을 이용한 보고를 말한다.
2. 하나의 사업자가 둘 이상의 사업소를 운영하는 경우에는 사업소별로 보고한다.

19 수소용품의 합격표시

검사에 합격한 수소용품에 대하여는 다음의 구분에 따라 「국가표준기본법」에 따른 국가통합인증마크(이하 "KC마크"라 한다)를 부착하거나 각인(刻印)하는 방법으로 표시해야 한다.

1. 연료전지

   연료전지에는 쉽게 식별할 수 있는 곳에 다음과 같이 KC마크를 부착한다.

    크기는 30 mm × 30 mm로 하고 바탕색은 은백색, 문자색은 검은색으로 한다. 다만 복수 인증제품으로 「국가표준기본법」 제22조의4에 따라 별도로 고시하는 경우에는 KC마크의 높이와 색상을 변경할 수 있다.

2. 수전해설비 및 수소추출설비

   (1) 수전해설비 및 수소추출설비에는 KC마크를 쉽게 식별할 수 있는 곳에 다음과 같이 "KC"자의 각인을 한다.

   (2) KC 크기 : 6 mm × 10 mm

Part 02

필답형 기출문제

2024년 **1, 2, 3**회
2023년 **1, 2, 4**회
2022년 **1, 2, 4**회
2021년 **1, 2, 4**회
2020년 **1, 2, 3, 4**회

2019년 **1, 2, 4**회
2018년 **1, 2, 4**회
2017년 **1, 2, 4**회
2016년 **1, 2, 4**회
2015년 **1, 2, 4**회

※ 가스산업기사 필기시험에 "메탄 → 메테인", "프로판 → 프로페인", "부탄 → 부테인"으로 출제되는 경우가 있으니 실기 학습 시에도 참고 바랍니다.

2024년 1회

01 다음 보기 내의 온도계 중 계측원리에 해당하는 것을 골라 쓰시오.

〈보기〉
서미스터, 서모커플, 바이메탈, 파이로미터

가. 열기전력식
나. 열팽창식
다. 열복사에너지식
라. 열저항식

정답

가. 서모커플(두 종류의 금속을 이용하여 온도가 다를 때 전류가 흐르는데 이를 이용하여 온도차를 계측
   = 열전대라고도 함(Thermo Couple))
나. 바이메탈(열팽창 정도가 다른 두 금속을 붙여 온도가 올라가면 열팽창 정도가 작은 쪽으로 휘는 것을 이용)
다. 파이로미터(수은 온도계나 알코올 온도계로는 계측 불가능한 높은 온도를 재는 온도계)
라. 서미스터

02 아세틸렌을 발생시키는 방법 3가지를 쓰고 설명하시오.

정답
1. 투입식 : 물에 카바이드(탄화칼슘)을 넣는 방법
2. 침지식 : 물과 카바이드(탄화칼슘)을 소량씩 접촉하는 방법
3. 주수식 : 카바이드(탄화칼슘)에 물을 넣는 방법

03 액화가스의 펌프 용량이 5 m³/min이며, 펌프 토출구 직경(내경)이 25 cm이다. 이 펌프의 유속(m/s)을 구하시오.

정답

$Q = AV$

$$V = \frac{Q}{A} = \frac{5}{\frac{\pi}{4} \times 0.25^2 \times 60} = 1.70$$

※ 초당 유속을 물어봤으므로 5 m³/min에서 60을 나누어서 초당 유량을 대입한다.

04 가스의 발열량이 12100 kcal/Sm³이며 분자량이 34 g/mol인 가스의 웨버지수를 구하시오. (단, 공기 분자량은 28.8 g/mol이다)

정답

$$\text{웨버지수 } WI = \frac{H_g}{\sqrt{d}}$$
$$= \frac{12100}{\sqrt{\frac{34}{28.8}}}$$
$$= 11136.33 \, kcal/Sm^3$$

05 가스보일러는 전용보일러실(보일러실 안의 가스가 거실로 들어가지 않는 구조로서 보일러실과 거실 사이의 경계벽은 출입구를 제외하고는 내화구조의 벽을 말한다. 이하 같다)에 설치한다. 다만 전용보일러실에 설치하지 않을 수 있는 경우 2가지를 쓰시오.

정답

1. 밀폐식 가스보일러
2. 옥외에 설치한 가스보일러
3. 전용급기통을 부착하는 구조로 검사에 합격한 강제배기식 가스보일러

보충 KGS GC208 2023 주거용 가스보일러의 설치·검사 기준

2. 시설기준
   2.1.3 설치 방법
   2.1.3.5 가스보일러는 전용보일러실(보일러실 안의 가스가 거실로 들어가지 않는 구조로서 보일러실과 거실 사이의 경계벽은 출입구를 제외하고는 내화구조의 벽을 말한다. 이하 같다)에 설치한다. 다만 다음 중 어느 하나에 해당하는 경우에는 전용보일러실에 설치하지 않을 수 있다.
   (1) 밀폐식 가스보일러
   (2) 옥외에 설치한 가스보일러
   (3) 전용급기통을 부착하는 구조로 검사에 합격한 강제배기식 가스보일러

〈원문〉
G1.2.3 보일러는 전용보일러실(보일러실 안의 가스가 거실로 들어가지 않는 구조로서 보일러실과 거실 사이의 경계벽은 출입구를 제외하고는 내화구조인 벽을 말한다. 이하 같다)에 설치한다. 다만 다음 중 어느 하나에 해당하는 경우에는 보일러를 전용보일러실에 설치하지 않을 수 있다.
(1) 밀폐식보일러
(2) 보일러를 옥외에 설치한 경우
(3) 전용급기통을 부착하는 구조로 검사에 합격한 강제배기식 보일러

〈부록〉
부록 D
1993.11.28일 이후 2017.8.24일 이전 도시가스 사용시설 가스보일러 설치 기준 : 가스보일러와 가스온수기(이하 '가스보일러'라 한다)는 목욕탕이나 환기가 잘되지 않는 곳에 설치하지 않고 다음 기준에 따라 설치한다.

06 수소의 공업적 제법인 일산화탄소 전화법의 반응식을 쓰고 이에 대해 설명하시오.

정답

$$CO + H_2O \rightarrow CO_2 + H_2$$

일산화탄소와 물을 반응시키고 열을 가해 수소를 생성하는 방법

07 공기보다 가벼운 가스와 공기보다 무거운 가스의 가스검지기 설치 위치를 각각 쓰시오.

정답

1. 공기보다 가벼운 가스
   : 천장으로부터 30 cm 이내
2. 공기보다 무거운 가스
   : 바닥으로부터 30 cm 이내

08 효율이 75 %인 연소기가 있다. 물 500 L를 5 ℃에서 55 ℃로 상승시키는 데 필요한 프로판 사용량(kg)을 구하시오. (단, 프로판의 발열량은 12000 kcal/kg이다)

정답

$$G_f = \frac{GC\Delta t}{H_i \times \eta}$$
$$= \frac{500 \times 1 \times (55-5)}{12000 \times 0.75} = 2.78 kg$$

09 액화가스탱크에서 탱크로리로 가스를 옮길 때 방법 2가지를 쓰시오.

정답
1. 펌프
2. 압축기
3. 차압

10 LNG 저장시설에 설치한 배관에는 긴급차단장치를 설치하여야 한다. 다음 물음에 답하시오.

가. 저장탱크 외면으로부터 ( ) m 이상 떨어진 위치에서 조작할 수 있을 것
나. 긴급차단장치의 동력원은 ( ), 기압, 전기, 스프링

정답
가 : 10
나 : 액압

보충 긴급차단장치
STEP 1.
도시가스인지 액화석유가스인지 구분하기
STEP 2.
액화석유가스이면? 5 m 이상
〈KGS FU331〉 저장탱크에 의한 액화석유가스 저장소의 시설·기술·검사·정밀안전진단·안전성평가 기준
2.8.3.3.2 긴급차단장치의 차단조작기구는 해당 저장탱크(지하에 매몰하여 설치하는 저장탱크를 제외한다)로부터 5 m 이상 떨어진 곳(방류둑을 설치한 경우에는 그 외측)으로서 다음 장소마다 1개 이상 설치한다. 〈개정 11.8.19〉
(1) 자동차에 고정된 탱크 이입·충전 장소 주변
(2) 액화석유가스의 대량유출에 대비하여 충분히 안전이 확보되고 조작이 용이한 곳
STEP 3.
도시가스라면?
① 가스도매사업 : 10 m 이상
〈KGS FP451〉 가스도매사업 제조소 및 공급소의 시설·기술·검사·정밀안전진단·안전성평가 기준
2.6.3.1 저장탱크에 긴급차단장치 설치
액화가스 저장탱크 중 내용적 5000 L 이상의 것에 설치한 배관(송출 또는 이입하기 위한 저장탱크만을 말하며 저장탱크와 배관과의 접속부를 포함한다)에는 그 저장탱크의 외면으로부터 10 m 이상 떨어진 위치에서 조작할 수 있는 긴급 차단장치를 설치한다
② 일반도시가스사업 : 5 m 이상
〈KGS FP551〉 일반도시가스사업 제조소 및 공급소의 시설·기술·검사 기준
2.6.3.1.1 저장탱크(내용적이 5000 L 미만의 것은 제외한다)에 부착된 배관(액상의 가스를 송출 또는 이입하는 것만 적용하며, 저장탱크와 배관과의 접속부분을 포함한다)에는 그 저장탱크의 외면으로부터 5 m 이상 떨어진 위치에서 조작할 수 있도록 다음 기준에 따라 긴급차단장치를 설치한다. 다만 액상의 가스를 이입하기 위하여 설치된 배관에 2.6.4.1에 따라 역류방지밸브를 설치하는 경우에는 긴급차단장치를 설치한 것으로 볼 수 있다

11 지상에 설치되는 LNG 저장설비의 방호종류 3가지를 쓰시오.

정답
1. 단일 방호식 저장탱크 : 단일탱크 또는 내부탱크와 보온재로 이루어진 탱크
2. 이중 방호식 저장탱크 : 내부탱크와 외부탱크가 각각 별도로 저장할 수 있도록 설계되는 탱크
3. 완전 방호식 저장탱크 : 내부탱크와 외부탱크 모두 독립적으로 저장할 수 있도록 설계되는 탱크
4. 멤브레인식 저장탱크 : 특수한 주름을 넣은 멤브레인으로 제작한 탱크(열저항 상승)

12 부식의 종류 4가지를 쓰고 간략히 설명하시오.

정답
1. 응력 부식 : 높은 응력을 받을 때 생기는 부식
2. 고온 부식 : 가열로 인해 재료가 화학적으로 악화되는 부식
3. 침식 부식 : 금속재료 표면과 유체의 역학적인 요인에 의해 생기는 부식
4. 전해부식 : 이종금속 부식이라고도 하며, 서로 다른 두 금속의 전위차이로 인해 생기는 부식
5. 전면 부식 : 금속의 전 표면에 균등하게 생기는 부식
6. 국부 부식 : 금속 표면이 국부적으로 부식

13 정압기 특성 중 하나인 동특성에 대해 설명하시오.

정답
부하 변동에 대한 응답의 신속성
- 정특성 : 정상 상태에서 유량과 2차 압력과의 관계
- 동특성 : 부하변동에 대한 응답의 신속성
- 유량특성 : 메인밸브의 열림과 유량과의 관계

14 다음 각 가스의 화재에 대해 간략히 설명하시오.

정답
1. JET FIRE : 압축가스가 배관에서 분출될 때 발생하는 화재
2. POOL FIRE : 대기에 가연성 액체가 노출된 개방탱크에서 발생하는 화재

15 「고압가스안전관리법」에 따라 품질유지 대상인 고압가스 종류 2가지를 쓰시오.

> **정답**
> 1. 냉매로 사용되는 가스
> 2. 연료전지용으로 사용되는 수소가스
>
> **보충** 「고압가스안전관리법 시행규칙」[별표26]
> 품질유지 대상인 고압가스의 종류
> 1. 냉매로 사용되는 가스
>   가. 프레온 22
>   나. 프레온 134a
>   다. 프레온 404a
>   라. 프레온 407c
>   마. 프레온 410a
>   바. 프레온 507a
>   사. 프레온 1234yf
>   아. 프로판
>   자. 이소부탄
> 2. 연료전지용으로 사용되는 수소가스
>   이소부탄 : 부탄의 이성질체이며 인화성이 강하고 쉽게 액화 $(CH_3)_3CH$

2024년 2회

01 도시가스 배관을 선정할 때 배관재료가 갖추어야 하는 구비조건 3가지를 쓰시오.

정답
1. 내압에 잘 견딜 것
2. 외부 하중에 잘 견딜 것
3. 제작과 설치가 편리할 것
4. 내식성이 있을 것
5. 경제적일 것
6. 가공이 용이할 것

02 다음 그래프는 원심펌프의 성능곡선이다. 각각에 해당하는 명칭을 쓰시오.

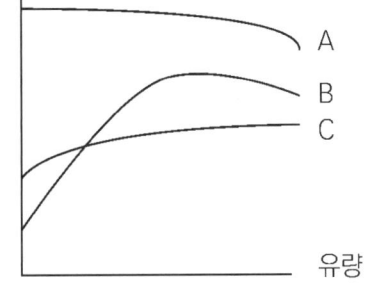

정답
A : 양정
B : 효율
C : 동력

03 다음 각각의 특징에 해당하는 압축기 명칭을 쓰시오.

(가)
1. 입구와 출구의 압력차가 적다.
2. 효율이 높다.
3. 맥동(서징)이 없다.
4. 소음이 적다.

(나)
1. 설치면적이 작다.
2. 고속으로 회전하는 임펠러가 있다.
3. 맥동(서징)의 우려가 있다.

정답
(가) : 스크롤 압축기
(나) : 원심식 압축기

04 다음은 메탄으로 수소를 제조하는 방법이다. 각각에 맞는 개질법 명칭을 쓰시오.

(가) $CH_4 + 0.5O_2 \rightarrow CO + 2H_2$
(나) $CH_4 + H_2O \rightarrow 3H_2 + CO$
(다) $CH_4 + 0.5O_2 \rightarrow CO + 2H_2$
　　$CH_4 + H_2O \rightarrow 3H_2 + CO$

정답
(가) : 부분산화법
(나) : 수증기개질법
(다) : 자열개질법

보충 **수소 제법**
1. 부분산화법 : 산소가 충분히 공급이 되지 않을 때 일산화탄소와 수소 생성
2. 수증기개질법 : 메탄과 물을 접촉시켰을 때 수소 생성
3. 자열개질법 : 부분산화법과 수증기개질법을 일정한 비율로 사용하여 수소 생성

05 다음에서 설명하는 용어 정의를 쓰시오.

> (가) 정압기 사용 최대 차압
> (나) 정압기 작동 최소 차압

정답
(가) : 메인밸브에 1차 압력과 2차 압력의 최대 차압
(나) : 정압기가 작동 가능한 최소 차압

06 산소 용기의 압력이 10 MPa·g이다. 온도가 20 ℃에서 40 ℃로 상승할 때 용기 내부의 절대압력을 구하시오.

정답

$$\frac{P_1 V_1}{T_1} = \frac{P_2 V_2}{T_2}$$

산소 용기이므로 부피가 동일하기 때문에 부피를 약분시키면

$$\frac{P_1}{T_1} = \frac{P_2}{T_2}$$

$$\therefore P_2 = \frac{T_2}{T_1} \times P_1$$

절대온도와 절대압력을 대입해야 하므로
$T_1 = 273 + 20 = 293$
$T_2 = 273 + 40 = 313$
$P_1 = 10 + 0.1 = 10.1$
$P_2 = \frac{313}{293} \times 10.1 = 10.79$

∴ 10.79 MPa

보충 **대기압**
1기압(atm) = 760 mmHg = 10.332 mH₂O
 = 1.0332 kg/cm² = 1.013 bar
 = 0.101325 MPa
 = 101.325 kPa
 = 14.7 psi
 = 14.7 lb/in²

07 도시가스 사용시설의 용접부는 다음의 모재의 종류에 따른 온도 이상에서 두께 25 mm 마다 1시간으로 계산한 시간(두께가 6 mm 미만의 것에는 0.24시간) 이상 유지한다. 각 모재의 종류에 따른 온도(℃)를 쓰시오.

> (가) 탄소강
> (나) 크롬 함유량이 0.75 % 이하이고 전 합금 성분이 2 % 이하인 저합금강
> (다) 펄라이트계 스테인리스강
> (라) 마르텐사이트계 스테인리스강
> (마) 2.5 % 니켈강 또는 3.5 % 니켈강

정답
(가) : 600
(나) : 600
(다) : 740
(라) : 760
(마) : 600

보충 KGS FU551 2024 도시가스 사용시설의 시설·기술·검사 기준

2.5.3.7.5 용접부는 표의 모재의 종류에 따른 온도 이상에서 두께 25 mm마다 1시간으로 계산한 시간(두께가 6 mm 미만의 것에는 0.24시간) 이상 유지한다. 다만 표에 기재된 온도 이상으로 유지하기가 곤란한 경우에는 온도와의 차에 따른 정수에 두께 25 mm마다 1시간으로 계산한 시간(두께가 6 mm 미만의 것에서는 0.24시간)을 곱한 시간 이상 유지한다.

〈모재의 종류에 따른 온도〉

모재의 종류	온도(℃)
1. 탄소강	600
2. 크롬 함유량이 0.75 % 이하이고 전합금 성분이 2 % 이하인 저합금강	600
3. 크롬 함유량이 0.75 %를 초과하여 2 % 이하이고 전합금 성분이 2.75 % 이하인 저합금강	600
4. 전합금 성분이 10 % 이하인 합금강(2 및 3에서 정한 것은 제외)	680
5. 펄라이트계 스테인리스강	740
6. 마르텐사이트계 스테인리스강	760
7. 2.5 % 니켈강 또는 3.5 % 니켈강	600

08 이상기체일 경우 등온과정과 단열과정 각각의 압력과 체적의 관계식을 쓰시오.

정답

1. 등온과정 : PV = 일정
2. 단열과정 : $\dfrac{P_2}{P_1} = \left(\dfrac{V_1}{V_2}\right)^k$

09 LPG시설의 압력조정기 기밀시험압력에 관한 내용에 알맞은 값을 쓰시오.

(가) 1단 감압식 저압 조정기 입구 쪽 압력
(나) 1단 감압식 저압 조정기 출구 쪽 압력
(다) 2단 감압식 1차용 조정기 입구 쪽 압력
(라) 2단 감압식 1차용 조정기 출구 쪽 압력
(마) 자동절체식 준저압 조정기 입구 쪽 압력
(바) 자동절체식 준저압 조정기 출구 쪽 압력

정답

(가) 1단 감압식 저압 조정기 입구 쪽 압력 1.56 MPa 이상
(나) 1단 감압식 저압 조정기 출구 쪽 압력 5.5 kPa 이상
(다) 2단 감압식 1차용 조정기 입구 쪽 압력 1.8 MPa 이상
(라) 2단 감압식 1차용 조정기 출구 쪽 압력 150 kPa 이상
(마) 자동절체식 준저압 조정기 입구 쪽 압력 1.8 MPa 이상
(바) 자동절체식 준저압 조정기 출구 쪽 압력 조정압력의 2배 이상

> **보충** KGS AA434 2023 일반용 액화석유가스 압력조정기 제조의 시설·기술·검사 기준
>
> 기밀시험은 표의 압력으로 1분간 실시한다.

구분 \ 종류	입구 쪽 (MPa)	출구 쪽
1단 감압식 저압 조정기·2단 감압식 일체형 저압 조정기	1.56 MPa 이상	5.5 kPa 이상
1단 감압식 준저압 조정기·2단 감압식 일체형 준저압 조정기	1.56 MPa 이상	조정압력의 2배 이상
2단 감압식 1차용 조정기	1.8 MPa 이상	150 kPa 이상
2단 감압식 2차용 저압 조정기	0.5 MPa 이상	5.5 kPa 이상
2단 감압식 2차용 준저압 조정기	0.5 MPa 이상	조정압력의 2배 이상
자동절체식 저압 조정기	1.8 MPa 이상	5.5 kPa 이상
자동절체식 준저압 조정기	1.8 MPa 이상	조정압력의 2배 이상
그 밖의 압력조정기	최대입구 압력의 1.1배 이상	조정압력의 1.5배 이상

〈내압시험〉
1. 입구 쪽 내압시험은 3 MPa 이상으로 1분간 실시한다. 다만 2단 감압식 2차용 조정기의 경우에는 0.8 MPa 이상으로 한다.
2. 출구 쪽 내압시험은 0.3 MPa 이상으로 1분간 실시한다. 다만 2단 감압식 1차용 조정기의 경우에는 0.8 MPa 이상 또는 조정압력의 1.5배 이상 중 압력이 높은 것으로 한다.

10. 다음은 도시가스 사용시설에 관한 내용이다. 괄호 안에 알맞은 말을 쓰시오.

> 연소기가 설치된 곳에는 조작하기 쉬운 위치에 배관용 밸브를 다음 기준에 따라 설치한다.
> (1) 가스사용시설에는 연소기 각각에 (①) 등을 설치한다. 다만 연소기가 배관(가스용 금속플렉시블호스를 포함한다)에 연결된 경우 또는 가스소비량이 (②) kcal/h을 초과하거나 사용압력이 (③) kPa을 초과하는 연소기가 연결된 배관에는 배관용 밸브를 설치할 수 있다.
> (2) 배관이 분기되는 경우에는 주 배관에 (④)를 설치한다. 다만 부득이하게 매립하여 설치하는 주배관의 경우에는 매립하는 부분 직전의 노출배관에 배관용 밸브를 설치할 수 있다.
> (3) (⑤)개 이상의 실로 분기되는 경우에는 각 실의 주 배관마다 배관용 밸브를 설치한다.

정답
① 퓨즈콕
② 19400
③ 3.3
④ 배관용 밸브
⑤ 2

> **보충** KGS FU551 2024 도시가스 사용시설의 시설·기술·검사 기준
>
> ※ 중간밸브 설치
> 1. 연소기가 설치된 곳에는 조작하기 쉬운 위치에 배관용 밸브를 다음 기준에 따라 설치한다.
>   (1) 가스사용시설에는 연소기 각각에 퓨즈콕 등을 설치한다. 다만 연소기가 배관(가스용 금속플렉시블호스를 포함한다)에 연결된 경우 또는 가스소비량이 19400 kcal/h을 초과하거나 사용압력이 3.3 kPa을 초과하는 연소기가 연결된 배관(가스용 금속플렉시블호스를 포함한다)에는 배관용 밸브를 설치할 수 있다.

(2) 배관이 분기되는 경우에는 주 배관에 배관용 밸브를 설치한다. 다만 부득이하게 매립하여 설치하는 주배관의 경우에는 매립하는 부분 직전의 노출배관에 배관용 밸브를 설치할 수 있다.
(3) 2개 이상의 실로 분기되는 경우에는 각 실의 주 배관마다 배관용 밸브를 설치한다.
2. 중간밸브 및 퓨즈콕 등은 해당 가스사용시설의 사용압력 및 유량에 적합한 것으로 한다.

※ 가스계량기 설치
1. 가스계량기는 검침·교체·유지관리 및 계량이 용이하고 환기가 양호하도록 다음의 어느 하나의 조치를 한 장소에 설치하되, 직사광선 또는 빗물을 받을 우려가 있는 곳에 설치하는 경우에는 보호상자 안에 설치한다.
   (1) 가스계량기를 설치한 실내의 상부(공기보다 무거운 가스의 경우 하부)에 50 cm² 이상 환기구(철망 등을 부착할 때는 철망 등이 차지하는 면적을 뺀 면적) 등을 설치한 장소
   (2) 가스계량기를 설치한 실내에 기계환기설비를 설치한 장소
   (3) 가스누출자동차단장치를 설치하여 가스누출 시 경보를 울리고 가스계량기 전단에서 가스가 차단될 수 있도록 조치한 장소
   (4) 환기가 가능한 창문 등(개방 시 환기 면적이 100 cm² 이상인 곳에 한정한다)이 설치된 장소
2. 주택에 설치하는 가스계량기는 가스 사용자가 구분하여 소유하거나 점유하는 건축물의 외벽에 설치한다. 다만 실외에서 가스사용량을 검침할 수 있는 경우에는 그렇지 않다.
3. 가스계량기(30 m³/h 미만에 한정한다)의 설치 높이는 바닥으로부터 계량기 지시장치(계량값 표시창)의 중심까지 1.6 m 이상 2 m 이내에 수직·수평으로 설치하고, 밴드·보호가대 등 고정장치로 고정한다. 다만 보호상자 내에 설치, 기계실에 설치, 보일러실(가정에 설치된 보일러실은 제외한다)에 설치 또는 문이 달린 파이프 덕트(Pipe Shaft, Pipe Duct) 내에 설치하는 경우에는 바닥으로부터 2 m 이내에 설치한다.

4. 가스계량기와 전기계량기 및 전기개폐기와의 거리는 0.6 m 이상, 굴뚝(단열조치를 하지 않은 경우에 한하며, 밀폐형 강제급·배기식 보일러(FF식 보일러)의 2중 구조의 배기통은 '단열조치가 된 굴뚝'으로 보아 제외한다)·전기점멸기 및 전기접속기와의 거리는 0.3 m 이상, 절연조치를 하지 않은 전선과는 0.15 m 이상의 거리를 유지한다.
5. 4에서 전기설비와 가스계량기와의 이격거리 적용 시에는 각 설비의 외면 간 거리를 기준으로 한다.

※ 호스 설치
1. 호스의 길이는 연소기까지 3 m 이내로 하되, 호스는 T형으로 연결하지 않는다.
2. 배관용 호스와 중간밸브 및 연소기와의 접촉부분은 호스밴드 등으로 견고하게 조인다.
3. 호스가 열로 인해 손상을 받지 않도록 조치한다.
4. 빌트인(Built-in) 연소기는 연소기와 호스 연결 부분에서의 누출을 확인할 수 있도록 설치하되, 확인할 수 없는 경우에는 호스 단면적 이상의 점검구를 연소기와 호스 연결부 부근에 설치하거나 다음 중 어느 하나에 해당하는 가스 누출 확인장치를 설치한다.
   (1) 다기능가스안전계량기(「액화석유가스의 안전관리 및 사업법 시행규칙」 별표3 제11호에 따른 것을 말한다)
   (2) 가스 누출 확인 퓨즈콕(「액화석유가스의 안전관리 및 사업법 시행규칙」 별표3 제7호에 따른 것을 말한다)
   (3) 가스 누출 확인 배관용 밸브(「액화석유가스의 안전관리 및 사업법 시행규칙」 별표3 제6호에 따른 것을 말한다)
   (4) 점검구 대신 누출 점검이 가능한 것으로, 한국가스안전공사의 제품 검사 또는 성능 인증을 받은 제품
5. 빌트인(Built-in) 연소기의 호스는 뒤틀리거나 처지지 않도록 고정장치로 고정한다.

※ 온압보정장치 설치

온압보정장치는 KS표시 허가 제품 또는 「계량에 관한 법률」에 따른 형식 승인과 검정을 받은 것을 다음 기준에 따라 설치한다.
1. 수시로 환기가 가능한 장소에 설치한다.
2. 화기(그 시설 안에서 사용하는 자체 화기는 제외한다)와 유지해야 하는 거리는 우회거리 2 m 이상으로 한다.
3. 수직·수평으로 설치하고 밴드·보호 가대 등 고정장치로 견고하게 고정한다.
4. 기존 배관을 분리(절단)하는 경우에는 배관 내부의 가스를 외부의 안전한 장소로 퍼지한 후 배관 내부 가스 농도가 폭발하한계의 1/4 이하가 된 것을 확인한 다음에 배관 작업을 실시한다.
5. 배관 작업을 실시한 후 배관은 최고사용압력의 1.1배 또는 8.4 kPa 중 높은 압력 이상의 압력으로 기밀시험을 실시한다. 다만 작업 여건상 기밀시험이 어려운 경우에는 가스누출검지기 및 검지액 등을 이용한 누출검사로 기밀시험을 대신할 수 있다.
6. 온압보정장치와 연결되는 전선(전선에 3.6 V 이하의 전압이 걸리는 경우에 한정한다)은 가스계량기 또는 배관의 이음부와 이격거리 기준을 적용하지 않는다.

11 자연기화 방식 특징 2가지를 쓰시오.

정답
1. 가스 조성이 일정하지 않다.
2. 대용량에는 불가능하다.
3. 설비비가 적다.
4. 한랭 시 가스공급이 어렵다.

12 도시가스사용시설의 압력계 또는 자기압력기록계로 저압, 중압의 기밀시험을 한다. 이때 용적 1 m³ 이상 10 m³ 미만의 기밀 유지 시간을 쓰시오.

정답
240분

보충 KGS FU551 2024 도시가스 사용시설의 시설·기술·검사 기준
4.2.2.1.15 기밀시험
표 4.2.2.1.15 압력 측정기구별 기밀 유지 시간

압력측정 기구	최고사용 압력	용적	기밀유지시간
수주 게이지	저압	1 m³ 미만	1분
		1 m³ 이상 10 m³ 미만	5분
		10 m³ 이상 300 m³ 미만	0.5 × V분 단, 60분을 초과한 경우는 60분으로 할 수 있음
전기식 다이어 프램형 압력계	저압	1 m³ 미만	4분
		1 m³ 이상 10 m³ 미만	40분
		10 m³ 이상 300 m³ 미만	4 × V분 단, 240분을 초과한 경우는 240분으로 할 수 있음

압력측정 기구	최고사용 압력	용적	기밀유지시간
압력계 또는 자기 압력 기록계	저압, 중압	1 m^3 미만	24분
		1 m^3 이상 10 m^3 미만	240분
		10 m^3 이상 300 m^3 미만	24 × V분 단, 1440분을 초과한 경우는 1440분으로 할 수 있음
압력계 또는 자기 압력 기록계	고압	1 m^3 미만	48분
		1 m^3 이상 10 m^3 미만	480분
		10 m^3 이상 300 m^3 미만	48 × V분 단, 2880분을 초과한 경우는 2880분으로 할 수 있음

1. V는 피시험부분의 용적(단위 : m^3)이다.
2. 전기식 다이어프램형 압력계는 공인검사기관으로부터 성능을 인증 받는다.

13 공동주택의 압력조정기 설치 시 도시가스 압력이 저압인 경우와 중압 이상인 경우의 가스 공급 세대수를 각각 쓰시오.

정답
1. 도시가스 공급압력 저압 : 250세대 미만
2. 도시가스 공급압력 중압 이상 : 150세대 미만

14 메탄가스의 총발열량은 12000 kcal/h이다. 이를 공기와 혼합하여 3600 kcal/h의 발열량을 갖는 가스로 제조하려고 한다. 희석 가능 여부를 쓰시오.

정답

$\frac{3600}{12000} \times 100 = 30\%$

메탄의 폭발범위(5 ~ 15 %) 내에 속하지 않기 때문에 희석 가능

15 수소용품 3가지를 쓰시오.

정답
1. 연료전지
2. 수전해설비
3. 수소추출설비

보충 「수소경제 육성 및 수소 안전관리에 관한 법률 시행규칙」〈시행 2023.12.11.〉
③ 법 제2조 제8호에서 "연료전지와 수소관련 용품으로서 산업통상자원부령으로 정하는 용품"이란 다음 각 호의 어느 하나에 해당하는 용품을 말한다.
  1. 연료전지(「자동차관리법」 제2조 제1호에 따른 자동차에 장착되는 것은 제외한다)로서 다음 각 목의 어느 하나에 해당하는 것
    가. 연료소비량이 232.6킬로와트 이하인 고정형 설비와 그 부대설비
    나. 이동형 설비와 그 부대설비
  2. 수전해설비
  3. 수소추출설비

2024년 3회

01 공기보다 비중이 가벼운 도시가스 공급시설로서 공급시설이 지하에 설치된 경우의 통풍구조 기준에 대한 괄호 안을 채워 넣으시오.

1. 통풍구조는 환기구를 ( ) 이상으로 분산하여 설치한다.
2. 배기구는 천장면으로부터 ( ) 이내에 설치한다.
3. 흡입구 및 배기구의 관지름은 ( ) 이상으로 하되, 통풍이 양호하도록 한다.
4. 배기가스 방출구는 지면에서 ( ) 이상의 높이에 설치하되, 화기가 없는 안전한 장소에 설치한다.

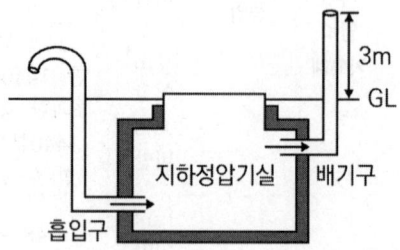
※ 출처 : KGS CODE

정답
1. 2방향
2. 30 cm
3. 100 mm
4. 3 m

보충 KGS FS552
2.7.4.1.4. 공기보다 비중이 가벼운 도시가스의 공급시설로서, 공급시설이 지하에 설치된 경우의 통풍구조는 다음 기준에 따라 할 수 있다.
(1) 통풍구조는 환기구를 2방향 이상 분산하여 설치한다.
(2) 배기구는 천장면으로부터 0.3 m 이내에 설치한다.
(3) 흡입구 및 배기구의 관경은 100 mm 이상으로 하되, 통풍이 양호하도록 한다.
(4) 배기가스 방출구는 지면에서 3 m 이상의 높이에 설치하되, 화기가 없는 안전한 장소에 설치한다.

2.7.4.2 기계환기설비 설치
2.7.4.1에 따라 자연환기설비를 설치할 수 없거나 공기보다 비중이 무거운 가스로서 정압기실이 지하에 설치된 경우에는 다음 기준에 적합한 기계환기설비를 설치한다.
2.7.4.2.1 통풍능력은 바닥 면적 1 m^2마다 0.5 m^3/분 이상으로 한다.
2.7.4.2.2 배기구는 바닥면(공기보다 가벼운 경우에는 천장면) 가까이에 설치한다.
2.7.4.2.3 통풍구조는 환기구를 2방향 이상 분산하여 설치한다. 〈개정 12.12.28.〉
2.7.4.2.4 흡입구 및 배기구의 관경은 100 mm 이상으로 하되, 통풍이 양호하도록 한다.
2.7.4.2.5 배기가스 방출구는 지면에서 5 m 이상의 높이에 설치한다. 다만 다음의 경우에는 배기가스 방출구를 지면에서 3 m 이상의 높이에 설치할 수 있다.
(1) 공기보다 비중이 가벼운 배기가스인 경우
(2) 전기 시설물과의 접촉 등으로 사고의 우려가 있는 경우

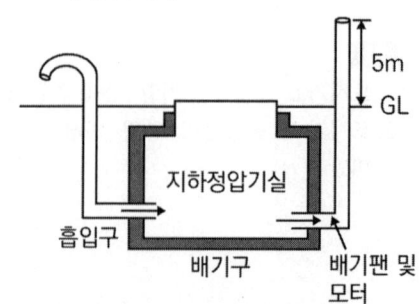
※ 출처 : KGS CODE

02 도시가스 시설에는 폴리에틸렌관 설치제한, 가스계량기 설치 제한, 건축물 기초밑 설치 제한, 개방형 가스온수기 설치 제한등이 있다. 이 중 가스계량기 설치제한 3가지를 쓰시오.

정답
1. 진동의 영향을 받는 장소
2. 석유류 등 위험물을 저장하는 장소
3. 수전실, 변전실 등 고압전기설비가 있는 장소

보충 KGS FU551
1.7.1 폴리에틸렌관 설치 제한 〈개정 09.12.2.〉
1.7.1.1 규칙 별표7 제1호 가목3)자)에 따라 폴리에틸렌관(이하, "PE배관"이라 한다)은 노출배관으로 사용하지 않는다. 다만 지상배관과 연결을 위하여 금속관을 사용하여 보호조치를 한 경우로서 지면에서 0.3 m 이하로 노출하여 시공하는 경우에는 노출배관으로 사용할 수 있다.
1.7.1.2 PE배관은 별표14 제4호 다목(8)에 따라 폴리에틸렌융착원양성교육을 이수한 자가 시공하도록 한다.
1.7.2 가스계량기 설치 제한 〈개정 09.12.2.〉
1.7.2.1 가스계량기는 「건축법 시행령」 제46조 제4항에 따라 공동주택의 대피공간, 방·거실 및 주방 등 사람이 거처하는 곳에 설치하지 않는다.
1.7.2.2 가스계량기에 나쁜 영향을 미칠 우려가 있는 다음 장소에는 설치하지 않는다.
(1) 진동의 영향을 받는 장소
(2) 석유류 등 위험물을 저장하는 장소
(3) 수전실, 변전실 등 고압전기설비가 있는 장소
1.7.3 건축물 기초밑 설치 제한 〈개정 12.4.5.〉
사용자 배관은 건축물의 기초 밑에 설치하지 않는다.

1.7.4 개방형 가스온수기 설치 제한 〈신설 13.12.18.〉
개방형 가스온수기(실내에서 연소용 공기를 흡입하고 폐가스를 실내로 방출하는 가스온수기)는 설치하지 않는다.

03 정압기를 선정할 경우 각 특성이 사용조건에 적합하도록 하여야 한다. 정압기 선정 시 고려하여야 할 사항 3가지를 쓰시오.

정답
1. 정특성
2. 동특성
3. 유량특성
4. 사용 최대 차압
5. 작동 최소 차압

04 내용적 30 L 이상 50 L 이하의 액화석유가스용 용기에 부착하는 밸브는 과류차단형 또는 차단기능형으로 해야 한다. 차단기능형 용기밸브는 어떠한 사고를 방지하기 위한 목적인지 쓰시오.

정답
가스 누설

05
동일한 배관에 부탄, 메탄, 황화수소, 수소의 가스가 같은 압력으로 흐르고 있다. 이때 가장 질량(kg/s)이 많이 흐르는 것을 골라 순서대로 쓰시오.

정답

저압배관공식

$$Q = k\sqrt{\frac{D^5 \times h}{SL}}$$

질량유량(질량/시간)은 Q값에 밀도 ρ를 곱해서 구한다.

$$\therefore \text{질량유량} = k\sqrt{\frac{D^5 \times h}{SL}} \times \frac{\text{분자량}}{22.4}$$

이때 동일한 배관이므로 k, D, h, L은 전부 같다.

$$\therefore \sqrt{\frac{1}{S}} \times \frac{\text{분자량}}{22.4} = \sqrt{\frac{1}{\frac{\text{분자량}}{29}}} \times \frac{\text{분자량}}{22.4}$$

$$= \sqrt{\frac{29}{\text{분자량}}} \times \frac{\text{분자량}}{22.4}$$

따라서 분자량이 무거울수록 질량유량이 크다.
부탄 - 황화수소 - 메탄 - 수소

06
「고압가스안전관리법」의 적용을 받는 고압가스의 종류 및 범위 중 섭씨 35도의 온도에서 압력이 0파스칼을 초과하는 액화가스 3가지를 쓰시오.

정답
1. 액화시안화수소
2. 액화브롬화메탄
3. 액화산화에틸렌가스

보충 「고압가스안전관리법 시행령」
제2조(고압가스의 종류 및 범위) 「고압가스안전관리법」(이하 "법"이라 한다) 제2조에 따라 법의 적용을 받는 고압가스의 종류 및 범위는 다음 각 호와 같다. 다만 별표1에 정하는 고압가스는 제외한다.
1. 상용(常用)의 온도에서 압력(게이지압력을 말한다. 이하 같다)이 1메가파스칼 이상이 되는 압축가스로서 실제로 그 압력이 1메가파스칼 이상이 되는 것 또는 섭씨 35도의 온도에서 압력이 1메가파스칼 이상이 되는 압축가스(아세틸렌가스는 제외한다)
2. 섭씨 15도의 온도에서 압력이 0파스칼을 초과하는 아세틸렌가스
3. 상용의 온도에서 압력이 0.2메가파스칼 이상이 되는 액화가스로서 실제로 그 압력이 0.2메가파스칼 이상이 되는 것 또는 압력이 0.2메가파스칼이 되는 경우의 온도가 섭씨 35도 이하인 액화가스
4. 섭씨 35도의 온도에서 압력이 0파스칼을 초과하는 액화가스 중 액화시안화수소·액화브롬화메탄 및 액화산화에틸렌가스

07
LPG를 생가스로 공급할 때의 특징 4가지를 쓰시오.

정답
1. 공기를 혼합하지 않으므로 설비가 간단하다.
2. 기화된 가스를 그대로 공급하는 방식이다.
3. 재액화의 우려가 있다(부탄).
4. 설비가 저렴하다.

08 다음의 벤트스택 설치 기준에 대한 물음에 답하시오.

> (가) 벤트스택의 높이는 방출된 가스의 착지농도가 (　　　) 미만이 되도록 충분한 높이로 하고, 독성가스인 경우에는 TLV-TWA 기준농도값 미만이 되도록 충분한 높이로 한다. 괄호에 들어갈 알맞은 말을 쓰시오.
> (나) 액화가스가 함께 방출되거나 급냉될 우려가 있는 벤트스택에는 그 벤트스택과 연결된 가스공급시설의 가장 가까운 곳에 설치하는 설비를 쓰시오.

정답
(가) 폭발하한계값
(나) 기액분리기

보충 KGS FP451
2.8.7 벤트스택 설치
제조소 및 공급소에는 이상 사태가 발생할 때 그 확대를 방지하기 위하여 벤트스택을 설치한다.
2.8.7.1 가스공급시설 벤트스택 설치
가스공급시설에 설치하는 벤트스택은 다음 기준에 따라 설치한다.
2.8.7.1.1 벤트스택의 높이는 방출된 가스의 착지 농도(着地濃度)가 폭발하한계값 미만이 되도록 충분한 높이로 한다.
2.8.7.1.2 벤트스택 방출구의 위치는 작업원이 정상 작업을 하는 데 필요한 장소 및 작업원이 항시 통행하는 장소로부터 10 m 이상 떨어진 곳에 설치한다.
2.8.7.1.3 벤트스택에는 정전기 또는 낙뢰 등으로 착화를 방지하는 조치를 강구하고 만일 착화된 경우에는 즉시 소화할 수 있는 조치를 강구한다.
2.8.7.1.4 벤트스택 또는 그 벤트스택에 연결된 배관에는 응축액의 고임을 제거하거나 방지하기 위한 조치를 강구한다.
2.8.7.1.5 액화가스가 함께 방출되거나 급냉될 우려가 있는 벤트스택에는 그 벤트스택과 연결된 가스공급시설의 가장 가까운 곳에 기액분리기(氣液分離器)를 설치한다.
2.8.7.2 그 밖의 벤트스택 설치
2.8.7.1에 따른 벤트스택 이외의 벤트스택은 다음 기준에 따라 설치한다.
2.8.7.2.1 벤트스택의 높이는 방출된 가스의 착지 농도(着地濃度)가 폭발하한계값 미만이 되도록 충분한 높이로 한다.
2.8.7.2.2 벤트스택 방출구의 위치는 작업원이 정상 작업을 하는 데 필요한 장소 및 작업원이 항시 통행하는 장소로부터 5 m 이상 떨어진 곳에 설치한다.
2.8.7.2.3 벤트스택에는 정전기 또는 낙뢰 등으로 착화된 경우에 소화할 수 있는 조치를 강구한다.
2.8.7.2.4 벤트스택 또는 그 벤트스택에 연결된 배관에는 응축액의 고임을 제거하거나 방지하기 위한 조치를 한다.
2.8.7.2.5 액화가스가 함께 방출되거나 급냉될 우려가 있는 벤트스택에는 액화가스가 함께 방출되지 않도록 조치를 한다

09 LPG저장창고에서 액화석유가스 5 kg이 유출되는 사고가 발생하였다. 창고의 체적이 (5 m × 6 m × 3 m)일 때 폭발가능성을 판정하고 그 이유를 쓰시오. (단, 액화석유가스의 주성분은 프로판이며 0 ℃ 표준대기압상태이다)

정답

$22.4\,m^3 : 44\,kg = x\,m^3 : 5\,kg$

$44x = 22.4 \times 5$

$\therefore x = \dfrac{22.4 \times 5}{44} = 2.55\,m^3$

LPG 저장창고에 액화석유가스가 2.55 m³ 유출된 것이다.

$\therefore \dfrac{2.55}{(5 \times 6 \times 3)} \times 100 = 2.83$

프로판의 폭발범위 2.1 % ~ 9.5 % 내에 해당하므로 폭발한다(계산 결과 2.83 %).

10 다음은 용기 재검사 주기 관련 표이다. 괄호 안에 알맞은 말을 쓰시오.

용기 종류		신규 검사 후 경과 연수에 따른 재검사 주기		
		15년 미만	15년 이상 20년 미만	20년 이상
용접 용기	500 L 이상	5년 마다	2년마다	1년마다
	500 L 미만	3년 마다	(①)	(②)
LPG 용 용접 용기	500 L 이상	5년 마다	2년마다	1년마다
	500 L 미만		(③)	(④)
이음매 없는 용기	500 L 이상	5년마다		
	500 L 미만	신규검사 후 10년 이하 : 5년마다 초과 : 3년마다		
LPG 복합재료 용기		5년마다		

정답

① 2년마다
② 1년마다
③ 5년마다
④ 2년마다

보충 「고압가스안전관리법 시행규칙」 [별표22]

용기의 종류		신규검사 후 경과연수		
		15년 미만	15년 이상 20년 미만	20년 이상
		재검사 주기		
용접 용기 (액화석유가스용 용접 용기는 제외)	500 L 이상	5년 마다	2년 마다	1년 마다
	500 L 미만	3년 마다	2년 마다	1년 마다
액화석유가스용 용접 용기	500 L 이상	5년 마다	2년 마다	1년 마다
	500 L 미만	5년마다		2년 마다
이음매 없는 용기 또는 복합재료 용기	500 L 이상	5년마다		
	500 L 미만	신규검사 후 경과연수가 10년 이하인 것은 5년마다, 10년을 초과한 것은 3년마다		
액화석유가스용 복합재료 용기		5년마다(설계조건에 반영되고, 산업통상자원부 장관으로부터 안전한 것으로 인정을 받은 경우에는 10년마다)		
용기 부속품	용기에 부착되지 아니한 것	용기에 부착되기 전(검사 후 2년이 지난 것만 해당한다)		
	용기에 부착된 것	검사 후 2년이 지나 용기부속품을 부착한 해당 용기의 재검사를 받을 때마다		

[비고]
1. 재검사일은 재검사를 받지 않은 용기의 경우에는 신규검사일부터 산정하고, 재검사를 받은 용기의 경우에는 최종 재검사일부터 산정한다.

2. 제조 후 경과연수가 15년 미만이고 내용적이 500 L 미만인 용접 용기(액화석유가스용 용접 용기를 포함한다)에 대하여는 재검사 주기를 다음과 같이 한다.
   가. 용기내장형 가스난방기용 용기는 6년
   나. 내식성재료로 제조된 초저온 용기는 5년
3. 내용적 20 L 미만인 용접 용기(액화석유가스용 용접 용기를 포함한다) 및 지게차용 용기는 10년을 첫번째 재검사주기로 한다.
4. 1회용으로 제조된 용기는 사용 후 폐기한다.
5. 내용적 125 L 미만인 용기에 부착된 용기부속품(산업통상자원부장관이 정하여 고시하는 것은 제외한다)은 그 부속품의 제조 또는 수입 시의 검사를 받은 날부터 2년이 지난 후 해당 용기의 첫 번째 재검사를 받게 될 때 폐기한다. 다만 아세틸렌 용기에 부착된 안전장치(용기가 가열되는 경우 용융 합금이 녹아 압력을 방출하는 장치를 말한다)는 용기 재검사 시 적합할 경우 폐기하지 않고 계속 사용할 수 있다.
6. 복합재료 용기는 제조검사를 받은 날부터 15년이 되었을 때에 폐기한다.
7. 내용적 45 L 이상 125 L 미만인 것으로서 제조 후 경과연수가 26년 이상된 액화석유가스용 용접 용기(1988년 12월 31일 이전에 제조된 경우로 한정한다)는 폐기한다.

11 산소를 초저온 용기에 보관 취급 시 주의사항 4가지를 쓰시오.

정답
1. 취급 시 용기의 낙하와 외부 충격을 금한다.
2. 직사광선을 피한다.
3. 인화성 물질이 있는 곳을 피한다.
4. 통풍이 양호한 곳에 보관한다.
5. 전선, 어스선 등 전기시설물 근처를 피한다.

12 비중은 0.55, 내용적은 20000 L인 액화가스 저장탱크의 저장능력(kg)을 계산하시오.

정답
W = 0.9 × 0.55 × 20000 = 9900 kg

보충 저장능력 공식
1. 액화가스 저장탱크
   $W = 0.9dV$
   W : 저장능력[kg], d : 액화가스비중
2. 액화가스 용기(충전 용기, 탱크로리)
   $W = \dfrac{V}{C}$
   W : 저장능력(kg), V : 내용적(L)
   C : 충전상수
3. 압축가스, 저장탱크 및 용기
   $Q = (10P + 1)V$
   Q : 저장능력[m³]
   P : 최고충전압력[MPa]
   V : 내용적[m³]

13 아세틸렌을 2.5 MPa 압력으로 압축 시 첨가하는 희석제 종류 3가지를 쓰시오.

정답
메탄, 일산화탄소, 에틸렌, 질소

보충 아세틸렌가스
- 습식아세틸렌 발생기 표면온도는 70 ℃ 이하로 유지
- 아세틸렌을 2.5 MPa 압력으로 압축 시 메탄, 일산화탄소, 에틸렌, 질소 등의 희석제 첨가
- 아세틸렌의 용제는 아세톤 25배, 알코올 6배, 벤젠 4배, 석유에 2배가 용해
- 아세틸렌 자연발화온도 : 406 ~ 408 ℃

14 펌프 운전 중 서징 현상의 발생 원인 2가지를 쓰시오.

> **정답**
> 1. 배관 중 탱크가 있을 때
> 2. 유량조절밸브가 정위치에 있지 않을 때

15 이상기체를 만족하기 위한 특징 4가지를 쓰시오.

> **정답**
> 1. 압력이 낮을 것
> 2. 온도가 높을 것
> 3. 부피를 무시할 수 있을 정도로 작거나 부피가 없을 것
> 4. 구성 입자들 사이에 인력과 반발력이 작용하지 않을 것

2023년 1회

01 가정용 목욕탕에는 LP용 순간온수기를 설치하면 안 된다. 그 이유 2가지를 쓰시오.

정답
1. 산소 부족
2. 일산화탄소 중독

02 「고압가스안전관리법」에서 명시하는 충전용기의 정의를 쓰시오.

정답
고압가스의 충전질량 또는 충전압력의 2분의 1 이상이 충전되어 있는 상태의 용기

보충 용어정의
- "저장탱크"란 고압가스를 충전·저장하기 위하여 지상 또는 지하에 고정 설치된 탱크를 말한다.
- "초저온저장탱크"란 섭씨 영하 50도 이하의 액화가스를 저장하기 위한 저장탱크로서 단열재를 씌우거나 냉동설비로 냉각시키는 등의 방법으로 저장탱크 내의 가스온도가 상용의 온도를 초과하지 아니하도록 한 것을 말한다.
- "저온저장탱크"란 액화가스를 저장하기 위한 저장탱크로서 단열재를 씌우거나 냉동설비로 냉각시키는 등의 방법으로 저장탱크 내의 가스온도가 상용의 온도를 초과하지 아니하도록 한 것 중 초저온저장탱크와 가연성가스 저온저장탱크를 제외한 것을 말한다.
- "가연성 가스 저온저장탱크"란 대기압에서의 끓는점이 섭씨 0도 이하인 가연성 가스를 섭씨 0도 이하인 액체 또는 해당 가스의 기상부의 상용압력이 0.1메가파스칼 이하인 액체상태로 저장하기 위한 저장탱크로서 단열재를 씌우거나 냉동설비로 냉각하는 등의 방법으로 저장탱크 내의 가스온도가 상용 온도를 초과하지 아니하도록 한 것을 말한다.
- "차량에 고정된 탱크"란 고압가스의 수송·운반을 위하여 차량에 고정 설치된 탱크를 말한다.
- "초저온 용기"란 섭씨 영하 50도 이하의 액화가스를 충전하기 위한 용기로서 단열재를 씌우거나 냉동설비로 냉각시키는 등의 방법으로 용기 내의 가스온도가 상용 온도를 초과하지 아니하도록 한 것을 말한다.
- "저온 용기"란 액화가스를 충전하기 위한 용기로서 단열재를 씌우거나 냉동설비로 냉각시키는 등의 방법으로 용기 내의 가스온도가 상용의 온도를 초과하지 아니하도록 한 것 중 초저온 용기 외의 것을 말한다.
- "충전 용기"란 고압가스의 충전질량 또는 충전압력의 2분의 1 이상이 충전되어 있는 상태의 용기를 말한다.
- "잔가스 용기"란 고압가스의 충전질량 또는 충전압력의 2분의 1 미만이 충전되어 있는 상태의 용기를 말한다.

03 바닥면적이 33 m²인 LPG저장소에 기계환기시설을 설치할 때 통풍능력(m³/min)을 계산하시오.

정답
바닥면적 1 m²당 0.5 m³/min이므로,
33 × 0.5 = 16.5 m³/mim

보충 환기설비 설치
1. 자연통풍설비
   (1) 바닥면적 1 m²당 300 cm² 이상
   (2) 환기구는 2방향 이상 분산해서 설치할 것
2. 강제통풍설비
   (1) 통풍능력은 바닥면적 1 m²마다 0.5 m³/분 이상으로 할 것
   (2) 흡입구는 바닥면과 가까이 설치할 것
   (3) 배기가스 방출구는 지면으로부터 5 m 이상의 높이에 설치할 것(다만 다음의 경우에는 배기가스 방출구를 지면으로부터 3 m 이상 높이에 설치할 수 있다)
   • 전기시설물과의 접촉 등으로 사고의 우려가 있는 장소

04 가연성 가스의 폭발을 방지하기 위해 전기기기는 방폭성능을 가지고 있어야 한다. 하지만 공기 중 자기발화하는 가스는 방폭성능을 요구하지 않는데, 암모니아와 브롬화메탄이 방폭구조에서 제외되는 이유를 쓰시오.

정답
폭발범위가 좁고 최소발화에너지가 크기 때문

05 가스 입상관을 설명하시오.

정답
가스 공급을 위해 건물에 수직으로 부착된 관

06 수소 30 %, 일산화탄소 70 % 비율의 혼합가스 1 Nm³을 완전연소할 때 필요한 이론공기량(Nm³)을 구하시오.

정답
수소와 일산화탄소 전부 완전연소 시 0.5 mol의 이론공기량이 필요하다.
• 수소 : $H_2 + 0.5O_2 \rightarrow H_2O$
• 일산화탄소 : $CO + 0.5O_2 \rightarrow CO_2$

$$\frac{(0.5 \times 0.3) + (0.5 \times 0.7)}{0.21} = 2.38 \, Nm^3$$

07 다음은 시안화수소의 충전작업에 관한 설명이다. 괄호 안에 알맞은 것을 쓰시오.

1. 용기에 충전하는 시안화수소는 순도가 (①) % 이상이고 아황산가스 또는 황산 등의 안정제를 첨가한 것으로 한다.
2. 시안화수소를 충전한 용기는 충전 후 (②)시간 정치하고 그 후 1일 1회 이상 (③) 등의 시험지로 가스의 누출검사를 하며, 용기에 충전 년, 월, 일을 명기한 표지를 붙이고, 충전 후 60일이 경과되기 전에 다른 용기에 옮겨 충전한다. 다만 착색되지 아니한 것을 다른 용기에 옮겨 충전하지 않을 수 있다.
3. 제독제는 가성소다수용액 또는 이와 동등 이상의 제독효과가 있는 것으로서 (④) kg 이상 보유한다.

정답
① 98
② 24
③ 질산구리벤젠지
④ 250

08 도시가스의 월 사용예정량을 구하는 공식을 쓰고, 각각의 변수에 대해 설명하시오.

정답

공식 : $Q = \dfrac{(A \times 240) + (B \times 90)}{11000}$

Q : 월사용예정량[m³]
A : 산업용으로 사용하는 연소기 명판에 기재된 가스소비량[kcal/h]
B : 산업용이 아닌 연소기 명판에 기재된 가스소비량[kcal/h]

09 수소는 안전하며 배출물이 물이기 때문에 연료전지로 사용한다. 하지만, 폭발가능성이 있어 누출여부를 파악하는 것이 중요한데 이때 수소의 가스누출감지기의 감지 농도는 몇 v% 이하로 하는지 쓰시오.

정답

가스누출감지기 감지 농도는 가연성 가스는 폭발하한의 1/4 이하, 독성 가스는 허용농도 이하에서 작동한다. 수소는 가연성 가스이므로 수소의 폭발범위 4 ~ 75 % 중 하한값 4 %의 1/4인 1 v% 이하여야 한다.

10 Li-Br방식의 흡수식 냉동기와, NH₃방식의 흡수식 냉동기 냉매와 흡수액을 각각 쓰시오.

정답

1. Li - Br
   - 냉매 : 물
   - 흡수액 : Li - Br
2. NH₃
   - 냉매 : 암모니아
   - 흡수액 : 물

11 폭굉유도거리가 짧아지는 조건 3가지를 쓰시오.

정답
- 압력이 높을수록
- 연소열량이 클수록
- 연소속도가 클수록
- 관 지름이 작을수록

12 도시가스 제조소 및 공급소에서 가스누출경보기의 검지부를 설치하면 안 되는 장소 2가지를 쓰시오.

정답
1. 증기, 물방울, 기름 섞인 연기 등이 직접 접촉될 우려가 있는 곳
2. 주위온도 또는 복사열에 의한 온도가 섭씨 40도 이상이 되는 곳
3. 설비 등에 가려져 누출가스의 유통이 원활하지 못한 곳
4. 차량 그 밖의 작업 등으로 인해 경보기가 파손될 우려가 있는 곳

보충 가스누출경보기 설치 장소

1. 검지부 설치 장소는 정압기실 내 가스가 누출되기 쉬운 설비가 설치되어 있는 장소 주위로서, 누출한 가스가 체류하기 쉬운 곳으로 한다.
2. 정압기실에 설치하는 검지부의 설치 위치는 가스의 성질, 주위 상황, 그 밖에 설비의 구조 등에 적합한 곳으로서, 다음 기준에 해당하지 않는 곳으로 한다.
   ① 증기, 물방울, 기름섞인 연기 등이 직접 접촉될 우려가 있는 곳
   ② 주위 온도 또는 복사열에 의한 온도가 40℃ 이상이 되는 곳
   ③ 설비 등에 가려져 누출가스의 유통이 원활하지 못한 곳
   ④ 차량 및 그 밖의 작업 등으로 인하여 경보기가 파손될 우려가 있는 곳
3. 검지부의 설치 높이는 가스의 비중, 주위 상황, 가스설비의 높이 등의 조건에 적합한 곳으로 한다.
4. 경보부의 설치 장소는 관계자가 상주하거나 경보를 식별할 수 있는 곳으로서, 경보가 울린 후 각종 조치를 취하기에 적절한 곳으로 한다.
   • 가스누출경보기 설치 개수
     정압기실(지하정압기실을 포함한다)에 설치하는 검지부의 수는 바닥면 둘레 20 m에 1개 이상의 비율로 계산된 수로 한다.

13 가스배관의 아크용접 중 교류를 이용한 용접과 직류를 이용한 용접에 대해 알맞은 것을 골라 쓰시오.

1. 아크안정성[안정/불안정]
2. 극성에 대한 변화[가능/불가능]
3. 전격의 위험도[위험/안전]
4. 역률[효율적/비효율적]

정답
1. 교류 : 불안정, 직류 : 안정
2. 교류 : 불가능, 직류 : 가능
3. 교류 : 위험, 직류 : 안전
4. 교류 : 비효율, 직류 : 효율

14 게이뤼삭(Gay Lussac) 법칙에 대해 쓰시오.

정답
기체의 온도와 부피의 관계를 나타내는 법칙이며 기체 부피는 1℃ 올라갈 때마다 0℃일 때 부피의 1/273씩 증가한다는 법칙

15 100 L 가스 용기에 다음의 가스들이 혼합되어 있을 때, 압력(atm·g)을 구하시오.

1. 에탄 10 %의 몰분율, 38 atm·a
2. 부탄 40 %의 몰분율, 1.75 atm·a
3. 프로판 50 %의 몰분율, 8.4 atm·a

정답
$(38 \times 0.1 + 1.75 \times 0.4 + 8.4 \times 0.5) - 1$
$= 7.7$ atm·g
※ 절대압력 = 대기압 + 게이지압력이므로, 게이지압력 = 절대압력 - 대기압을 해준다.

2023년 2회

01 가연성 저온저장탱크에 있어서 내부압력이 외부의 압력보다 낮아질 때를 대비하여 저장탱크가 파괴되는 것을 방지하기 위한 설비 2가지를 쓰시오.

[정답]
1. 압력계
2. 진공안전밸브

02 초저온 저장탱크의 정의를 쓰시오.

[정답]
섭씨 영하 50도 이하의 액화가스를 저장하기 위한 저장탱크로서 단열재를 씌우거나 냉동설비로 냉각시키는 등의 방법으로 저장탱크 내의 가스온도가 상용의 온도를 초과하지 아니하도록 한 것을 말한다.

03 1단 감압식 저압 조정기의 장점과 단점을 각각 두 가지씩 쓰시오.

[정답]
1. 장점
  ① 장치가 간단하다.
  ② 조작이 간단하다.
2. 단점
  ① 배관이 굵다.
  ② 압력이 부정확하다.

04 공기액화분리장치 폭발원인 3가지를 쓰시오.

[정답]
1. 액체 공기 중에 O_3 혼입
2. 공기 중의 NO, NO_2 등의 질소산화물 혼입
3. 압축기용 윤활유분해에 따른 탄화수소 생성
4. 공기 중 C_2H_2 혼입

05 길이 400 m 배관에 비중이 0.6인 가스를 시간당 200 m³로 공급한다. 압력손실이 25 mmH₂O일 때 배관의 안지름(cm)을 계산하시오. (단, K는 0.7이다)

[정답]

$$Q = k\sqrt{\frac{D^5 H}{SL}}$$

$$D = \sqrt[5]{\frac{Q^2 SL}{K^2 H}}$$

$$= \sqrt[5]{\frac{200^2 \times 0.6 \times 400}{0.7^2 \times 25}} = 15.09 cm$$

∴ 15.09 cm

Q : 가스의 유량(m³/h), D : 관안지름(cm)
H : 압력손실(mmH₂O), S : 가스의 비중
L : 관의 길이(m), K : 유량계수

06 절대압력이 180 kgf/cm², 온도가 0 ℃인 산소가 부피 40 L인 용기에 저장이 되어 있을 때 산소의 질량(kg)을 구하시오.

정답

$PV = \dfrac{W}{m}RT$

$\therefore W = \dfrac{PVM}{RT} = \dfrac{\dfrac{180}{1.0332} \times 40 \times 32}{0.082 \times (273+0)}$

$= 9961.43g = 9.96kg$

$\therefore 9.96 \text{ kg}$

07 다음은 피셔식 정압기의 작동상황에 대한 설명이다. 괄호 안을 채우시오.

> 부하가 감소되어 (①)이 상승하면 Pilot 2차 압력보다 높아지고 파일로트 스프링의 힘보다 커 파일로트 (②)을 아래로 눌러서 (③)가 닫힘과 동시에 (④)가 열려 주 다이어프램 하부의 압력이 2차 측으로 유출되어 (⑤)이 저하되므로 메인밸브는 본체 스프링의 힘에 의하여 닫히면서 가스는 2차 측에 흐르지 않게 된다.

정답
① 2차 압력
② 다이어프램
③ 공급밸브
④ 배출밸브
⑤ 구동압력

08 아황산가스(SO_2)의 제독제 3가지를 쓰시오.

정답
1. 가성소다수용액
2. 탄산소다수용액
3. 물

보충 제독제

가스	제독제
염소	• 가성소다수용액 • 탄산소다수용액 • 소석회
포스겐	• 가성소다수용액 • 소석회
황화수소	• 가성소다수용액 • 탄산소다수용액
시안화수소	• 가성소다수용액
아황산가스	• 가성소다수용액 • 탄산소다수용액 • 물
암모니아, 산화에틸렌, 염화메탄	• 다량의 물

암 염가탄소, 포가소, 황가탄, 시가, 아가탄물, 암산염물

09 아세틸렌, 프로판, 메탄, 수소의 위험도를 구하고, 위험도가 큰 것부터 작은 순으로 쓰시오.

정답

위험도 $H = \dfrac{U-L}{L}$

1. 아세틸렌 : $H = \dfrac{81-2.5}{2.5} = 31.4$

2. 프로판 : $H = \dfrac{9.5-2.2}{2.2} = 3.32$

3. 메탄 : $H = \dfrac{15-5}{5} = 2$

4. 수소 : $H = \dfrac{75-4}{4} = 17.75$

$\therefore$ 아세틸렌 → 수소 → 프로판 → 메탄

10 파일럿버너의 역할을 쓰시오.

정답
주 버너의 주 화염을 점화
※ 파일럿 점화 방식 : 주 버너의 주 화염을 점화하기 위해서 파일럿버너로 착화하는 방식

11 도시가스의 제조공정 중 접촉개질공정에 대해 설명하시오.

정답
촉매를 사용하여 반응온도 400 ~ 800 ℃에서 탄화수소와 수증기를 반응시켜 메탄, 수소, 일산화탄소, 에틸렌, 이산화탄소, 프로필렌 등으로 변환하는 방법

12 가스 배관의 경로를 설정하려고 할 때 고려할 사항 3가지를 쓰시오.

정답
1. 최단경로로 할 것
2. 구부러지거나 오르내림이 적을 것
3. 가능한 옥외 설치할 것
4. 은폐·매설을 피할 것

13 정압기를 평가 선정할 경우 각 특성이 사용조건에 적합하도록 정압기를 선정하여야 한다. 이때 정압기를 선정할 때 고려하여야 할 사항 3가지를 쓰시오.

정답
1. 정특성
2. 동특성
3. 유량특성
4. 사용 최대 차압
5. 작동 최소 차압

14 독성 가스 허용농도의 기준에는 TLV-TWA(시간가중 평균농도), TLV-STEL(단시간 노출 기준), TLV-C(최고농도), LC50(반수치사농도)가 있다. 이 중 우리나라에서 채택한 독성 가스 허용농도 기준을 쓰시오.

정답
LC50

15 26 kgf/cm²의 압력을 수두 압력으로 환산하시오.

정답
$1.0332 \, kgf/cm^2 : 10.332 \, mH_2O$
$= 26 \, kgf/cm^2 : x \, mH_2O$
$x = \dfrac{10.332}{1.0332} \times 26 = 260 \, mH_2O$
∴ 260 mH₂O

2023년 4회

가스산업기사 실기 필답형

01
내용적 50 m³인 저장탱크에 액화석유가스 20 ton을 충전하였다. 액화석유가스의 비중이 0.56일 때, 다음 물음에 답하시오.

> 1. 저장탱크 저장능력을 구하시오.
> 2. 저장탱크 내용적 대비 액화석유가스가 차지하는 용적비를 구하시오.

정답

1. 저장능력 W = 0.9 dV
   = 0.9 × 0.56 × 50 × 1000
   = 25.2톤

2. 액화석유가스 20톤이 차지하는 체적
   $= \dfrac{질량[kg]}{비중[kg/L]} = \dfrac{20 \times 1000}{0.56}$
   = 35714.285 L
   = 35.71 m³

∴ 저장탱크 내용적 대비 액화석유가스가 차지하는 용적비 = $\dfrac{35.71}{50} \times 100$ = 71.42 %

02
35 ℃에서 최고충전압력이 5 MPa이며, 내용적 1000 m³인 압축가스 설비의 저장능력(m³)을 구하시오.

정답

Q = (10P + 1)V = (10 × 5 + 1) × 1000
= 51000 m³

Q : 저장능력(m³)
P : 최고충전압력(MPa)
V : 내용적(m³)

03
공기액화분리장치의 구성요소 5가지를 쓰시오.

정답

여과기, 압축기, 냉각기, 건조기, 열교환기

보충 공기액화분리장치 순서
여과기 - 압축기 - 냉각기 - 건조기
 - 열교환기 - 정류탑 - 펌프 - 충전기
(원료공기 흡입 후 위의 순서대로 진행)

04
도시가스 사용시설의 정압기 분해점검주기에 관한 다음 괄호 안에 알맞은 말을 쓰시오.

> 도시가스 사용시설에 2020년도 정압기를 설치하였다. 최초 (   )년도에 분해점검을 하며, (   )년 뒤 (   )년도에 분해점검을 한다.

정답

최초 (2023)년도에 분해점검을 하며, (4)년 뒤 (2027)년도에 분해점검을 한다.

보충 점검주기
1. 도시가스 사용 시설의 정압기, 필터는 설치 후 3년까지는 1회 이상, 그 이후에는 4년에 1회 이상 분해점검을 실시할 것
2. 일반도시가스사업의 가스공급시설 중 정압기 분해 점검은 2년에 1회 이상 실시할 것

05 LP가스 공급 방식 중 강제기화 방식의 특징 3가지를 쓰시오.

정답
1. 공급가스의 조성이 일정
2. 기화량 가감이 용이
3. 계량기 필요
4. 한랭 시에도 충분히 기화 가능

보충 자연기화 방식 특징
1. 용기 수가 많이 필요
2. 가스 조성의 변화량이 큼
3. 발열량의 변화량이 큼
4. 기화능력이 강제기화 방식보다는 좋지 않음

06 냉동장치에서 사용하는 냉매 필요조건 3가지를 쓰시오.

정답
1. 절연 내력이 클 것
2. 응고온도가 낮을 것
3. 증발잠열이 크고 비열이 적을 것(증발 잠열이 크면 냉동효과가 커지고, 비열비(정압비열/정적비열)가 작으면 압축해도 가스 온도 상승이 작음)
4. 비체적과 점도가 낮을 것
5. 부식성이 없을 것

07 프로판 10 Nm³를 완전연소시키는 데 필요한 공기량은 몇 Nm³인가? (단, 과잉공기량은 20 %이다)

정답
프로판의 완전연소 반응식
: $C_3H_8 + 5O_2 \rightarrow 3CO_2 + 4H_2O$
∴ 과잉공기량 × 이론공기량
$= 1.2 \times \dfrac{O_0}{0.21} = 1.2 \times \dfrac{50}{0.21}$
$= 285.71 \, Nm^3$
∴ $285.71 \, Nm^3$

08 정압기를 평가 선정할 경우 각 특성이 사용 조건에 적합하도록 정압기를 선정하는데, 이 때 고려하여야 할 사항 3가지를 쓰시오.

정답
1. 정특성 : 정상 상태에서 유량과 2차 압력과의 관계
2. 동특성 : 부하변동에 대한 응답의 신속성과 안정성 요구
3. 유량특성 : 메인밸브의 열림과 유량과의 관계
4. 사용 최대 차압 : 메인밸브에 1차와 2차 압력이 작용하여 최대로 되었을 때 차압
5. 작동 최소 차압 : 정압기가 작동할 수 있는 최소 차압

09 압축기에서 다단압축의 목적을 3가지 쓰시오.

정답
1. 이용효율 증가
2. 일량의 절약
3. 가스의 온도 상승 방지
4. 힘의 평형 개선

10 고압가스설비의 상용압력이 15 MPa이다. 다음 물음에 답하시오.

> 1. 내압시험압력을 구하시오.
> 2. 기밀시험압력을 구하시오.
> 3. 안전밸브 작동압력을 구하시오.

정답
1. 내압시험압력
   = 상용압력 × 1.5
   = 15 × 1.5 = 22.5 MPa 이상
2. 15 MPa 이상
3. 안전밸브 작동압력
   = 내압시험압력 × 0.8
   = 22.5 × 0.8
   = 18 MPa 이하

11 다음은 가스누출자동차단장치 설치에 관한 내용이다. 괄호 안에 알맞은 말을 쓰시오.

> 1. 액화석유가스 특정 사용시설 중 다음에 해당하는 자는 가스누출자동차단장치를 설치한다.
>   (1) 제1종 보호시설이나 ( )에서 액화석유가스를 사용(주거용으로 액화석유가스를 사용하는 경우는 제외한다)하려는 자
> 2. 위에도 불구하고 가스누출경보기 연동차단기능의 ( )가 설치된 경우에는 가스누출자동차단장치를 설치하지 않을 수 있다.

정답
1. 지하실
2. 다기능가스안전계량기

보충 KGS Code FU431
※ 가스누출자동차단장치 설치 대상
1. 제1종 보호시설이나 지하실에서 액화석유가스를 사용(주거용으로 액화석유가스를 사용하는 경우는 제외한다)하려는 자
2. 1. 외의 자로서 다음 어느 하나에 해당하는 자
   (1) 「식품위생법」제2조 제12호에 따른 집단급식소를 운영하는 자
   (2) 「식품위생법」제36조 제1항 제3호에 따른 식품접객업의 영업을 하는 자

※ 가스누출자동차단장치 설치 제외 대상
위에도 불구하고 다음의 경우에는 가스누출자동차단장치를 설치하지 않을 수 있다.
1. 연소기가 연결된 각 배관에 퓨즈콕 등이 설치되어 있고, 각 연소기에 소화안전장치가 부착된 경우
2. 가스누출경보기 연동차단기능의 다기능가스안전계량기가 설치된 경우
3. 가스사용시설 중 가스의 공급이 예고없이 차단될 경우 재해 및 손실이 막대하게 발생될 우려가 있는 다음의 시설.
   (1) 수분건조로 : 제지, 섬유, 식품, 약품, 주물사(砂) 건조로 등
   (2) 도장건조로 : 도료, 바니스, 인쇄잉크건조로 등
   (3) 가열장치건조로 : 접착제, 합판, 골재 및 수지성형건조로 등
   (4) 금속열처리로(爐) : 담금질(Quenching 또는 Hardening)로, 어니일링(Annea-ling)로, 탬퍼링(Tampering)로, 노오말라이징(Normallizing)로, 균질화(Ho-mogenizing)로, 침탄(Carbonizing)로, 질화(Carbonitriding)로
   (5) 유리, 도자기열처리로
   (6) 분위기가스발생로
   (7) 금속가열로 : 단조, 압연, 균열, 예열, 그 밖의 가열로 등(절단장치 등)
   (8) 유리, 도자기로 및 가열장치 등
   (9) 금속용융로
   (10) 유리용융로
   (11) 그 밖의 용융로
   (12) 식품가공시설
   (13) 발전용시설

⑭ 섬유모소기, 염색기, 유리섬유 코팅 등과 그 밖의 가스 사용시설로서 가스의 공급이 자동차단될 경우 재해 및 손실이 클 우려가 있는 시설
4. 가스누출자동차단장치를 설치하여도 그 설치목적을 달성할 수 없는 다음의 시설
  (1) 개방된 공장의 국부난방시설
  (2) 개방된 작업장에 설치된 용접 또는 절단 시설
  (3) 체육관, 수영장, 농수산시장 등 상가와 유사한 가스사용시설
  (4) 경기장의 성화대
  (5) 지붕이 있고 2방향 이하 벽만 있는 건축물 또는 벽면이 50 % 이하인 경우
※ 가스누출자동차단장치의 구조
  가스누출자동차단장치는 검지부, 차단부 및 제어부로 구성한다

12 다음 물음에 답하시오.

1. 도시가스 제조소 및 공급소의 기밀시험 기준
2. 최고사용압력이 중압 이상인 배관의 내압성능

정답
1. 최고사용압력의 1.1배 또는 8.4 kPa 중 높은 압력 이상으로 실시
2. 최고사용압력의 1.5배(고압의 배관으로서 공기·질소 등의 기체로 내압시험을 실시하는 경우에는 1.25배) 이상의 압력에서 내압성능을 갖도록 한다.

13 다음은 도시가스 사용시설의 가스계량기에 관한 내용이다. 다음 질문에 답하시오.

1. 전기계량기 및 전기개폐기와의 이격거리를 쓰시오.
2. 절연조치를 하지 않은 전선과의 이격거리를 쓰시오.
3. 화기와의 우회거리를 쓰시오.
4. 「건축법」에 의거, 공동주택의 대피공간, 방, 거실 및 주방 등 사람이 거처하는 곳의 설치가능 여부를 쓰시오.

정답
1. 60 cm 이상
2. 15 cm 이상
3. 2 m 이상
4. 불가능

보충 가스계량기와의 거리

전기계량기 및 전기개폐기	60 cm 이상
굴뚝·전기점멸기 및 전기 접속기	30 cm 이상
절연조치를 하지 않은 전선	15 cm 이상

14 원심펌프를 직렬 및 병렬 운전할 때의 유량과 양정의 변화를 각각 쓰시오.

정답
1. 직렬 운전 : 양정 증가, 유량 일정
2. 병렬 운전 : 유량 증가, 양정 일정

15 상온스프링(Cold Spring)에 대해 설명하시오.

> **정답**
> 열의 영향을 받아 배관의 자유 팽창하는 것을 미리 계산해 놓고 시공하기 전에 배관 길이를 조금 짧게 전달하여 강제배관하는 것으로 절단 길이는 계산에서 얻은 자유 팽창량의 1/2 정도이다.

가스산업기사 실기 필답형

2022년 1회

01 체적비로 메탄 55 %, 수소 30 %, 일산화탄소 15 %의 혼합가스의 공기 중에서의 폭발범위 하한값과 상한값을 각각 계산하시오.

정답 르 샤틀리에 법칙
2종류 이상의 가연성 가스가 혼합되었을 때 혼합가스의 폭발범위 하한값과 상한값을 계산하는 것

1. 폭발범위 하한값

$$\frac{100}{L} = \frac{V_1}{L_1} + \frac{V_2}{L_2} + \frac{V_3}{L_3}$$

$$= \frac{55}{5} + \frac{30}{4} + \frac{15}{12.5}$$

$$\therefore L_l = 5.08\%$$

2. 폭발범위 상한값

$$\frac{100}{L} = \frac{V_1}{L_1} + \frac{V_2}{L_2} + \frac{V_3}{L_3}$$

$$= \frac{55}{15} + \frac{30}{75} + \frac{15}{74}$$

$$\therefore L_h = 23.42\%$$

L : 혼합가스의 폭발한계치
L_1, L_2, L_3, L_4 : 각 성분 단독의 폭발한계치
V_1, V_2, V_3, V_4 : 각 성분의 체적(%)

02 LPG 자동차 충전기(Dispenser)에 대한 다음 물음에 답하시오.

1. 충전호스 길이는 얼마인가?
2. 충전호스에 부착하는 가스주입기는 무엇으로 하는가?

정답
1. 5 m 이내
2. 원터치형

03 부취제 구비조건 4가지를 쓰시오.

정답 부취제 구비조건
1. 독성이 없을 것
2. 극히 낮은 농도에서 냄새를 확인할 수 있을 것
3. 가스미터나 가스관에 흡착되지 않을 것
4. 물에 잘 녹지 않을 것
5. 화학적으로 안정될 것
6. 토양에 대해 투과성이 클 것
7. 연료가스 연소 시 완전연소될 것

04 아세틸렌 제조 및 충전에 관한 다음 물음에 각각 답하시오.

1. 아세틸렌을 2.5 MPa의 압력으로 충전할 때 첨가하는 희석제 종류 3가지를 쓰시오.
2. 습식 발생기 표면온도를 쓰시오.
3. 아세틸렌을 용기에 충전 후 15 ℃에서 압력은 얼마인지 쓰시오.
4. 상하의 통으로 구성된 아세틸렌발생장치로 아세틸렌을 제조하는 때에는 사용 후 그 통을 분리하거나 (   )가 없도록 조치할 것

정답 아세틸렌
1. 메탄, 일산화탄소, 에틸렌, 질소
2. 70 ℃
3. 1.5 MPa
4. 잔류가스

$$\therefore D$$
$$= \sqrt[5]{\frac{Q^2 SL}{K^2(P_1^2 - P_2^2)}}$$
$$= \sqrt[5]{\frac{200^2 \times 1.52 \times 500}{52.31^2 \times ((1.5+1.0332)^2 - (1.3+1.0332)^2)}}$$
$$= 6.48 \, cm$$
$$\therefore 6.48 \, cm$$

05 히트펌프의 구성요소를 쓰시오.

정답
압축기, 응축기, 팽창밸브, 증발기

08 금속의 저온취성에 대해 쓰시오.

정답
금속이 낮은 온도에서 소성 변형을 일으키지 않고 부서지는 현상
ex) 탄소강이 저온에서 급격히 부서지는 현상

06 색깔로 구별할 수 있는 독성 가스 4가지를 쓰시오.

정답
1. 염소 - 황록색
2. 오존 - 파란색
3. 불소 - 황갈색
4. 이산화질소 - 적갈색

09 아황산가스의 제독제를 쓰시오.

정답
가성소다수용액, 탄산소다수용액, 물

보충 제독제

가스	제독제
염소	• 가성소다수용액 • 탄산소다수용액 • 소석회
포스겐	• 가성소다수용액 • 소석회
황화수소	• 가성소다수용액 • 탄산소다수용액
시안화수소	• 가성소다수용액
아황산가스	• 가성소다수용액 • 탄산소다수용액 • 물
암모니아, 산화에틸렌, 염화메탄	• 다량의 물

07 길이 500 m 배관에 비중이 1.52인 가스를 공급압력 1.5 kgf/cm²g, 유출압력 1.3 kgf/cm²g로 시간당 200 m³로 공급하기 위한 배관의 안지름(cm)을 계산하시오. (단, 유량계수 K는 52.31이다)

정답 배관의 안지름 계산
중고압 배관 유량식
$$Q = k\sqrt{\frac{D^5(P_1^2 - P_2^2)}{SL}}$$

암 염가탄소, 포가소, 황가탄, 시가, 아가탄물, 암산염물

10 직류전압구배법, 피어슨법 등은 어떤 평가기법인지 쓰시오.

정답
배관 피복손상부를 조사하는 방법

보충 배관 조사법
직류법 : 직류전압구배법, 짧은간격전위측정법
교류법 : 피어슨법, 우드베리법

11 1일 공급할 수 있는 최대 가스량이 500 m³, 3시간 동안 200 m³를 가스홀더에 공급하며 송출량이 제조량보다 많아지는 17 ~ 23시의 송출률이 45 %일 때 필요한 제조가스량(m³/day)은 얼마인가?

정답 제조가스량 계산

$S \times a = \dfrac{t}{24} \times M + \triangle H$

$\therefore M = (S \times a - \triangle H) \times \dfrac{24}{t}$

$= (500 \times 0.45 - \dfrac{200}{3}) \times \dfrac{24}{6}$

$= 633.33 \, m^3/day$

$\therefore 633.33 \, m^3/day$

S : 최대가스량(m³/day)
a : t시간의 송출률
t : 송출량이 제조능력보다 많아지는 시간
M : 최대제조가스량(m³/day)
△H : 가스홀더 공급량(m³)

12 액화석유가스(LPG) 변성 가스 공급 방식을 쓰시오.

정답
부탄가스를 고온 촉매로 분해해서 메탄, 수소, 일산화탄소 등의 연질가스로 변성시켜 공급하며 부탄의 재액화방지와 금속의 열처리에 사용하기 위한 방식

13 압력조정기의 체결을 해제할 경우 가스공급을 자동적으로 차단하는 차단기구가 내장된 용기밸브의 명칭을 쓰시오.

정답
차단기능형 액화석유가스용 용기밸브

14 가스누설검지기에 대한 다음 괄호를 채우시오.

1. 검지경보장치는 가연성 가스 또는 독성 가스의 누출을 검지하여 그 농도를 (   )과 동시에 경보를 울리는 것이다.
2. 미리 설정된 가스농도(폭발하한계의 1/4 이하)에서 (   ) 이내에 경보를 울리는 것으로 한다.
3. 가스누출경보기는 소방법규정에 의한 (   ) 공업용으로 한다.
4. 가스누출경보기는 충분한 강도를 가지며 취급과 정비, 특히 (   )의 교체가 용이한 것으로 한다.

[정답]
1. 지시함
2. 60초
3. 분리형
4. 엘리먼트

15 정압기 작동상태를 설명한 것이다. 괄호를 채우시오.

> 부하가 감소되어 2차 압력이 상승하면 Pilot 2차 압력보다 높아지고 파일로트 스프링의 힘보다 커 파일로트 (①)을 아래로 눌러서 (②)가 닫힘과 동시에 (③)가 열려 주 다이어프램 하부의 압력이 2차 측으로 유출되어 (④)이 저하되므로 메인밸브는 본체 스프링의 힘에 의하여 닫히면서 가스는 2차 측에 흐르지 않게 된다.

[정답]
① 다이어프램
② 공급밸브
③ 배출밸브
④ 구동압력

2022년 2회

가스산업기사 실기 필답형

01
도시가스 배관이 수직으로 20 m 입상 시 압력 손실은 수주 몇 mm인지 구하시오. (단, 이때 비중은 0.55이다)

정답 압력손실 계산
$H = 1.293(S-1)h$
$= 1.293(0.55-1) \times 20$
$= -11.64 \, mmH_2O$
∴ 11.64 mmH_2O

※ 공기보다 가벼운 가스가 배관 상부로 공급되면 압력손실의 반대값(-)이 나온다. 또한 배관 하부로 공급되면 압력손실(+)값이 나온다.

02
가스크로마토그래피 분석장치의 원리를 쓰시오.

정답
이동상에 분석할 혼합물을 태워 움직여서 정지상을 지날 때 정지상과 혼합물 성분들의 분자 간의 인력으로 가스를 분석하는 기기분석법
- 이동상 : 캐리어가스
- 분리하는 부분 : 컬럼

03
LPG 사용시설에서 2단 감압 방식을 사용할 때 장점과 단점 2가지씩 쓰시오.

정답
1. 2단 감압 방식 장점
   - 공급 압력이 안정
   - 중간 배관이 가늠음
   - 각 기구에 알맞게 압력 강하 보정 가능
2. 2단 감압 방식 단점
   - 설비가 복잡
   - 재액화의 문제
   - 검사 방법 복잡

04
고속회전형 가스미터로서 소형이며 대용량의 계량이 가능하고, 가스 압력이 높아도 사용이 가능한 가스미터를 쓰시오.

정답
루츠식 가스미터

05 위험성 평가기법 중 사건수 분석기법(ETA)에 대해 쓰시오.

정답

초기사건으로 알려진 특정 장치 이상이나 운전자 실수로부터 발생하는 잠재적 사고결과 평가기법

종류	영문약자	특징
체크리스트	-	공정 및 설비 오류, 결함상태, 위험상황을 목록화한 형태로 작성하여 경험적 비교로 위험성을 정성적으로 파악하는 기법
결함수 분석	FTA	사고를 일으키는 장치 이상이나 운전사 실수 조합을 연역적으로 분석하는 기법
이상위험도 분석	FMECA	공정 및 설비 고장 형태 및 영향, 고장형태별 위험도 순위를 결정하는 기법
위험과 운전 분석	HAZOP	공정에 존재하는 위험 요소와 공정 효율을 떨어뜨릴 수 있는 운전상의 문제점을 찾아 원인 제거 기법
사건수 분석	ETA	초기사건으로 알려진 특정 장치 이상이나 운전자 실수로부터 발생하는 잠재적 사고결과 평가기법
원인결과 분석	CCA	잠재된 사고 결과와 근본적 원인을 찾아내고 결과와 원인의 상호관계를 예측·평가하는 기법
작업자 실수 분석	HEA	설비 운전원, 정비보수원, 기술자 등의 작업에 영향을 미칠 요소를 평가하여 실수 원인을 파악 및 추적으로 상대적 순위를 결정하는 기법
사고예상 질문 분석	WHAT-IF	공정에 잠재하며 원하지 않는 나쁜 결과를 초래할 수 있는 사고에 대해 예상 질문을 통해 사전 확인함으로써 위험을 줄이는 방법을 제시하는 기법

종류	영문약자	특징
예비위험분석	PHA	공정 또는 설비에 관한 상세 정보를 얻을 수 없는 상황에서 위험물질과 공정 요소에 초점을 두어 초기 위험을 확인하는 기법
공정위험분석	PHR	기존설비 또는 안전성향상계획서를 제출·심사 받은 설비에 대하여 설비 설계·건설·운전 및 정비 경험을 바탕으로 위험성 분석하는 방법
상대위험순위결정	-	설비 존재 위험에 대해 수치적으로 상대위험순위를 지표화하여 피해 정도를 나타내는 상대적 위험 순위를 정하는 안전성평가기법

06 방류둑 구조에 대한 기준에서 ( ) 안에 알맞은 용어와 숫자들을 쓰시오.

1. 철근콘크리트, 철골 콘크리트는 ( ) 콘크리트를 사용하고 균열 발생을 방지하도록 배근, 리베팅이음, 신축이음 및 신축이음의 간격, 배치 등을 정해야 한다.
2. 방류둑은 ( ) 것이어야 한다.
3. 성토는 수평에 대해 ( ) 이하의 기울기로 하여 쉽게 허물어지지 않도록 충분히 다져 쌓고, 강우 등에 의해 유실되지 않도록 그 표면에 콘크리트 등으로 보호한다.
4. 성토 윗부분의 폭은 ( ) 이상으로 한다.

정답
1. 수밀성
2. 액밀한
3. 45°
4. 30 cm

보충 방류둑

1. 설치
   (1) 저장탱크 내 액화가스가 액체상태로 유출되는 것을 방지하기 위해 설치
   (2) 저장탱크 저부가 지하에 있으며 주위피트상 구조로인 것으로 그 용량 이상일 것
2. 설치 적용 범위
   (1) 고압가스 특정제조
       ① 독성 가스 : 5톤 이상
       ② 가연성 가스 : 500톤 이상
       ③ 액화산소 : 1000톤 이상
   (2) 고압가스 일반제조
       ① 독성 가스 : 5톤 이상
       ② 가연성 가스, 액화산소 : 1000톤 이상
   (3) 냉동제조시설(독성 가스 냉매 사용) : 수액기 내용적 1만 L 이상
   (4) 액화석유가스 : 1000톤 이상
   (5) 도시가스
       ① 가스도매사업 : 500톤 이상
       ② 일반도시가스사업 : 1000톤 이상
   ※ LNG 저장탱크는 가스도매사업에 해당
3. 용량
   (1) 저장탱크 저장능력에 상당하는 용적 이상으로 할 것
   (2) 액화산소는 저장능력의 상당 용량의 60% 이상으로 할 것
4. 방류둑 구조 및 기준
   (1) 재료 : 철근콘크리트, 금속, 흙 또는 이를 혼합한 액밀한 구조
   (2) 액체류 표면적 : 가능한 한 적게
   (3) 배관관통부 틈새로부터 누설방지 및 방식조치
   (4) 금속재료 : 부식되지 않게 방식 및 방청조치
   (5) 방류둑 내 고인 물을 배출하기 위한 배수조치
   (6) 가연성과 독성, 가연성과 조연성 액화가스 방류둑은 혼합배치하지 말 것
   (7) 방류둑 내면과 외면으로부터 10 m 이내 : 저장 탱크 부속설비 이외의 것은 설치 금지
   (8) 성토 : 수평에 대해 45° 이하 구배를 가지고 성토 정상부 폭은 30 cm 이상
   (9) 방류둑 계단 및 사다리 : 출입구 둘레 50 m마다 1개 이상 설치
       → 둘레 50 m 미만 : 2개소 이상 분산 설치

07 가스설비에서 기밀시험용으로 사용하는 기체 2가지를 쓰시오.

정답
질소, 탄산가스, 공기

08 석유화학공장 등에 설치되는 플레어 스택에서 역화 및 공기 등과의 혼합폭발을 방지하기 위해 가스 종류 및 시설 구조에 따라 갖추어야 하는 것 2가지를 쓰시오.

정답
1. Liquid Seal
2. Flame Arrestor
3. Vapor Seal
4. Purge Gas(N_2, OFF GAS)
5. Molecular Weal

09 아세틸렌 폭발 종류 2가지를 쓰고 그 반응식을 쓰시오.

> 정답
> 1. 산화폭발
> $C_2H_2 + 2.5O_2 \rightarrow 2CO_2 + H_2O$
> 2. 분해폭발
> $C_2H_2 \rightarrow 2C + H_2 + 54.2\ kcal$
> 3. 화합폭발
> $C_2H_2 + 2Cu \rightarrow Cu_2C_2 + H_2$
> $C_2H_2 + 2Ag \rightarrow Ag_2C_2 + H_2$

10 메탄올 생성 반응식을 쓰시오.

> 정답
> $CO + 2H_2 \rightarrow CH_3OH$

11 양정 15 m, 송수량 5.25 m³/min일 때 축동력 20 PS를 필요로 하는 원심펌프의 효율은 몇 %인가?

> 정답 원심펌프의 효율
> $$PS = \frac{\gamma QH}{75 \times E \times 60}$$
> $$\therefore E = \frac{\gamma QH}{PS \times 75 \times 60} \times 100$$
> $$= \frac{(1000 \times 15 \times 5.25)}{(20 \times 75 \times 60)} \times 100$$
> $$= 87.5\%$$
>
> 보충 물의 비중량
> $\gamma : 1000\ kgf/m^3$

12 지하에 매설된 도시가스 배관에서 발생하는 부식의 원인 4가지를 쓰시오.

> 정답
> 1. 미주전류에 의한 부식
> 2. 국부전지에 의한 부식
> 3. 이종금속 접촉에 의한 부식
> 4. 농염전지에 의한 부식
> 5. 박테리아에 의한 부식
>
> 암 미국 이염박

13 다음의 반응과 같은 접촉분해 공정 중에서 카본생성을 억제하는 방법을 설명하시오.

> ① 반응식 : $CH_4 \rightleftarrows 2H_2 + C(카본)$
> ② 반응식 : $2CO \rightleftarrows CO_2 + C(카본)$

> 정답
> ① 수증기량과 압력을 높이고 반응온도를 낮출 것
> ② 수증기량과 반응온도를 높이고 압력을 낮출 것

14 「고압가스안전관리법」에서 정한 특정고압가스 종류 4가지를 쓰시오.

> 정답
> 수소, 산소, 액화암모니아, 아세틸렌, 액화염소, 천연가스, 압축모노실란, 압축디보레인, 액화알진, 포스핀, 셀렌화수소, 게르만, 디실란, 오불화비소, 오불화인, 삼불화인, 삼불화질소, 삼불화붕소, 사불화유황, 사불화규소

15 증기압축식 냉동사이클은 압축기, 응축기, 팽창밸브, 수액기, 증발기로 구성되어 있다. 이 사이클의 동작을 순서대로 쓰시오.

> [정답]
> 압축기 → 응축기 → 수액기 → 팽창밸브 → 증발기

2022년 4회

01 펌프의 비교회전도에 대한 설명으로 괄호 안에 알맞은 내용을 쓰시오.

> 비교회전도란 1개의 임펠러를 대상으로 형상과 운전상태를 동일하게 유지하면서 그 크기를 변경하고, 유량 1 m³/min에서 양정 1 m를 발생시킬 때 그 임펠러에 주어져야 할 회전수(rpm)로 비속도라고도 한다. 비교회전도가 크면 (①), (②) 펌프이고 작으면 (③), (④) 펌프 특성을 갖는다.

정답
① 대유량
② 저양정
③ 소유량
④ 고양정

02 이음매 없는 용기 검사 항목 중 압궤시험에 대해 간단히 설명하시오.

정답
열처리 후의 시험 용기에 실시하며 2개의 강제 쐐기를 사용하여 용기 또는 원통재료를 거의 그 중앙부에서 축에 직각으로 서서히 눌러 양쪽쐐기 사이의 거리가 시험치에 도달했을 때 균열이 생기면 안 됨

03 20 ℃, 1 atm으로 용기에 충전된 가스의 온도가 상승되어 압력이 2.5배 증가되었을 때 온도를 구하시오.

정답 보일-샤를의 법칙
같은 용기이므로 부피변화가 없다. 따라서
$\dfrac{P_1 V_1}{T_1} = \dfrac{P_2 V_2}{T_2}$ 에서 V값이 약분되어

$T_2 = T_1 \times \dfrac{P_2}{P_1} = (273 + 20) \times 2.5$

= 732.5 K - 273 = 459.5 ℃

압력이 2.5배 증가되었으므로 $\dfrac{P_2}{P_1}$ = 2.5

보충 이상기체 법칙
- 보일 법칙 : 일정 온도에서 압력과 부피는 서로 반비례한다.
  $P_1 V_1 = P_2 V_2$
- 샤를 법칙 : 일정 압력에서 부피는 절대온도에 서로 비례한다.
  $\dfrac{V_1}{T_1} = \dfrac{V_2}{T_2}$
- 보일-샤를의 법칙 : 기체의 부피는 압력과 서로 반비례하고 절대온도와 정비례한다.
  $\dfrac{P_1 V_1}{T_1} = \dfrac{P_2 V_2}{T_2}$

04 내용적 50 m³인 저장탱크에 비중 0.56인 액화석유가스 20톤을 저장할 때 다음 물음에 답하시오.

> 1. 저장탱크 저장능력(톤)은 얼마인가?
> 2. 저장탱크 내용적 대비 액화석유가스가 차지하는 용적비(%)는 얼마인가?

정답

1. 저장능력 W = 0.9dV
   = 0.9 × 0.56 × 50 × 1000
   = 25.2톤

   W : 저장능력(kg)
   d : 액화가스비중

2. 액화석유가스 20톤이 차지하는 체적

   $= \dfrac{질량\,(kg)}{비중\,(kg/L)} = \dfrac{20 \times 1000}{0.56} = 35714.285\,L$
   $= 35.71\,m^3$

   ∴ 저장탱크 내용적 대비 액화석유가스가 차지하는 용적비

   $= \dfrac{35.71}{50} \times 100 = 71.42\,\%$

보충 저장능력

- 액화가스 저장탱크
  W = 0.9dV

  W : 저장능력(kg)
  d : 액화가스비중

- 액화가스 용기(충전 용기, 탱크로리)

  $W = \dfrac{V}{C}$

  W : 저장능력(kg)
  V : 내용적(L)
  C : 충전상수

- 압축가스, 저장탱크 및 용기
  $Q = (10P+1)V$

  Q : 저장능력(m³)
  P : 최고충전압력(MPa)
  V : 내용적(m³)

05 아세틸렌은 분해폭발의 위험성이 있기 때문에 충전 시 주의하여야 한다. 아세틸렌 충전작업에 대해 설명하시오.

정답

1. 아세틸렌을 2.5 MPa 압력으로 압축하는 때에는 질소·메탄·일산화탄소 또는 에틸렌 등의 희석제를 첨가한다.
2. 습식아세틸렌발생기의 표면은 70 ℃ 이하의 온도로 유지하고, 그 부근에서는 불꽃이 튀는 작업을 하지 아니한다.
3. 아세틸렌을 용기에 충전하는 때에는 미리 용기에 다공물질을 고루 채워 다공도가 75% 이상 92% 미만이 되도록 한 후 아세톤 또는 디메틸포름아미드를 고루 침윤시키고 충전한다.
4. 아세틸렌을 용기에 충전하는 때의 충전 중의 압력은 2.5 MPa 이하로 하고, 충전 후에는 압력이 15 ℃에서 1.5 MPa 이하로 될 때까지 정치하여 둔다.
5. 상하의 통으로 구성된 아세틸렌발생장치로 아세틸렌을 제조하는 때에는 사용 후 그 통을 분리하거나 잔류가스가 없도록 조치한다.

보충 산소 충전작업

1. 산소를 용기에 충전하는 때에는 미리 용기 밸브 및 용기의 외부에 석유류 또는 유지류로 인한 오염여부를 확인하고 오염된 경우에는 용기 내·외부를 세척하거나 용기를 폐기한다.
2. 용기와 밸브 사이에는 가연성 패킹을 사용하지 아니한다.
3. 산소 또는 천연메탄을 용기에 충전하는 때에는 압축기(산소압축기는 물을 내부윤활제로 사용한 것에 한정한다)와 충전용 지관 사이에 수취기를 설치하여 그 가스 중의 수분을 제거한다.
4. 밀폐형의 수전해조에는 액면계와 자동급수장치를 설치한다

06 아세틸렌에 대한 최소산소농도값(MOC)을 계산하시오.

정답

1. 아세틸렌의 완전연소 반응식
   $C_2H_2 + 2.5O_2 \rightarrow 2CO_2 + H_2O$
2. 아세틸렌 1몰이 완전연소하기 위해 산소 2.5몰이 필요하므로,
   최소산소농도값 MOC
   = 폭발범위 하한값 × $\dfrac{산소몰수}{연료몰수}$
   = $2.5 \times \dfrac{2.5}{1}$ = 6.25 %

*아세틸렌의 폭발범위 : 2.5 ~ 81 %

07 다음 각각에 대한 기밀시험압력을 쓰시오.

1. 고압가스 설비 및 배관
2. 냉매설비 배관
3. 아세틸렌 용기
4. 납붙임 용기

정답

1. 상용압력 이상
2. 설계압력 이상
3. 최고충전압력의 1.8배
4. 최고충전압력

08 「고압가스안전관리법」에 규정된 액화가스의 정의를 쓰시오.

정답

가압·냉각 등의 방법에 의해 액체상태로 되어 있는 것으로서 대기압에서의 끓는점이 40 ℃ 이하 또는 상용온도 이하인 것

보충 고압가스 안전관리법 정의

1. "가연성 가스"란 공기 중에서 연소하는 가스로서 폭발한계(공기와 혼합된 경우 연소를 일으킬 수 있는 공기 중의 가스 농도의 한계를 말한다. 이하 같다)의 하한이 10퍼센트 이하인 것과 폭발한계의 상한과 하한의 차가 20퍼센트 이상인 것을 말한다.
2. "독성 가스"란 공기 중에 일정량 이상 존재하는 경우 인체에 유해한 독성을 가진 가스로서 허용농도(해당 가스를 성숙한 흰쥐 집단에게 대기 중에서 1시간 동안 계속하여 노출시킨 경우 14일 이내에 그 흰쥐의 2분의 1 이상이 죽게 되는 가스의 농도를 말한다. 이하 같다)가 100만분의 5000 이하인 것을 말한다.
3. "액화가스"란 가압(加壓)·냉각 등의 방법에 의하여 액체상태로 되어 있는 것으로서 대기압에서의 끓는점이 섭씨 40도 이하 또는 상용 온도 이하인 것을 말한다.
4. "압축가스"란 일정한 압력에 의하여 압축되어 있는 가스를 말한다.

09 수소와 메탄이 각각 50 %로 이루어진 혼합가스를 취급하는 시설에 가스누출검지 경보장치를 설치할 때 검지부의 경보농도 설정값을 계산하시오.

정답 르 샤틀리에 법칙

1. 폭발범위 하한값
   $\dfrac{100}{L} = \dfrac{V_1}{L_1} + \dfrac{V_2}{L_2} = \dfrac{50}{4} + \dfrac{50}{5}$
   ∴ $L_l = 4.44\%$
2. 가스누출검지 경보부의 경보농도 : 폭발범위 하한값의 1/4 이하
   ∴ $4.44 \times \dfrac{1}{4} = 1.11\%$ 이하

보충 가스누설검지 경보장치 경보농도 기준
1. 가연성 가스 : 폭발하한계의 1/4 이하
2. 독성 가스 : TLV - TWA 기준농도 이하
3. 암모니아를 실내에서 사용하는 경우 : 50 ppm

- 배류법
  직류전기철도 이용, 매설배관 전위가 주위 다른 금속구조물 보다 높은 장소에서 전기적 접속시켜 유입된 누출전류를 복귀시키며 전기적 부식 방지
- 강제배류법
  외부전원법과 배류법의 병용

10 도시가스 제조법 중 수소화 분해 공정에 대해 쓰시오.

정답
탄화수소비가 큰 탄화수소를 수소기류 중 열분해 또는 접촉분해하여 메탄을 주성분으로 하는 고열량의 가스를 제조하는 방법

11 전기방식법 중 배류법에 대해 쓰시오.

정답
직류전기철도 이용, 매설배관 전위가 주위 다른 금속구조물 보다 높은 장소에서 전기적 접속시켜 유입된 누출전류를 복귀시키며 전기적 부식 방지

보충 전기방식법
- 유전양극법(희생양극법)
  마그네슘 이용, 지중·수중 설치된 양극금속과 매설배관을 전선 연결하여 양극금속과 매설배관 등 사이의 전지작용에 의해 전기적 부식 방지
- 외부전원법
  한전 전원을 직류로 전환하여 가스관에 전기를 공급, 외부직류전원장치 양극(+)은 토양이나 수중 설치한 외부전원용 전극에 접속, 음극(-)은 매설배관에 접속시켜 전기적 부식 방지

12 웨버지수는 연소성과 호환성을 판단하는 지수로 사용하며, 연소기에 웨버지수가 같은 다른 연료를 사용해도 이상이 없는 것이 일반적이다. LPG를 사용하던 연소기구를 LNG로 바꿀 때 변경해야 할 입력값을 쓰시오.

정답
연소기구의 노즐 지름
※ LNG는 LPG보다 발열량이 낮아 웨버지수가 작기때문에 LPG 연소기구의 노즐 지름을 크게 해서 웨버지수를 같아지게 맞춘다.

보충 웨버지수
$$WI = \frac{H_g}{\sqrt{d}}$$

WI : 웨버지수
H_g : 도시가스의 총발열량(kcal/m^3)
d : 도시가스의 공기에 대한 비중

13 LPG 이·충전에는 차압에 의한 방법, 펌프에 의한 방법, 압축기에 의한 방법이 있다. 이 중 압축기에 의한 방법을 쓰시오.

정답
저장탱크와 탱크로리 사이 배관에 압축기를 설치하여 저장탱크를 가압해서 LPG를 이송하는 방법이며 가장 속도가 빠르고 잔가스 회수도 가능한 방법

14 수소를 생산 방식에 따라 4가지로 구분해서 쓰시오.

> **정답**
> 1. 그린 수소 : 탄소 배출이 없는 재생에너지에서 나온 전기로 물을 수소와 산소로 분해하여 생산
> 2. 그레이 수소 : 천연가스를 고온, 고압에서 수증기와 반응시켜 물에 포함된 수소를 추출하는 방식
> 3. 브라운 수소 : 석탄이나 갈탄을 고온·고압에서 가스화하여 수소가 주성분인 가스를 만드는 방식
> 4. 블루 수소 : 그레이 수소를 만드는 과정에서 발생한 이산화탄소를 포집·저장하여 탄소 배출을 줄인 수소

15 브레이턴 사이클 과정 4가지를 쓰시오.

> **정답**
> 1. 단열 압축
> 2. 정압 가열
> 3. 단열 팽창
> 4. 정압 방열
> ※ 브레이턴 사이클 : 가스터빈의 이상사이클 2개의 단열과정과 2개의 정압과정으로 이루어짐

가스산업기사 실기 필답형

2021년 1회

01 도시가스 제조공정 중 접촉분해공정에 의해 발생하는 가스 종류 4가지를 쓰시오.

정답
1. 메탄
2. 수소
3. 일산화탄소
4. 이산화탄소

보충 가스 제조 방식
- 열분해공정
  나프타, 원유, 중유 등의 분자량이 큰 탄화수소 원료를 고온으로 분해하여 고열량의 가스를 제조하는 공정
- 접촉분해공정
  촉매를 사용하여 사용온도 400~800℃에서 탄화수소와 수증기와 반응하여 수소, 메탄, 일산화탄소, 에틸렌, 탄산가스, 에탄, 프로필렌 등의 저급 탄화수소로 변환시키는 방법
- 부분연소공정
  메탄에서 원유까지는 원료를 가스화하는 것으로 산소 또는 공기 및 수증기를 이용하여 메탄, 수소, 일산화탄소, 이산화탄소로 변환하는 방법
- 수소화분해공정
  수소기류 중 탄화수소 원료를 열분해 또는 접촉분해하여 메탄을 주성분으로 하는 고열량의 가스를 제조하는 방법
- 대체 천연가스공정
  천연가스 이외의 석탄, 원유, 나프샤, LPG 등의 각종 탄화수소 원료에서 천연가스와 물리적, 화학적 성질이 거의 비슷한 가스를 제조하는 것

02 가스액화 분리장치의 구성요소 3가지를 쓰시오.

정답
1. 한랭 발생장치
2. 정류장치
3. 불순물 제거장치

03 초저온 액화가스 4가지를 쓰시오.

정답
1. 액화 산소
2. 액화 질소
3. 액화 아르곤
4. 액화 메탄

04 지하에 매설된 도시가스 배관에서 발생하는 부식의 원인 4가지를 쓰시오.

정답
1. 미주전류에 의한 부식
2. 국부전지에 의한 부식
3. 이종금속 접촉에 의한 부식
4. 농염전지에 의한 부식
5. 박테리아에 의한 부식

암 미국 이염박

05 용접부에 대한 비파괴검사법 중 초음파탐상시험의 단점 4가지를 쓰시오.

정답 초음파탐상시험 단점
1. 결과를 보존할 수 없음
2. 불감대가 존재
3. 내부조직 구조에 따른 영향을 많이 받음
4. 초음파의 효과적인 전달을 위해 일반적으로 접촉매질을 필요로 함
5. 검사자의 지식이 필요

보충 초음파탐상시험 장점
1. 검사 비용이 저렴
2. 내부결함 및 불균일 층 검사가 가능

06 아세틸렌을 충전할 때 용기 내부에 다공물질을 충전하는 이유를 설명하시오.

정답 아세틸렌은 2기압 이상으로 압축 시 분해폭발을 일으키므로 다공물질을 충전하여 분해폭발이 일어나지 않게 하기 위함

07 바깥지름 216.3 mm, 두께 5.8 mm인 200 A 강관에 내압이 9.9 kgf/cm²이 작용할 때 원주방향 응력(kgf/cm²)을 계산하시오.

정답 원주방향 응력 계산

$$\sigma_A = \frac{PD}{2t}$$

$$= \frac{9.9 \times (216.3 - 2 \times 5.8)}{2 \times 5.8}$$

$$= 174.7 \, kgf/cm^2$$

∴ 174.7 kgf/cm²

08 저압배관에서 유량 계산식은 다음과 같다. 여기서 "D"와 "H"는 무엇을 의미하는지 쓰시오.

$$Q = k\sqrt{\frac{HD^5}{SL}}$$

정답
1. D : 관지름(cm)
2. H : 압력손실(mmH₂O)

보충 저압배관 유량 계산식

$$Q = k\sqrt{\frac{HD^5}{SL}}$$

Q : 가스의 유량(m³/h)
D : 관안지름(cm)
H : 압력손실(mmH₂O)
S : 가스의 비중
L : 관의 길이(m)
K : 유량계수

09 가스에 함유된 수분을 제거하는 방법 3가지를 쓰시오.

정답
1. 진한 황산을 이용하여 포스겐에 함유된 수분 제거
2. 염화칼슘을 이용하여 아세틸렌가스 중의 수분 제거
3. 용기에 산소를 충전할 때 압축기와 충전용 지관 사이에 수취기를 설치하여 수분 제거
4. 소다석회를 이용하여 암모니아에 함유된 수분 제거

10 액화석유가스 충전 용기를 이륜차에 적재하여 운반하는 경우에 대한 물음에 답하시오.

> 1. 적재하는 충전 용기의 충전량은 얼마인가?
> 2. 적재하여 운반할 수 있는 용기는 몇 개인가?

정답
1. 20 kg 이하   2. 2개 이하

---

11 양정 15 m, 송수량 3.6 m³/min일 때 축동력 15 PS를 필요로 하는 원심펌프의 효율은 몇 %인가?

정답 원심펌프의 효율

$$PS = \frac{\gamma QH}{75 \times E \times 60}$$

$$\therefore E = \frac{\gamma QH}{PS \times 75 \times 60} \times 100$$

$$= \frac{(1000 \times 3.6 \times 15)}{(15 \times 75 \times 60)} \times 100 = 80\%$$

보충 물의 비중량

$\gamma : 1000\, kgf/m^3$

---

12 BLEVE의 정의를 설명하시오.

정답
LPG가 누설되어 가연성 액체 저장탱크 주변에서 화재가 발생하여 기상부의 탱크가 국부적으로 가열되면 그 부분이 강도가 약해져 탱크가 파열된다. 이때 내부의 액화가스가 급격히 유출 팽창되어 화구(Fire Ball)를 형성하여 폭발하는 형태이다.

---

13 일반용 액화석유가스 압력조정기 중 자동절체식 일체형 저압 조정기의 입구압력과 조정압력을 각각 쓰시오.

정답
1. 입구압력 : 0.1 ~ 1.56 MPa
2. 조정압력 : 2.55 ~ 3.30 kPa

보충 조정기 조정압력

종류	입구압력	출구압력
2감압 1차용 조정기	0.1 ~ 1.56 MPa	0.057 ~ 0.083 MPa
자동 절체식 분리형 조정기		0.032 ~ 0.083 MPa
자동 절체식 일체형 조정기		2.55 ~ 3.3 kPa
1단 감압 준저압 조정기		5 ~ 30 kPa
1단 감압식 저압 조정기	0.07 ~ 1.56 MPa	2.3 ~ 3.3 kPa
2단 감압 2차용 조정기	0.25 ~ 0.35 MPa	2.3 ~ 3.3 mmH₂O

---

14 시안화수소(HCN)의 제조법 중 메탄, 암모니아, 산소를 원료로 제조하는 앤드루소법의 반응식을 쓰시오.

정답

$CH_4 + NH_3 + \frac{3}{2}O_2 \rightarrow HCN + 3H_2O$

15 절대압력 1 atm인 이상기체 1 m³를 5 L의 용기에 충전하면 압력은 얼마로 변하겠는가? (단, 온도변화는 없는 것으로 한다)

정답

$$\frac{P_1 V_1}{T_1} = \frac{P_2 V_2}{T_2}$$

온도변화가 없으므로 양 변의 T온도는 약분한다. 또한 1 m³ = 1000 L이므로

$P_2 = P_1 \times \dfrac{V_1}{V_2} = 1 \times \dfrac{1000}{5} = 200$ atm·a

절대압력 = 게이지압력 + 대기압

∴ 게이지압력 = 절대압력 - 대기압
= 200 - 1 = 199 atm·g

∴ 199 atm·g

2021년 2회

01 발열량이 24000 kcal/m³, 공급압력이 2.8 kPa, 가스 비중이 1.55일 때 사용하는 연소기구 노즐 지름이 0.6 mm이었다. 이 연소기구를 발열량이 6000 kcal/m³, 공급압력이 1.0 kPa, 가스 비중이 0.65인 가스를 사용하는 것으로 변경할 경우 노즐 지름은 몇 mm인가?

정답 노즐 지름 변경률 계산

$$\frac{D_2}{D_1} = \frac{\sqrt{WI_1\sqrt{P_1}}}{\sqrt{WI_2\sqrt{P_2}}}$$

$$D_2 = D_1 \times \frac{\sqrt{WI_1\sqrt{P_1}}}{\sqrt{WI_2\sqrt{P_2}}}$$

$$= 0.6 \times \frac{\sqrt{\frac{24000}{\sqrt{1.55}} \times \sqrt{2.8}}}{\sqrt{\frac{6000}{\sqrt{0.65}} \times \sqrt{1.0}}} = 1.26 mm$$

∴ 1.26 mm

보충 웨버지수(WI)
- 가스의 연소성, 호환성을 판단하는 지수
- $WI = \frac{H_g}{\sqrt{d}}$

  H_g : 발열량, d : 비중

02 압축기에서 다단압축의 목적을 3가지 쓰시오.

정답 다단압축의 목적
1. 소요일량 절감
2. 힘의 평형 양호
3. 압축비 감소로 인한 효율 증가
4. 토출가스 온도상승 방지

03 부취제 주입 방식 중 액체 주입 방식 3가지를 쓰시오.

정답 부취제 주입 방식 중 액체 주입 방식
1. 펌프 주입 방식
2. 적하 주입 방식
3. 미터연결 바이패스 방식

보충 부취제
- 냄새로 누설 파악을 하기 위해 일상생활 냄새와 확연히 구분될 것
- 연료가스 연소 시 완전연소될 것
- 물에 용해되지 않으며 부식성이 없을 것
- 토양에 대한 투과성이 클 것
- 1/1000의 비율로 사용
- 가스관이나 가스미터에 흡착되지 않을 것
- THT(석탄가스 냄새), TBM(양파 썩는 냄새), DMS(마늘 썩는 냄새)
- 냄새 강도 : TBM > THT > DMS

04 가스의 유출속도가 연소속도보다 빨라 염공을 떠나 연소하는 현상은 무엇인가?

정답 선화
선화(Lifting)

보충 역화와 선화
- 역화 : 연소속도가 유출속도보다 클 때 불꽃이 연소기 내부로 침입하여 폭발하는 현상
  ㉠ 가스의 압력이 너무 낮을 때
  ㉡ 노즐의 구경이 너무 작을 때
  ㉢ 콕의 먼지나 이물질이 부착되었을 때
- 리프팅(선화) : 연소속도보다 유출속도가 커서 불꽃이 노즐에 정착되지 않고 노즐에서 떨어져 연소하는 현상
  ㉠ 가스의 공급압력이 너무 높을 때
  ㉡ 노즐의 구경이 너무 클 때
  ㉢ 염공이 적을 때
  ㉣ 댐퍼를 너무 많이 열었을 때
  ㉤ 연소가스의 배기 및 환기 불충분시

05 LPG를 자연기화 방식으로 사용하는 곳에서 1일 1호당 평균가스 소비량이 1.2 kg/day, 소비호수가 200세대, 평균가스 소비율이 18 %일 때 피크 시 가스사용량(kg/h)을 계산하시오.

정답 피크 시 가스사용량
$Q = q \times N \times \eta$
$= 1.2 \times 200 \times 0.18 = 43.2$ kg/h
∴ 43.2 kg/h

06 정압기 특성 중 사용 최대 차압을 설명하시오.

정답 사용 최대 차압
메인 밸브에는 1차와 2차 압력의 차압이 작용하여 정압성능에 영향을 주나, 이것이 실용적으로 사용할 수 있는 범위에서 최대로 되었을 때의 차압

07 배관의 안지름이 4.16 cm, 길이 20 m인 배관에 비중 1.52인 가스를 저압으로 공급할 때 압력손실이 20 mmH₂O 발생되었다. 이때 배관을 통과하는 가스의 시간당 유량(m³)을 계산하시오. (단, Pole 상수는 0.7이다)

정답 가스의 시간당 유량 계산

$$Q = k\sqrt{\frac{D^5 H}{SL}}$$

$$= 0.7 \times \sqrt{\frac{4.16^5 \times 20}{1.52 \times 20}} = 19.9 \, m^3/h$$

∴ 19.9 m³/h

Q : 가스의 유량(m³/h)
D : 관안지름(cm)
H : 압력손실(mmH₂O)
S : 가스의 비중
L : 관의 길이(m)
K : 유량계수

08 액화가스 저장탱크 주위에 액상의 가스가 누출된 경우에 그 가스의 유출을 방지할 수 있는 기능을 갖는 시설은 무엇인가?

정답
방류둑

보충 방류둑
1. 설치
   (1) 저장탱크 내 액화가스가 액체상태로 유출되는 것을 방지하기 위해 설치
   (2) 저장탱크 저부가 지하에 있으며 주위피트상 구조로인 것으로 그 용량 이상일 것
2. 설치 적용 범위
   (1) 고압가스 특정제조
      ① 독성 가스 : 5톤 이상
      ② 가연성 가스 : 500톤 이상
      ③ 액화산소 : 1000톤 이상
   (2) 고압가스 일반제조
      ① 독성 가스 : 5톤 이상
      ② 가연성 가스, 액화산소 : 1000톤 이상
   (3) 냉동제조시설(독성 가스 냉매 사용) : 수액기 내용적 1만 L 이상
   (4) 액화석유가스 : 1000톤 이상
   (5) 도시가스
      ① 가스도매사업 : 500톤 이상
      ② 일반도시가스사업 : 1000톤 이상
   ※ LNG 저장탱크는 가스도매사업에 해당
3. 용량
   (1) 저장탱크 저장능력에 상당하는 용적 이상으로 할 것
   (2) 액화산소는 저장능력의 상당 용량의 60 % 이상으로 할 것
4. 방류둑 구조 및 기준
   (1) 재료 : 철근콘크리트, 금속, 흙 또는 이를 혼합한 액밀한 구조
   (2) 액체류 표면적 : 가능한 한 적게
   (3) 배관관통부 틈새로부터 누설방지 및 방식조치
   (4) 금속재료 : 부식되지 않게 방식 및 방청조치
   (5) 방류둑 내 고인 물을 배출하기 위한 배수조치
   (6) 가연성과 독성, 가연성과 조연성 액화가스 방류둑은 혼합배치하지 말 것
   (7) 방류둑 내면과 외면으로부터 10 m 이내 : 저장 탱크 부속설비 이외의 것은 설치 금지
   (8) 성토 : 수평에 대해 45° 이하 구배를 가지고 성토 정상부 폭은 30 cm 이상
   (9) 방류둑 계단 및 사다리 : 출입구 둘레 50 m마다 1개 이상 설치
      → 둘레 50 m 미만 : 2개소 이상 분산 설치

09 아세틸렌 충전작업에 대한 내용 중 괄호 안에 알맞은 내용을 쓰시오.

1. 아세틸렌을 2.5 MPa 압력으로 압축할 때에는 (①), (②), 일산화탄소 또는 에틸렌 등의 희석제를 첨가한다.
2. 아세틸렌을 용기에 충전하는 때에는 미리 용기에 다공물질을 고루 채워 다공도가 75 % 이상 92 % 미만이 되도록 한 후 (③)이나 (④)를 고루 침윤시키고 충전한다.

정답
① 질소
② 메탄
③ 아세톤
④ 디메틸포름아미드(DMF)

10 고압가스용 안전밸브 구조 및 성능에 대한 내용 중 괄호 안에 알맞은 용어를 쓰시오.

> 1. 가연성 또는 독성 가스용의 안전밸브에는 (   )을(를) 사용하지 않는다.
> 2. 분출관을 부착하는 안전밸브의 밸브 몸통 출구 쪽에는 밸브시트의 면보다 아래쪽에 개방된 (   )을(를) 설치한 것으로 한다.
> 3. 안전밸브의 재료성능은 시험편을 채취한 밸브에 따른 적절한 (   ) 또는 항복점 및 연신율을 갖는 것으로 한다.
> 4. 밀폐형의 기밀성능은 출구 쪽으로부터 밸브 내부에 (   )MPa 이상의 압력을 가해서 입구 쪽 및 출구 쪽을 밀폐시켰을 때 몸체, 기타의 각부에 누출이 없는 것으로 한다.

정답
1. 개방형
2. 드레인 빼기
3. 인장강도
4. 0.6

11 「고압가스안전관리법」 적용을 받는 고압가스의 종류 및 범위에 대한 다음의 내용 중 괄호 안에 공통적으로 들어갈 각각의 내용을 쓰시오.

> 1. 상용의 온도에서 압력이 (   )MPa 이상이 되는 액화가스로서 실제로 그 압력이 (   )MPa 이상이 되는 것 또는 압력이 (   )MPa이 되는 경우의 온도가 35℃ 이하인 액화가스
> 2. 15℃의 온도에서 압력이 (   )Pa을 초과하는 아세틸렌가스
> 3. 상용의 온도에서 압력(게이지압력)이 (   )MPa 이상이 되는 압축가스로서 실제로 그 압력이 (   )MPa 이상이 되는 것 또는 35℃의 온도에서 압력이 (   )MPa 이상이 되는 압축가스(아세틸렌가스는 제외한다)
> 4. 35℃의 온도에서 압력이 (   )Pa을 초과하는 액화가스 중 액화시안화수소, 액화브롬화메탄 및 액화산화에틸렌가스

정답
1. 0.2
2. 0
3. 1
4. 0

12 불소(플루오린)에 대한 다음 물음에 답하시오.

1. 분자식
2. 기체상태의 색상
3. 물과 반응했을 때 생성되는 것으로 인체에 유해한 물질의 명칭
4. 연소성에 의하여 분류할 때 무엇에 해당되는가

정답

1. F_2
2. 연한 황갈색, 연한 황색, 연한 노란색
3. 불화수소
   ※ $2F_2 + 2H_2O \rightarrow 4HF + O_2$
4. 조연성

13 비열의 SI 단위를 쓰시오.

정답

$kJ/kg \cdot K$

14 고압가스 충전 용기 중 용접 용기를 제조할 때 용기의 종류에 따른 부식여유 두께를 쓰시오.

암모니아	내용적 1000 L 이하	①
	내용적 1000 L 초과	②
염소	내용적 1000 L 이하	③
	내용적 1000 L 초과	④

정답

① 1 mm 이상
② 2 mm 이상
③ 3 mm 이상
④ 5 mm 이상

15 내용적 40 L인 용기에 아세틸렌가스 6 kg(액비중 0.613)을 충전할 때 다공성물질의 다공도를 90 %라 하면 표준상태에서 안전공간은 몇 %인가? (단, 아세톤의 비중은 0.8이고, 주입된 아세톤량은 13.9 kg이다)

정답

안전공간 : $= \dfrac{V-E}{V} \times 100$

내용적 V는 40이므로
용기 내의 내용물이 차지하는 체적 E를 구하면 된다.

1. 아세톤이 차지하는 체적
   $= \dfrac{\text{아세톤량}}{\text{액비중}} = \dfrac{13.9}{0.8} = 17.38 L$
2. 다공성 물질이 차지하는 체적
   $= 40 \times (1 - \text{다공도}) = 40 \times (1 - 0.9) = 4L$
3. 아세틸렌이 차지하는 체적
   $= \dfrac{\text{아세틸렌 질량}}{\text{액비중}} = \dfrac{6}{0.613} = 9.79 L$

용기 내의 내용물의 체적 E를 구하기 위해 1 ~ 3을 더하면 17.38 + 4 + 9.79 = 31.17 L

$\therefore$ 안전공간 $= \dfrac{V-E}{V} \times 100$
$= \dfrac{40 - 31.17}{40} \times 100$
$= 22.08 \%$

$\therefore$ 22.08 %

2021년 4회

01 보일 오프가스의 정의와 발생 원인 2가지를 각각 쓰시오.

정답
1. 정의 : LNG는 -162℃의 초저온으로 저장되어 있기 때문에 탱크 내에서 액체가 증발한다. 이때 증발하는 가스를 보일오프가스라 한다.
2. 발생 원인
   ① 탱크의 입열에 의해
   ② 액 층상화에 따른 대류현상(롤 오버 현상)에 의해

02 가연성 가스를 압축하는 압축기와 오토클레이브와의 사이의 배관, 아세틸렌의 고압건조기와 충전용 교체밸브 사이의 배관 및 아세틸렌 충전용 지관에 설치하는 장치의 명칭을 쓰시오.

정답
역화방지장치

03 아크 용접부에 발생하는 결함의 종류 4가지를 쓰시오.

정답
1. 기공
2. 언더컷
3. 오버랩
4. 용입불량
5. 피트
6. 스패터
7. 슬래그 섞임

04 암모니아의 공업적 제조법인 하버-보시법의 반응식을 쓰시오.

정답 하버-보시법
$N_2 + 3H_2 \rightarrow 2NH_3$

보충 암모니아 합성법
- 고압법 : 클로드법, 카자레법
- 중앙법 : IG법, JCI법, 뉴파우더법, 케미크법
- 저압법 : 구우데법, 케로그법
  암 고급카레, 중아재동고료, 저구케로그

05 아보가드로의 법칙을 설명하시오.

정답
0 ℃, 1 atm 모든 기체 1 mol의 부피는 22.4 L이고, 분자수는 6.02×10^{23}개이다.

06 원유, 중유, 나프타 등 탄화수소를 고온에서 가열하여 약 10000 kcal/m³의 고열량 가스를 제조하는 공정 명칭을 쓰시오.

정답
열분해 공정

07 고온, 고압의 수소가 들어 있는 곳에 탄소강을 사용하면 안 되는 이유를 쓰시오.

정답
수소는 고온, 고압 하에서 강재 중의 탄소와 반응하여 수소취성을 일으키기 때문

08 2중관으로 하여야 하는 독성 가스 종류 4가지를 쓰시오.

정답
포스겐, 시안화수소, 황화수소, 산화에틸렌, 아황산가스, 암모니아, 염화메탄, 염소

09 LPG 및 LNG에 첨가하는 부취제의 종류 2가지를 영어 약자로 쓰시오.

정답
1. TBM
2. THT
3. DMS

보충 부취제
- 냄새로 누설 파악을 하기 위해 일상생활 냄새와 확연히 구분될 것
- 연료가스 연소 시 완전연소될 것
- 물에 용해되지 않으며 부식성이 없을 것
- 토양에 대한 투과성이 클 것
- 1/1000의 비율로 사용
- 가스관이나 가스미터에 흡착되지 않을 것
- THT(석탄가스 냄새), TBM(양파 썩는 냄새), DMS(마늘 썩는 냄새)
- 냄새 강도 : TBM > THT > DMS

10 지상에 일정량 이상의 저장능력을 갖는 가연성, 독성액화가스 및 액화산소 저장탱크 주위에 방류둑을 설치하는 목적을 설명하시오.

정답
저장탱크 내 액화가스가 액체상태로 유출되는 것을 방지하기 위해 설치

11 제2종 보호시설 2가지를 쓰시오.

[정답]
1. 주택
2. 사람을 수용하는 건축물로 독립된 연면적 100 m² 이상 1000 m² 미만

[보충] 보호시설
1. 제1종 보호시설
   ① 학교·유치원·어린이집·놀이방·어린이놀이터·학원·병원·도서관·청소년수련시설·경로당·시장·공중목욕탕·호텔·여관·극장·교회 및 공회당
   ② 사람을 수용하는 건축물로 독립된 부분의 연면적이 1000 m² 이상인 것
   ③ 예식장·장례식장 및 전시장, 유사한 시설로서 300명 이상 수용할 수 있는 건축물
   ④ 아동복지시설 또는 장애인복지시설로서 20명 이상 수용할 수 있는 건축물
   ⑤ 「문화재보호법」에 따라 지정문화재로 지정된 건축물
2. 제2종 보호시설
   ① 주택
   ② 사람을 수용하는 건축물로 독립된 연면적 100 m² 이상 1000 m² 미만

12 「고압가스안전관리법령」에 의하여 허가, 신고 및 등록을 한 자는 정기검사를 받아야 한다. 다음 검사대상별 검사주기는 각각 얼마인가?

1. 고압가스 특정제조자
2. 고압가스 특정제조자 외의 가연성 가스, 독성 가스 및 산소의 제조자
3. 고압가스 특정제조자 외의 질소가스 제조자

[정답]
1. 4년
2. 1년
3. 2년

13 1일 1호당 평균가스소비량 1.65 kg/day, 가구 수 30호인 곳에 자동절체식 조정기를 사용할 때 필요한 용기 수는 얼마인가? (단, 피크 시 소비율 24 %, 용기의 가스발생능력은 1.2 kg/h이다)

[정답]
1. 용기 수 = $\dfrac{\text{피크 시 평균가스소비량}}{\text{용기의 가스발생능력}}$

   $= \dfrac{1.65 \times 30 \times 0.24}{1.2} = 9.9$

   ∴ 절상해서 10개
2. 자동절체식 조정기를 사용하므로 예비 용기를 포함하여야 하기 때문에 10 × 2 = 20개
   ∴ 20개

14 에틸렌의 위험도를 계산하고 가연성 가스의 위험도와 폭발범위와의 관계를 설명하시오.

> **정답**
> 1. 에틸렌의 위험도
> $$H = \frac{U-L}{L} = \frac{36-2.7}{2.7} = 12.3$$
> 2. 폭발범위가 넓을수록, 폭발범위 하한계가 낮을수록 위험도가 커지며 위험

15 혼합가스의 발열량이 7000 kcal/m³일 때 웨버지수는 얼마인가? (단, 혼합가스의 몰분율은 수소 49.6 %, 이산화탄소 16.5 %, 질소 4.1 %, 메탄 12.4 %, 프로판 17.4 %이고, 공기의 평균분자량은 28.9이다)

> **정답**
> 1. 혼합가스 분자량
>   M = (2 × 0.496) + (44 × 0.165)
>   + (28 × 0.041) + (16 × 0.124)
>   + (44 × 0.174)
>   = 19.04
> 2. 웨버지수
> $$W = \frac{Hg}{\sqrt{d}} = \frac{7000}{\sqrt{\frac{19.04}{28.9}}} = 8624.09$$
> ※ $d = \dfrac{\text{혼합가스분자량}}{\text{공기분자량}} = \dfrac{19.04}{28.9} = 0.66$

2020년 1회

01 도시가스 정압기의 기밀시험에 대한 ( ) 안에 알맞은 숫자를 넣으시오.

> 정압기 입구 측은 최고사용압력의 (①)배, 출구 측은 최고사용압력의 (②)배 또는 (③) kPa 중 높은 압력 이상으로 기밀시험을 실시하여 이상이 없어야 한다.

정답 도시가스 정압기 기밀시험
① 1.1
② 1.1
③ 8.4

02 「고압가스안전관리법령」에서 정의하는 처리능력이란 용어에 대하여 설명하시오.

정답
처리능력이란 처리설비 또는 감압설비에 의하여 압축, 액화나 그 밖의 방법으로 1일에 처리할 수 있는 가스의 양으로 온도 0 ℃, 게이지압력 0 Pa 상태를 기준으로 한다.

03 용기 종류별 부속품 기호를 각각 설명하시오.

| 1. AG | 2. LG |
| 3. PG | 4. LT |

정답
1. AG : 아세틸렌가스를 충전하는 용기 부속품
2. LG : 액화석유가스 외의 액화가스 용기 부속품
3. PG : 압축가스를 충전하는 용기 부속품
4. LT : 저온 및 초저온가스 용기의 부속품

04 부취제 주입 방식 중 액체 주입 방식 3가지를 쓰시오.

정답 부취제 주입 방식 중 액체 주입 방식
1. 펌프 주입 방식
2. 적하 주입 방식
3. 미터연결 바이패스 방식

보충 부취제
- 냄새로 누설 파악을 하기 위해 일상생활 냄새와 확연히 구분될 것
- 연료가스 연소 시 완전연소될 것
- 물에 용해되지 않으며 부식성이 없을 것
- 토양에 대한 투과성이 클 것
- 1/1000의 비율로 사용
- 가스관이나 가스미터에 흡착되지 않을 것
- THT(석탄가스 냄새), TBM(양파 썩는 냄새), DMS(마늘 썩는 냄새)
- 냄새 강도 : TBM > THT > DMS

05 비열이 0.8 kcal/kg·℃ 인 어떤 액체 1000 kg을 0 ℃에서 100 ℃로 상승시키는 데 필요한 프로판 사용량(kg)은 얼마인가? (단, 프로판의 발열량은 12000 kcal/kg, 연소기 효율은 90 %이다)

정답

$$G_f = \frac{GC\Delta t}{H_l \times \eta}$$

$$= \frac{1000 \times 0.8 \times (100-0)}{12000 \times 0.9} = 7.41 kg$$

∴ 7.41 kg

06 LPG 기화장치를 사용할 때 장점 4가지를 쓰시오.

정답
1. 한랭 시 충분히 기화 가능
2. 기화량 가감 가능
3. 가스 조성이 일정
4. 자연기화보다 적은 용기 수, 설치면적이 작아도 됨

07 전기방식법 중 외부전원법과 선택배류법의 장점 2가지를 각각 쓰시오.

정답
1. 외부전원법
    ① 전압, 전류 조성일정
    ② 평상시 관리가 용이
    ③ 방식 범위가 넓음
2. 선택배류법
    ① 설치비 저렴
    ② 전철 운행 시에는 자연부식의 방지효과

보충 전기방식법 단점
1. 외부전원법 단점
    ① 초기 설비비가 비쌈
    ② 전원을 필요로 함
    ③ 과방식의 우려
    ④ 다른 매설금속체로의 장해
2. 선택배류법 단점
    ① 과방식의 우려
    ② 다른 매설금속체로의 장해
    ③ 전철 휴지기간에는 전기방식의 역할을 못함

08 액화석유가스 소형저장탱크의 내용적이 800 L일 때 저장능력을 얼마인가? (단, 액화석유가스의 비중은 0.477이다)

정답
W = 0.85 dV
  = 0.85 × 0.477 × 800
  = 324.36 kg
∴ 324.36 kg

보충 저장능력
• 액화가스 저장탱크
  W = 0.9dV

  W : 저장능력(kg)
  d : 액화가스비중

※ 단, 소형저장탱크의 충전량은 내용적의 85 % 이하이므로 0.9 대신 0.85를 적용할 것

• 액화가스 용기(충전 용기, 탱크로리)

$$W = \frac{V}{C}$$

  W : 저장능력(kg)
  V : 내용적(L)
  C : 충전상수

• 압축가스, 저장탱크 및 용기
  $Q = (10P+1)V$

  Q : 저장능력(m^3)
  P : 최고충전압력(MPa)
  V : 내용적(m^3)

09 다음 가스들의 제독제 종류 1가지씩 쓰시오.

> 1. 포스겐 2. 황화수소
> 3. 아황산가스 4. 암모니아

정답
1. 가성소다 수용액, 소석회
2. 가성소다 수용액, 탄산소다 수용액
3. 가성소다 수용액, 탄산소다 수용액, 물
4. 물

보충 제독제

가스	제독제
염소	• 가성소다수용액 • 탄산소다수용액 • 소석회
포스겐	• 가성소다수용액 • 소석회
황화수소	• 가성소다수용액 • 탄산소다수용액
시안화수소	• 가성소다수용액
아황산가스	• 가성소다수용액 • 탄산소다수용액 • 물
암모니아, 산화에틸렌, 염화메탄	• 다량의 물

암 염가탄소, 포가소, 황가탄시가, 아가탄물, 암산염물

10 일정 높이 이상의 건물로서 가스압력 상승으로 인하여 연소기에 실제 공급되는 가스의 압력이 연소기의 최고사용압력을 초과할 우려가 있는 건물은 가스압력 상승으로 인한 가스누출, 이상연소 등을 방지하기 위하여 (   )을(를) 설치한다. 괄호 안에 알맞은 용어를 쓰시오.

정답
승압방지장치

11 체적비로 메탄 55 %, 수소 30 %, 일산화탄소 15 %의 혼합가스의 공기 중에서의 폭발범위 하한값과 상한값을 각각 계산하시오.

정답 르 샤틀리에 법칙
1. 폭발범위 하한값
$$\frac{100}{L} = \frac{V_1}{L_1} + \frac{V_2}{L_2} + \frac{V_3}{L_3}$$
$$= \frac{55}{5} + \frac{30}{4} + \frac{15}{12.5}$$
$$\therefore L_l = 5.08\%$$

2. 폭발범위 상한값
$$\frac{100}{L} = \frac{V_1}{L_1} + \frac{V_2}{L_2} + \frac{V_3}{L_3}$$
$$= \frac{55}{15} + \frac{30}{75} + \frac{15}{74}$$
$$\therefore L_h = 23.42\%$$

L : 혼합가스의 폭발한계치
L_1, L_2, L_3, L_4 : 각 성분 단독의 폭발한계치
V_1, V_2, V_3, V_4 : 각 성분의 체적(%)

12 고압가스 용기는 그 용기의 안전성을 확보하기 위해 용기 재료의 함유량에 제한을 두는 원소 3가지를 쓰시오.

정답
탄소(C), 인(P), 황(S)

13 고온에서 암모니아와 마그네슘이 반응하는 반응식을 완성하시오.

정답

$2NH_3 + 3Mg \rightarrow Mg_3N_2 + 3H_2$

보충 암모니아와 마그네슘 반응
마그네슘이 암모니아의 모든 수소 원자를 치환하여 질화마그네슘을 만듦

14 산소를 내용적 40 L의 충전 용기에 27 ℃, 130 atm으로 압축·저장하여 판매하고자 할 경우 다음 물음에 답하시오. (단, 산소는 이상기체로 가정한다)

1. 이 용기 속에는 산소가 몇 mol 들어 있는가?
2. 이 산소는 몇 kg인가?

정답

1. $PV = nRT$

   $n = \dfrac{PV}{RT}$

   $= \dfrac{130 \times 40}{0.082 \times (273+27)} = 211.38 mol$

   ∴ 211.38 mol

2. 산소 1 mol = 32 g

   ∴ W = 211.38 × 32 = 6760 g
   = 6.76 kg

15 최고사용압력이 7 kgf/cm^2·g, 최저압력이 2 kgf/cm^2·g일 때 구형 가스홀더의 활동량이 60000 Nm^{3}라면 이 구형 가스홀더의 안지름(m)은 얼마인지 계산하시오. (단, 온도변화는 없다)

정답

구형 가스홀더의 안지름

$D = \sqrt[3]{\dfrac{6V}{\pi}}$

$(\because V = \dfrac{\pi}{6} \times D^3)$

가스홀더의 내용적 V를 구하면,

$\dfrac{\Delta V}{V} = \dfrac{P_1 - P_2}{P_0}$

$V = \dfrac{P_0 \times \Delta V}{P_1 - P_2} = \dfrac{1.0332 \times 60000}{(7+1.0332)-(2+1.0332)}$

$= 12398.4 m^3$

$\therefore D = \sqrt[3]{\dfrac{6V}{\pi}} = \sqrt[3]{\dfrac{6 \times 12398.4}{\pi}} = 28.72 m$

2020년 2회

01 다음 [보기]에서 설명하는 공기액화 사이클의 명칭을 쓰시오.

> 1. 공기의 압축압력은 약 7 atm 정도이다.
> 2. 열교환기에 축랭기를 사용하여 원료공기를 냉각시킴과 동시에 원료공기 중의 수분과 탄산가스를 제거한다.
> 3. 공기는 팽창식 터빈에서 -145 ℃ 정도로 90 % 처리한다.

정답
캐피자식 공기액화 사이클

보충 공기액화사이클
- 필립스식 공기액화 사이클
  줄-톰슨 효과를 따르며 실린더 중 피스톤과 보조 피스톤이 있으며 양 피스톤 작용으로 상부에 팽창기, 하부 압축기로 구성, 수소와 헬륨을 냉매로 이용
- 캐피자식 공기액화 사이클
  축냉기를 사용하여 원료공기를 냉각시킴과 동시에 원료공기 중의 수분과 탄산가스를 제거하는 방식

02 LPG 사용시설에서 2단 감압 방식을 사용할 때 장점 4가지를 쓰시오.

정답 2단 감압 방식 장점
1. 공급 압력이 안정
2. 중간 배관이 가늘음
3. 각 기구에 알맞게 압력 강하 보정 가능
4. 압력손실을 보정 가능

보충 2단 감압 방식 단점
1. 설비가 복잡
2. 재액화의 문제
3. 검사 방법 복잡

03 배관 호칭 1B, 길이 30 m의 저압 배관에 프로판 가스를 6 m³/h로 공급할 때 압력손실이 15 mmH₂O이다. 이 배관에 부탄가스를 7 m³/h로 공급하면 압력 손실은 얼마인가? (단, 프로판 및 부탄의 비중은 각각 1.52, 2.05이다)

정답 압력손실 계산

$Q = k\sqrt{\dfrac{D^5 H}{SL}}$

$H = \dfrac{Q^2 SL}{K^2 D^5}$ 에서 동일 배관이므로 유량계수와 관길이, 배관 안지름은 변화가 없다.

따라서
$H_1 = Q_1^2 \times S_1,\ H_2 = Q_2^2 \times S_2$

$\therefore \dfrac{H_2}{H_1} = \dfrac{Q_2^2 \times S_2}{Q_1^2 \times S_1}$

$\therefore H_2 = \dfrac{Q_2^2 \times S_2}{Q_1^2 \times S_1} \times H_1$

$= \dfrac{7^2 \times 2.05}{6^2 \times 1.52} \times 15 = 27.54\, mmH_2O$

Q : 가스의 유량(m³/h), D : 관안지름(cm)
H : 압력손실(mmH₂O), S : 가스의 비중
L : 관의 길이(m), K : 유량계수

$\therefore 27.54\ mmH_2O$

04
철과 동을 수용액 중에 접촉하였을 때 양극 반응을 일으키는 것과 부식이 일어나는 것을 쓰시오.

정답
1. 양극반응 : 철
2. 부식 : 철

05
냉동설비 종류에 따른 냉동능력 산정기준에 대하여 쓰시오.

정답
1. 원심식 압축기를 사용하는 냉동설비
   압축기의 원동기 정격출력 1.2 kW를 1일의 냉동능력 1톤으로 본다.
2. 흡수식 냉동설비
   발생기를 가열하는 1시간의 입열량 6640 kcal를 1일의 냉동능력 1톤으로 본다.

06
다음과 같은 반응에 의하여 수소를 제조하는 공업적 제조법 명칭을 쓰시오.

$$C_mH_m + mH_2O \rightleftarrows mCO + \left(\frac{2m+n}{2}\right)H_2$$

정답
석유분해법의 수증기 개질법

07
액화산소 1 L를 기화시키면 표준상태에서 체적은 몇 L인가? (단, 산소의 비중은 1.105(기체), 1.14(액체, −183 ℃), 표준상태에서 밀도 1.429 g/L이다)

정답
$$PV = \frac{W}{M}RT$$

$$V = \frac{WRT}{PM}$$

$$= \frac{(1.14 \times 10^3) \times 0.082 \times (273+0)}{1 \times 32}$$

$$= 798.48 L$$

∴ 798.48 L
(이때 액화산소 1 L 무게
$W = 1 \times 1.14 = 1.14 kgf$)

08
조정압력이 3.3 kPa 이하인 일반용 액화석유가스용 압력조정기의 안전장치에 대한 물음에 답하시오.

1. 작동표준압력은 얼마인가?
2. 작동개시압력은 얼마인가?
3. 작동정지압력은 얼마인가?

정답
1. 7.0 kPa
2. 5.6 ~ 8.4 kPa
3. 5.04 ~ 8.4 kPa

09 공기압축기 내부윤활유에 대한 설명 중 괄호 안에 알맞은 숫자를 넣으시오.

> 공기압축기의 내부윤활유는 재생유가 아닌 것으로서 잔류탄소의 질량이 전 질량의 (①)% 이하이며, 인화점이 (②)℃ 이상으로서 170℃에서 8시간 이상 교반하여 분해되지 아니하거나, 잔류탄소의 질량이 (③)% 초과 (④)% 이하이며 인화점이 (⑤)℃ 이상으로서 170℃에서 12시간 이상 교반하여 분해되지 아니하는 것을 사용한다.

정답
① 1
② 200
③ 1
④ 1.5
⑤ 230

10 천연가스, 석탄·바이오매스 등을 열분해해 제조한 화합물로 6기압 -25℃에서 액화할 수 있어 운송과 저장이 용이하고, LPG와 물성이 비슷하여 혼합이 가능하여 기존의 배관을 이용하여 사용할 수 있으며 자동차 연료로 사용할 수 있는 차세대 연료의 명칭을 쓰시오.

정답
디메틸에테르(DME)

11 초음파 탐상시험에 대한 물음에 답하시오.

> 1. 투과 방법에 따른 종류 2가지
> 2. 검사 방법에 따른 분류 2가지

정답
1. 사각법, 수직법
2. 펄스반사법, 공진법, 투과법

12 정압기를 평가 선정할 경우 각 특성이 사용조건에 적합하도록 정압기를 선정하여야 한다. 이때 정압기를 선정할 때 고려하여야 할 사항 4가지를 쓰시오.

정답
1. 정특성
2. 동특성
3. 유량특성
4. 작동 최소 차압
5. 사용 최대 차압

13 100 L의 물이 들어 있는 욕조에 온수기를 사용하여 온수를 넣은 결과 20분 후에 욕조의 온도가 45 ℃, 온수량이 300 L가 되었다. 이때의 온수기 효율(%)을 계산하시오. (단, 사용 가스의 발열량은 10400 kcal/m³, 온수기의 가스소비량은 10 m³/h, 물의 비열은 1 kcal/kg·℃, 수도의 수온 및 욕조의 초기 수온은 5 ℃로 한다)

정답 온수기 효율 계산

$$\eta = \frac{GC\Delta t}{G_f H_l} \times 100 = \frac{GC(t_2 - t_1)}{G_f H_f} \times 100$$

$$= \frac{(300-100) \times 1 \times (65-5)}{10 \times 10400 \times \frac{20}{60}} \times 100$$

$$= 34.62\%$$

(이때 물 1 L는 1 kgf)

※ 온수온도 계산

$$t_m = \frac{G_1 C_1 t_1 + G_2 C_2 t_2}{G_1 C_1 + G_2 C_2} \text{에서}$$

$$t_2 = \frac{t_m (G_1 C_1 + G_2 C_2) - G_1 C_1 t_1}{G_2 C_2}$$

$$= \frac{45 \times (100 \times 1 + 200 \times 1) - (100 \times 1 \times 5)}{200 \times 1}$$

$$= 65 \text{ ℃}$$

14 기화된 LPG의 발열량을 조절하기 위하여 일정량의 공기를 혼합하는 벤투리 튜브 방식에 대해 설명하시오.

정답 벤투리 튜브 방식
노즐로부터 가스 분사 에너지에 의해 공기를 흡입하여 혼합 공급하는 형식

15 파일럿 정압기를 구동 방식에 따른 언로딩형과 로딩형에서 2차 압력이 설정압력 이상으로 증가할 때 작동상태를 각각 설명하시오.

정답
1. 언로딩형
   압력을 가하지 않을 때 메인밸브가 작동하여 유로가 개방되어 가스가 공급
2. 로딩형
   압력을 가할 때 메인밸브가 작동하여 유로가 개방되어 가스가 공급

2020년 3회

01 저온장치에 사용되는 진공단열법의 종류 3가지를 쓰시오.

정답
1. 고진공 단열법
2. 다층진공 단열법
3. 분말진공 단열법

02 도시가스 제조공정 중 접촉개질공정에 대해 설명하시오.

정답
촉매를 사용하여 반응온도 400~800℃에서 탄화수소와 수증기를 반응시켜 메탄, 수소, 일산화탄소, 에틸렌, 이산화탄소, 프로필렌 등으로 변환하는 방법

03 아세틸렌 가스는 공업적으로 여러 분야에 사용되고 있다. 아세틸렌 가스의 주된 용도 4가지를 쓰시오.

정답
1. 금속용접 및 절단
2. 염화비닐 제조
3. 합성섬유 제조
4. 합성고무 제조
5. 의약품 제조
6. 담금질에 이용
7. 타이어 제조
8. 알코올 제조

04 LPG 가스미터의 감도유량을 설명하시오.

정답
가스미터가 작동하는 최소유량

보충 가스미터 감도유량
1. LPG용 가스미터 : 15 L/h
2. 가정용 막식 가스미터 : 3 L/h

05 정압기를 평가 선정할 경우 각 특성이 사용조건에 적합하도록 정압기를 선정하여야 한다. 이때 정압기를 선정할 때 고려하여야 할 사항 3가지를 쓰시오.

정답
① 정특성
② 동특성
③ 유량특성
④ 사용 최대 차압
⑤ 작동 최소 차압

06 1단 감압식 저압 조정기를 사용할 때 장점 및 단점을 각각 2가지씩 쓰시오.

> **정답**
> 1. 장점
>   ① 조작이 간단
>   ② 장치가 간단
> 2. 단점
>   ① 배관지름이 커야 함
>   ② 최종 압력이 부정확

07 LPG를 자연기화 방식으로 사용하는 곳에서 1일 1호당 평균가스 소비량이 1.45 kg/day, 소비호수가 50세대, 평균가스 소비율이 20%일 때 피크 시 가스사용량(kg/h)을 계산하시오.

> **정답** 피크 시 가스사용량
> $Q = q \times N \times \eta = 1.45 \times 50 \times 0.2 = 14.5 kg/h$
> $\therefore 14.5 \ kg/h$

08 저비점 액화가스 등을 이송하는 펌프 입구에서 발생하는 베이퍼 로크 현상 발생원인 2가지를 쓰시오.

> **정답** 베이퍼록 발생원인
> 1. 흡입관 지름이 작을 때
> 2. 펌프의 설치 위치가 높을 때
> 3. 외부에서 열량 침투 시
> 4. 배관 내 온도 상승 시

보충 베이퍼록 방지법
- 실린더 라이너 외부를 냉각
- 펌프의 설치위치를 낮춤
- 흡입관로를 청소
- 흡입배관을 크게 하고 단열처리할 것

보충 펌프에서 발생하는 현상
- 캐비테이션(공동) 현상
  수중에 융해하고 있는 공기가 석출하여 적은 기포를 발생시키는 현상
- 수격작용
  관속의 액체 속도를 급격히 변화시키면 액체에 압력 변화가 생겨 물이 관 벽을 치는 현상
- 서징 현상
  펌프 운전 시 주기적으로 운동, 양정, 토출량이 변동하는 현상으로 토출구와 흡입구에서 압력계의 바늘이 흔들리며 동시에 유량이 변함
- 베이퍼록 현상
  저비등점 액체를 이송할 때 펌프의 입구 쪽에서 발생하는 현상으로 액상이 기체로 흘러가는 것을 막는 현상

09 가스 배관에서 누설 발생을 사전에 방지할 수 있는 대책 4가지를 쓰시오.

> **정답**
> 1. 노후관의 조사 및 교체
> 2. 배관 교체 작업 시 취부를 철저히 할 것
> 3. 매설위치가 불량한 관의 조사 및 교체
> 4. 방식설비 유지
> 5. 밸브 신축이음 등의 설비에 대한 기능점검 및 분해수리

10 대기압이 100 kPa일 때 진공도가 30 %의 절대압력은 몇 kPa인가?

> **정답**
>
> 진공도 = $\dfrac{\text{진공압력}}{\text{대기압}}$
>
> ∴ 진공압력 = 대기압 × 진공도
> ∴ 절대압력 = 대기압 - 진공압력
> = 대기압 - (대기압 × 진공도)
> = 100 - (100 × 0.3)
> = 70 kPa·a
>
> ∴ 70 kPa·a

11 발열량이 12100 kcal/m³인 LPG + Air 가스의 웨버지수를 계산하시오. (단, 가스의 분자량은 34, 공기의 분자량은 28.8이다)

> **정답** 웨버지수
>
> $WI = \dfrac{H_g}{\sqrt{d}} = \dfrac{12100}{\sqrt{\dfrac{34}{28.8}}} = 11136.33$
>
> WI : 웨버지수
> H_g : 도시가스의 총발열량($kcal/m^3$)
> d : 도시가스의 공기에 대한 비중

12 배관의 안지름이 200 mm인 저압 배관의 길이가 300 m이다. 이 배관에서 20 mmH₂O의 압력손실이 발생할 때 통과하는 가스유량(m³/h)을 계산하시오. (단, 가스 비중은 0.5, 폴의 정수는 0.7이다)

> **정답** 가스의 시간당 유량 계산
>
> $Q = k\sqrt{\dfrac{D^5 H}{SL}}$
>
> $= 0.7 \times \sqrt{\dfrac{20^5 \times 20}{0.5 \times 300}}$
>
> $= 457.24 \text{ m}^3/\text{h}$
>
> Q : 가스의 유량(m³/h)
> D : 관안지름(cm)
> H : 압력손실(mmH₂O)
> S : 가스의 비중
> L : 관의 길이(m)
> K : 유량계수
>
> ∴ 457.24 m³/h

13 고압가스용 기화장치의 용어 설명 중 ( )안에 알맞은 용어를 쓰시오.

> 연결압력실이란 기화통의 동체 또는 경판과 교차하여 기화통에 종속된 압력실로 (①), (②), (③) 등을 말한다.

> **정답**
> ① 섬프
> ② 도움
> ③ 맨홀

14 안지름 100 mm인 수평원관으로 2 km 떨어진 곳에 원유를 0.12 m³/min으로 수송할 때 손실수두(m)는 얼마인가? (단, 원유의 점성계수는 0.02 N·s/m², 비중은 0.86이다)

정답

하겐 - 푸아죄유 방정식

$$h_L = \frac{128\mu L Q}{\pi D^4 \gamma}$$

$$= \frac{128 \times 0.02 \times 2000 \times \frac{0.12}{60}}{\pi \times 0.1^4 \times (0.86 \times 10^3 \times 9.8)}$$

$$= 3.87 \, m\,H_2O$$

∴ 3.87 mH₂O

15 가스 연소기구를 급·배기 방식에 따라 밀폐식과 반밀폐식으로 분류할 때 밀폐식에 대하여 설명하시오.

정답

실내공기와 완전히 격리된 연소기구의 실내에 옥외로부터 흡입된 공기에 의해 가스를 연소한 후 다시 외기로 배출하는 연소기구

보충 가스 연소기구

구분		내용
개방식		연소에 필요한 공기를 실내에서 취하고 배기가스는 옥내로 배출하는 형태
반밀폐식	자연 배기식 (CF)	연소에 필요한 공기를 실내에서 취하고 배기가스는 배기통을 이용해 자연적으로 실외로 배출하는 형태
	강제 배기식 (FE)	연소에 필요한 공기는 실내에서 취하고 배기가스는 배출기를 통해 강제로 실외에 배출하는 형태
밀폐식	자연 급배기식 (BF)	연소에 필요한 공기를 실외에서 흡입하고 배기가스를 자연적으로 실외로 배출하는 형태
	강제 급배기식 (FF)	연소에 필요한 공기는 급기구를 통해 취하고 배기가스는 배출기를 통해 배출시키는 형태

2020년 4회

01 도시가스 제조 및 공급시설 중 가스홀더의 기능 4가지를 쓰시오.

정답
1. 공급설비의 일시적 중단에 대해 공급량 확보
2. 공급가스의 성질 균일화
3. 소비지역 근처에 설치하여 피크 시 공급
4. 가스수요의 시간적 변동에 대해 공급가스량 확보

02 접촉분해공정에서 고온수증기 개질법의 ICI 방식의 공정 4단계를 순서대로 쓰시오.

정답
1. 원료의 탈황
2. 가스의 제조
3. CO 변성
4. 열 회수

보충 ICI(Imperrial Chemical Industries) 방식 수소가 많고 연소속도가 빠른 가스를 제조

03 아보가드로의 법칙을 설명하시오.

정답
0 ℃, 1 atm 모든 기체 1 mol의 부피는 22.4 L이고, 분자수는 6.02×10^{23}개이다.

04 「고압가스안전관리법」에서 정하는 가연성 가스이면서 독성인 가스 4가지를 쓰시오.

정답 가연성이면서 독성인 가스
시안화수소, 염화메탄, 이황화탄소, 황화수소, 산화에틸렌, 브롬화메탄, 모노메틸아민, 일산화탄소, 벤젠, 아크릴로니트릴

05 도시가스 연료 중 가연성분 원소 중에서 가장 무거운 원소는?

정답
황(S)

보충 연료의 가연성분
탄소, 수소, 황

06
프로판 22 g이 공기 중에서 완전연소할 때 이산화탄소(CO_2) 생성량은 몇 g인지 쓰시오.

정답

1. 프로판의 완전연소 반응식
   $C_3H_8 + 5O_2 \rightarrow 3CO_2 + 4H_2O$
2. 이산화탄소 생성량
   $44\,g : 3 \times 44\,g = 22\,g : x\,g$
   $\therefore x = \dfrac{3 \times 44 \times 22}{44} = 66g$

$\therefore 66\,g$

07
비중이 0.64인 가스를 길이 200 m 떨어진 곳에 저압으로 시간당 200 m³로 공급하고자 한다. 압력손실이 수주로 20 mm이면 배관의 최소 관지름(cm)은 얼마인가? (단, 폴의 상수 K는 0.7055이다)

정답

$Q = k\sqrt{\dfrac{D^5 H}{SL}}$

$D = \sqrt[5]{\dfrac{Q^2 SL}{K^2 H}} = \sqrt[5]{\dfrac{200^2 \times 0.64 \times 200}{0.7055^2 \times 20}}$

$= 13.88\,cm$

$\therefore 13.88\,cm$

Q : 가스의 유량(m³/h)
D : 관안지름(cm)
H : 압력손실(mmH₂O)
S : 가스의 비중
L : 관의 길이(m)
K : 유량계수

08
폭발을 폭연과 폭굉으로 분류할 때 폭연과 폭굉의 차이는 무엇인가?

정답

화염전파속도

보충 폭발

1. 폭연
   음속 미만으로 진행되는 열분해 또는 음속 미만의 화염 전파속도로 연소하는 화재로 압력이 위험수준까지 상승할 수도 있고, 상승하지 않을 수도 있으며 충격파를 방출하지 않으면서 급격하게 진행되는 연소
2. 폭굉
   가스 중의 음속보다도 화염 전파속도가 큰 경우로서 파면선단에 충격파라고 하는 압력파가 생겨 격렬한 파괴작용을 일으키는 현상

09
가연성 가스에서 산소의 농도나 분압이 높아짐에 따라 다음 사항은 어떻게 변화되는가?

1. 연소속도
2. 발화온도
3. 폭발범위
4. 최소점화에너지

정답

1. 빨라진다(증가)
2. 낮아진다(감소)
3. 넓어진다(증가)
4. 낮아진다(감소)

10 스프링식 안전밸브와 비교한 파열판식 안전밸브의 특징 4가지를 쓰시오.

정답
1. 구조가 간단
2. 재사용이 불가능
3. 부식성 유체에 적합
4. 밸브 시트의 누설이 없음

보충 안전밸브
- 스프링식
  일반적으로 가장 널리 사용 → LPG
- 파열판식
  얇은 박판 주위를 홀더로 공정하여 보호하는 장치에 설치
  → 산소, 수소, 질소, 액화이산화탄소
- 가용전식
  용기 내 온도가 규정온도 이상이면 용기 내 전체가스 배출 → 염소, 아세틸렌, 산화에틸렌

11 파일럿식 정압기와 비교하여 직동식 정압기의 동특성 특징에 대해 쓰시오.

정답
1. 응답속도가 빠름
2. 안정성 확보 가능

12 도시가스 원료 선택 시 고려사항 4가지를 쓰시오.

정답
1. 이송이 용이할 것
2. 수질 및 대기 공해 문제가 적을 것
3. 설비비용이 적게 소요될 것
4. 원료의 취급이 간편할 것

13 매설되는 도시가스배관에 현장도복을 시공하는 이유를 쓰시오.

정답
도시가스 배관 현장에서 용접부 외면에 호칭지름 150 A 미만의 이음쇠와 피복부 손상부의 보수작업과 부식방지를 위해

14 수소가스의 특성 중 폭명기의 종류 2가지의 반응식을 쓰고 설명하시오.

정답
1. 수소폭명기 : 수소가 산소가 2 : 1로 반응하여 물을 생성
   $2H_2 + O_2 \rightarrow 2H_2O + 136.6 \text{ kcal}$
2. 염소폭명기 : 수소와 염소가 빛(직사광선)과 접촉하여 격렬하게 반응
   $H_2 + Cl_2 \rightarrow 2HCl + 44 \text{ kcal}$

15 다음은 바깥지름과 안지름의 비가 1.2 이상인 경우 배관의 두께 계산식이다. "f"와 "C"가 의미하는 것을 각각 쓰시오.

$$t = \frac{D}{2}\left\{\sqrt{\frac{\frac{f}{S}+P}{\frac{f}{S}-P}} - 1\right\} + C$$

정답
1. f : 재료의 인장강도(N/mm^2) 규격 최소치이거나 항복점(N/mm^2) 규격 최소치의 1.6배
2. C : 관내면의 부식여유(mm)

보충 배관의 두께 계산식
t : 배관의 두께(mm)
P : 상용압력(MPa)
D : 안지름에서 부식여유를 뺀 수치(mm)
f : 재료의 인장강도(N/mm^2) 규격 최소치이거나 항복점(N/mm^2) 규격 최소치의 1.6배
C : 관내면의 부식여유(mm)
S : 안전율

2019년 1회

01 레이놀즈식 정압기의 특징 4가지를 쓰시오.

> **정답**
> 1. 언로딩형
> 2. 정특성은 좋으나 안정성이 떨어짐
> 3. 다른 형식에 비하여 크기가 큼
> 4. 정압기 본체는 복좌밸브로 구성되어 있으며, 상부에 다이어프램이 있음
>
> **보충** 정압기 종류
> 1. 피셔식
>   ① 언로딩(Unloading)형과 로딩(Loading)형이 있음
>   ② 구동압력이 증가하면 개도도 증가
>   ③ 로딩형 정압기 : 정특성, 동특성이 양호하며 비교적 콤팩트한 구조
> 2. 레이놀즈식
>   ① 언로딩(Unloading)형
>   ② 정특성은 좋으나 안정성이 떨어짐
>   ③ 다른 형식에 비하여 크기가 큼
> 3. 액셜플로식(AFV식)
>   ① 정특성, 동특성이 양호
>   ② 고차압이 될수록 특성이 양호
>   ③ 소형이며 극히 콤팩트

02 정압기를 평가 선정할 경우 각 특성이 사용조건에 적합하도록 정압기를 선정하여야 한다. 이때 정압기를 선정할 경우 고려하여야 할 사항 3가지를 쓰시오.

> **정답**
> ① 정특성
> ② 동특성
> ③ 유량특성
> ④ 사용 최대 차압
> ⑤ 작동 최소 차압

03 지름이 14 cm인 관에 8 m/s로 물이 흐를 때 질량유량(kg/s)을 계산하시오. (단, 물의 밀도는 1000 kg/m³이다)

> **정답** 질량유량 계산
> $m = \rho A V = 1000 \times \left(\dfrac{\pi}{4} \times 0.14^2\right) \times 8$
> $= 123.15 \text{ kg/s}$
> $\therefore 123.15 \text{ kg/s}$

04 자연발화온도에 영향을 주는 요인 4가지를 쓰시오.

> **정답**
> 농도, 부피, 압력, 산소량, 촉매
>
> **보충** 자연발화온도
> 1. 농도가 클수록 증가
> 2. 부피가 큰 계일수록 감소
> 3. 압력이 증가할수록 감소
> 4. 산소량이 증가할수록 감소
> 5. 촉매 존재 시 최소 자연발화온도보다 낮은 온도에서 발화

05 도시가스 제조공정 중 접촉개질공정에 대해 설명하시오.

정답
촉매를 사용하여 반응온도 400 ~ 800 ℃에서 탄화수소와 수증기를 반응시켜 메탄, 수소, 일산화탄소, 에틸렌, 이산화탄소, 프로필렌 등으로 변환하는 방법

06 지하에 매설된 도시가스 배관에서 발생하는 부식의 원인 4가지를 쓰시오.

정답
1. 미주전류에 의한 부식
2. 국부전지에 의한 부식
3. 이종금속 접촉에 의한 부식
4. 농염전지에 의한 부식
5. 박테리아에 의한 부식

암 미국 이염박

07 고압가스 저장탱크의 열침입 원인 4가지를 쓰시오.

정답
1. 탱크 외면으로부터의 열복사
2. 밸브에 의한 열전도
3. 배관을 통한 열전도
4. 단열재를 충진한 공간에 남은 가스분자의 열전도

08 「고압가스안전관리법」에 정한 액화가스의 정의에 대한 설명 중 괄호 안에 알맞은 용어 및 숫자를 쓰시오.

> 액화가스란 가압, 냉각 등의 방법으로 액체상태로 되어 있는 것으로서 대기압에서의 끓는점이 섭씨 (①)도 이하 또는 (②) 이하인 것을 말한다.

정답
① 40
② 상용의 온도

보충 「도시가스사업법」에서 정한 액화가스
액화가스란 상용의 온도 또는 섭씨 35도의 온도에서 압력이 0.2 MPa 이상이 되는 것을 말한다.

09 폭굉의 정의에 대한 설명 중 괄호 안에 알맞은 용어를 쓰시오.

> 가스 중의 (①)보다도 화염 전파속도가 큰 경우로서 가스의 경우 1000 ~ 3500 m/s 정도에 달하여 파면선단에 충격파라고 하는 (②)가 생겨 격렬한 파괴작용을 일으키는 현상이다.

정답
① 음속
② 압력파

10 냉동설비에 사용되는 냉매의 구비조건 4가지를 쓰시오.

정답 냉매 구비조건
1. 절연 내력이 클 것
2. 응고온도가 낮을 것
3. 증발잠열이 크고 비열이 적을 것(증발 잠열이 크면 냉동효과가 커지고, 비열비(정압비열/정적비열)가 작으면 압축해도 가스 온도 상승이 작음)
4. 비체적과 점도가 낮을 것
5. 부식성이 없을 것

11 소비호수가 50호인 액화석유가스 사용시설에서 피크 시 평균가스 소비량이 15.5 kg/h이다. 50 kg 용기를 사용하여 가스를 공급하고, 외기온도가 5 ℃일 경우 가스발생능력이 1.7 kg/h이라 할 때 표준 용기 설치수를 계산하시오. (단, 2일분 용기 수는 4개이다)

정답
표준 용기 수
= 필요 최저 용기 수 + 2일분 용기 수
= $\dfrac{15.5}{1.7}$ + 4 = 13.117
∴ 14개

12 용접 용기 재검사 항목 4가지를 쓰시오.

정답
1. 내압검사
2. 누출검사
3. 외관검사
4. 다공질물 충전검사
5. 단열성능검사

보충 용기 재검사 항목
1. 용접 용기 종류별 재검사 항목
   ① 아세틸렌 용기 : 외관검사, 다공질물 충전검사
   ② 초저온 용기 : 외관검사, 단열성능검사
   ③ 액화석유가스 용기 : 외관검사, 내압검사, 누출검사, 도장검사, 수직도검사
   ④ 그 밖의 용기 : 외관검사, 내압검사
2. 이음매 없는 용기 재검사 항목
   외관검사, 음향검사, 내압검사

13 액화가스와 압축가스 저장탱크 및 용기가 배관으로 연결된 경우 저장능력을 합산한다. 이때 압축가스 1 m^3는 액화가스로 몇 kg에 해당하는 것으로 계산하는가?

정답
10 kg

14 배관의 길이가 1 km이고, 선팽창계수 $\alpha = 1.2 \times 10^{-5}/℃$일 때 −10 ℃에서 50 ℃까지 사용되어지는 배관에서 신축량이 20 mm를 흡수할 수 있는 신축이음은 몇 개를 설치하는가?

> **정답**
> 신축길이
> $\triangle L = L \times \alpha \times \triangle t$
> $\quad = 1000 \times 10^3 \times 1.2 \times 10^{-5} \times (50+10)$
> $\quad = 720 mm$
> ∴ 신축이음 수
> $\quad = \dfrac{신축 길이}{신축 흡수장치 흡수 길이}$
> $\quad = \dfrac{720}{20} = 36개$
> ∴ 36개

15 다음의 반응과 같은 접촉분해 공정 중에서 카본생성을 억제하는 방법을 설명하시오.

> ① 반응식 : $CH_4 \rightleftarrows 2H_2 + C(카본)$
> ② 반응식 : $2CO \rightleftarrows CO_2 + C(카본)$

> **정답**
> ① 수증기량과 압력을 높이고 반응온도를 낮출 것
> ② 수증기량과 반응온도를 높이고 압력을 낮출 것

2019년 2회

01 도시가스 원료로 사용하는 오프가스의 제조 공정을 설명하시오.

정답
1. 석유정제 오프가스 : 원유의 상압증류, 감압증류, 가솔린 생산을 위한 접촉개질공정 등에서 발생하는 가스
2. 석유화학 오프가스 : 나프타 분해에 의한 에틸렌 제조 공정 시 발생하는 가스

02 압축가스 설비 저장능력 산정식을 쓰시오. (단, Q : 저장능력(m^3), P : 35 ℃에서 최고충전압력(MPa), V : 내용적(m^3)을 의미한다)

정답 압축가스 저장능력

$Q = (10P+1)V$

Q : 저장능력(m^3)
P : 최고충전압력(MPa)
V : 내용적(m^3)

보충 저장능력
- 액화가스 저장탱크
  W = 0.9dV

  W : 저장능력(kg)
  d : 액화가스비중

- 액화가스 용기(충전 용기, 탱크로리)

  $W = \dfrac{V}{C}$

  W : 저장능력(kg)
  V : 내용적(L)
  C : 충전상수

- 압축가스, 저장탱크 및 용기
  $Q = (10P+1)V$

  Q : 저장능력(m^3)
  P : 최고충전압력(MPa)
  V : 내용적(m^3)

03 도시가스 원료 중 액체 성분에 해당하는 것 2가지를 쓰시오.

정답
1. 액화석유가스(LPG)
2. 액화천연가스(LNG)
3. 나프타

04 내진설계 시 지진기록 측정장비 종류 2가지를 쓰시오.

정답
1. 속도계
2. 가속도계

05 고압가스 시설에서 전기방식조치 대상 2가지를 쓰시오.

> [정답]
> 1. 저장탱크
> 2. 지중 및 수중에 설치하는 강재배관

06 고압가스설비에 부착하는 과압안전장치의 작동압력에 대한 기준 중 괄호 안에 알맞은 숫자를 쓰시오.

> 액화가스의 고압가스설비 등에 부착되어 있는 스프링식 안전밸브는 상용의 온도에 있어서 당해 고압가스설비 등 내의 액화가스의 상용의 체적이 당해 고압가스설비 등 내의 내용적의 (   ) %까지 팽창하게 되는 온도에 대응하는 당해 고압가스설비 등 안의 압력에서 작동하는 것일 것

> [정답]
> 98

07 압축기에서 다단압축의 목적을 3가지 쓰시오.

> [정답] 다단압축의 목적
> 1. 소요일량 절감
> 2. 힘의 평형 양호
> 3. 압축비 감소로 인한 효율 증가
> 4. 토출가스 온도상승 방지

08 고압가스설비에 설치하는 피해저감설비의 종류 2가지를 쓰시오.

> [정답]
> 1. 방류둑
> 2. 제독설비
> 3. 방호벽
> 4. 살수장치
> 5. 온도상승방지설비
> 6. 중화·이송설비

09 비중이 0.64인 가스를 길이 300 m 떨어진 곳에 저압으로 시간당 145 m³로 공급하고자 한다. 압력손실이 수주로 20 mm이면 배관의 최소 관지름(mm)은 얼마인가? (단, 폴의 정수 K는 0.707이다)

> [정답]
> $$Q = k\sqrt{\frac{D^5 H}{SL}}$$
>
> $$D = \sqrt[5]{\frac{Q^2 SL}{K^2 H}}$$
> $$= \sqrt[5]{\frac{145^2 \times 0.64 \times 300}{0.707^2 \times 20}} \times 10$$
> $$= 132.20 mm$$
> ∴ 132.20 mm
>
> Q : 가스의 유량(m³/h)
> D : 관안지름(cm)
> H : 압력손실(mmH$_2$O)
> S : 가스의 비중
> L : 관의 길이(m)
> K : 유량계수

10 압축기에서 용량 제어를 하는 이유 2가지를 쓰시오.

정답
1. 압축기 보호
2. 압축기 소요동력 절감
3. 수요와 공급의 균형 유지

11 LPG를 이송하는 펌프에서 발생하는 베이퍼록 현상의 방지법 4가지를 쓰시오.

정답
1. 실린더 라이너 외부를 냉각
2. 펌프의 설치위치를 낮춤
3. 흡입관로를 청소
4. 흡입배관을 크게 하고 단열처리할 것

보충 베이퍼록 발생원인
1. 흡입관 지름이 작을 때
2. 펌프의 설치 위치가 높을 때
3. 외부에서 열량 침투 시
4. 배관 내 온도 상승 시

보충 펌프에서 발생하는 현상
- 캐비테이션(공동) 현상
  수중에 융해하고 있는 공기가 석출하여 적은 기포를 발생시키는 현상
- 수격작용
  관속의 액체 속도를 급격히 변화시키면 액체에 압력 변화가 생겨 물이 관 벽을 치는 현상
- 서징 현상
  펌프 운전 시 주기적으로 운동, 양정, 토출량이 변동하는 현상으로 토출구와 흡입구에서 압력계의 바늘이 흔들리며 동시에 유량이 변함
- 베이퍼록 현상
  저비등점 액체를 이송할 때 펌프의 입구 쪽에서 발생하는 현상으로 액상이 기체로 흘러가는 것을 막는 현상

12 부탄 200 kg/h를 기화시키는 데 20000 kcal/h의 열량이 필요한 경우 효율이 80 %인 온수순환식 기화기를 사용할 때 열교환기에 순환되는 온수량(L/h)은 얼마인가? (단, 열교환기 입구와 출구의 온수 온도는 60 ℃와 40 ℃이며, 온수의 비열은 1 kcal/kg·℃, 비중은 1이다)

정답
$Q = G \times C \times \Delta t \times \eta$
$\therefore G = \dfrac{Q}{C \times \Delta t \times \eta} = \dfrac{20000}{1 \times (60-40) \times 0.8}$
$= 1250 \, kg/h$
$\therefore$ 순환온수량 $= \dfrac{G}{비중} = \dfrac{1250}{1} = 1250 \, L/h$
$\therefore 1250 \, L/h$

13 도시가스 정압기 중 피셔식 정압기의 2차압 이상 저하의 원인과 예방 대책 4가지를 각각 쓰시오.

정답
1. 2차압 이상 저하 원인
   ① 스트로크 조정 불량
   ② 정압기 능력 부족
   ③ 필터 먼지류 막힘
   ④ 센터스템 작동 불량
   ⑤ 주 다이어프램 파손
2. 2차압 이상 저하의 예방 대책
   ① 필터의 교환
   ② 다이어프램 교환
   ③ 정압기 교체
   ④ 정압기 분해 정비 및 부품 교체

14 아세틸렌에서 발생하는 폭발 종류 3가지의 반응식을 쓰시오.

정답

1. 산화폭발
   $C_2H_2 + 2.5O_2 \rightarrow 2CO_2 + H_2O$
2. 분해폭발
   $C_2H_2 \rightarrow 2C + H_2 + 54.2 \text{ kcal}$
3. 화합폭발
   $C_2H_2 + 2Cu \rightarrow Cu_2C_2 + H_2$
   $C_2H_2 + 2Ag \rightarrow Ag_2C_2 + H_2$

15 직동식 정압기의 기본 구조도를 보고 2차 압력이 설정압력보다 낮을 때 작동 원리에 대해 설명하시오.

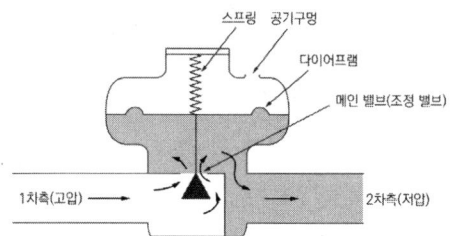

정답

정압기 스프링 힘이 다이어프램보다 커서 메인밸브가 열려 가스 유량이 증가하여 설정압력으로 유지

2019년 4회

01 정압기의 특성 중 동특성을 설명하시오.

정답
부하변동에 대한 응답의 신속성과 안정성 요구

보충 정압기 특성
- 정특성 : 정상 상태에서 유량과 2차 압력과의 관계
- 동특성 : 부하변동에 대한 응답의 신속성과 안정성 요구
- 유량특성 : 메인밸브의 열림과 유량과의 관계

02 LP가스 공급 방식 중 생가스 공급 방식 특징 4가지를 쓰시오.

정답 생가스 공급 방식
1. 공기 혼합기가 필요 없으므로 설비가 간단
2. 부탄의 경우 재액화 우려가 있음
3. 기화기에서 기화된 가스를 그대로 공급
4. 재액화 현상을 방지하기 위해 배관을 보온 조치해야 함

03 내용적 3 L의 고압 용기에 암모니아를 충전하여 온도를 173 ℃로 상승시켰더니 압력이 220 atm을 나타내었다. 이 용기에 충전된 암모니아는 몇 g인가? (단, 173 ℃, 220 atm에서 암모니아의 압축계수는 0.4이다)

정답
$$PV = Z\frac{W}{M}RT$$
$$W = \frac{PVM}{ZRT}$$
$$= \frac{220 \times 3 \times 17}{0.4 \times 0.082 \times (273+173)} = 766.98g$$
∴ 766.98 g

04 펌프에서 발생하는 수격작용을 설명하시오.

정답
관속의 액체 속도를 급격히 변하시키면 액체에 압력변화가 생겨 물이 관 벽을 치는 현상

보충 펌프에서 발생하는 현상
- 캐비테이션(공동) 현상
  수중에 용해하고 있는 공기가 석출하여 적은 기포를 발생시키는 현상
- 수격작용
  관속의 액체 속도를 급격히 변화시키면 액체에 압력 변화가 생겨 물이 관 벽을 치는 현상

※ 수격작용 방지책
  ㉠ 관경을 크게 하고 관내 유속을 느리게 할 것
  ㉡ 관로에 조압수조를 설치할 것
  ㉢ 밸브를 펌프 송출구 가까이 설치할 것
  ㉣ 펌프의 속도가 급격히 변화하는 것을 막을 것

• 서징 현상
펌프 운전 시 주기적으로 운동, 양정, 토출량이 변동하는 현상으로 토출구와 흡입구에서 압력계의 바늘이 흔들리며 동시에 유량이 변함

• 베이퍼록 현상 : 저비등점 액체를 이송할 때 펌프의 입구 쪽에서 발생하는 현상으로 액상이 기체로 흘러가는 것을 막는 현상

※ 캐비테이션 방지법
  ㉠ 양흡입 펌프를 사용
  ㉡ 수직축 펌프를 사용하고 회전차를 수중에 잠기게 할 것
  ㉢ 펌프의 회전수를 낮출 것
  ㉣ 펌프의 설치위치를 낮춰 흡입양정을 짧게 할 것
  ㉤ 펌프를 두 대 이상 설치할 것
  ㉥ 관지름을 크게 하고 흡입 측의 저항을 최소로 줄일 것

05 가연성 가스의 폭발등급 및 방폭전기기기의 폭발등급의 최소점화전류비의 범위 기준이 되는 가스는 무엇인가?

정답
메탄(CH_4)

06 플레어스택의 역할에 대해 설명하시오.

정답
긴급이송설비에 의해 이송되는 가연성 가스를 안전하게 연소시켜 대기로 배출하는 설비

보충 플레어스택 설치기준
1. 긴급이송설비로 이송되는 가스를 안전하게 연소시킬 수 있는 것으로 할 것
2. 플레어스택에서 발생하는 복사열이 다른 제조시설에 나쁜 영향을 미치지 아니하도록 안전한 높이 및 위치에 설치할 것
3. 플레어스택에서 발생하는 최대열량에 장시간 견딜 수 있는 재료 및 구조로 되어 있는 것으로 할 것
4. 파일럿버너를 항상 점화하여 두는 등 플레어스택에 관련된 폭발을 방지하기 위한 조치가 되어 있는 것으로 할 것
5. 플레어스택의 설치 위치 및 높이는 플레어스택 바로 밑의 지표면에 미치는 복사열이 $4000 \ kcal/m^2 \cdot h$ 이하가 되도록 할 것

07 오스테나이트계 스테인리스강에서 발생하는 입계부식에 대하여 설명하시오.

정답 입계부식
부식이 결정 입계에 따라 진행되는 국부부식이며 내부로 깊게 진행되면서 결정입자가 떨어진다. 고온에서의 노출, 열처리, 용접 가공시 열영향을 받는 부분에서 주로 발생한다.

08 가스의 공급압력이 높아 불꽃이 염공을 떠나 공간에서 연소하는 현상을 (①)라 하고, 불꽃 주위 기류에 의해 불꽃이 염공에 정착하지 않고 떨어지게 되어 꺼지는 현상을 (②)라 한다. ( ) 안에 들어갈 용어를 쓰시오.

정답
① 선화(Lifting)
② 블로오프(Blow Off)

보충 연소기구의 이상 현상
1. 역화 : 염이 염공을 통해 버너의 혼합관 내에 불타며 들어오는 현상
2. 역화의 원인
   ① 염공이 크게 된 경우
   ② 가스 공급압력이 저하되었을 때
   ③ 버너가 과열되어 혼합기 온도가 상승한 경우
   ④ 구경이 작게 된 경우
   ⑤ 댐퍼가 과다하게 열려 연소속도가 빨라진 경우
3. 선화(Lifting) : 가스가 염공을 떠나서 연소하는 현상
4. 선화의 원인
   ① 버너의 압력이 높은 경우
   ② 가스 공급압력이 높은 경우
   ③ 구경이 크게 된 경우
   ④ 연소가스 배출이 불안전한 경우 또는 2차 공기 공급이 불충분한 경우
   ⑤ 공기조절장치를 많이 열었을 경우
5. LP 가스 불완전연소 원인
   ① 공기 공급량 부족
   ② 배기 불충분
   ③ 가스 조성이 맞지 않을 때
   ④ 가스기구와 연소기구가 맞지 않을 때
6. 블로 오프 : 불꽃 주변 기류에 의해 염공에서 떨어져 연소하는 현상
7. 옐로 팁 : 불완전연소 시에 적황색 불꽃으로 되는 현상

09 기체상태의 프로판 100 Sm^3를 액화시켰을 때 무게는 몇 kg인가? (단, 온도와 압력은 변화가 없다)

정답
$PV = GRT$

$G = \dfrac{PV}{RT} = \dfrac{101.325 \times 100}{\dfrac{8.314}{44} \times 273} = 196.42 kg$

10 굴착공사에 따른 매설된 도시가스배관을 보호하기 위한 파일박기 및 터파기에 대한 내용 중 괄호 안에 알맞은 내용을 쓰시오.

1. 가스배관과 수평 최단거리 ( ) m 이내에서 파일박기를 하고자 할 때에는 도시가스 사업자의 입회하에 시험굴착을 통하여 가스배관의 위치를 정확히 확인한다.
2. 가스배관과의 수평거리 ( ) m 이내에서는 파일박기를 하지 아니한다.
3. 가스배관의 주위를 굴착하고자 할 때에는 가스배관의 좌우 ( ) m 이내의 부분은 인력으로 굴착한다.

정답
1. 2
2. 0.3
3. 1

11 직동식 정압기에서 2차 압력이 설정압력보다 낮을 때 작동 원리에 대해 설명하시오.

정답
정압기 스프링 힘이 다이어프램보다 커서 메인밸브가 열려 가스 유량이 증가하여 설정압력으로 유지

12 다음 [보기]에 주어진 가스를 동일한 압력 및 온도 조건으로 동일한 배관에 통과시킬 때 가장 많이 흐르는 것부터 작게 흐르는 순서대로 나열하시오.

| 1. 수소 | 2. 천연가스 |
| 3. 이산화탄소 | 4. 질소 |

정답
수소 → 천연가스 → 질소 → 이산화탄소

보충 저압배관 유량 계산식

$$Q = k\sqrt{\frac{HD^5}{SL}}$$

Q : 가스의 유량(m^3/h)
D : 관안지름(cm)
H : 압력손실(mmH_2O)
S : 가스의 비중
L : 관의 길이(m)
K : 유량계수

- 동일한 배관이므로 k, H, D, L은 같은 값을 가지기 때문에 유량은 가스 비중의 평방근에 반비례한다. 따라서 분자량이 작은 가스가 비중이 작기 때문에 유량이 커진다.
- 각 가스의 분자량
  ㉠ 수소(H_2) : 분자량 2
  ㉡ 천연가스(CH_4) : 16
  ㉢ 이산화탄소(CO_2) : 44
  ㉣ 질소(N_2) : 28

13 액화석유가스 사용시설에서 2단 감압 방식을 설명하시오.

정답
저장시설(용기)의 가스압력을 소요 압력보다 약간 높은 압력으로 1차 감압시켜 공급한 후, 사용시설 근처에서 소요압력으로 2차적 감압하여 각 연소기에 알맞은 압력으로 공급하는 방식

보충 2단 감압 방식
장점
1. 공급 압력이 안정
2. 중간 배관이 가늘음
3. 각 기구에 알맞게 압력 강하 보정 가능
4. 압력손실을 보정 가능

단점
1. 설비가 복잡
2. 재액화의 문제
3. 검사 방법 복잡

14 카바이드를 이용하여 아세틸렌을 제조하는 방식의 가스발생기 중 투입식을 설명하시오.

정답
물에 카바이드(CaC_2)를 넣는 방식

보충 아세틸렌 발생기 종류
1. 침지식(접촉식) : 물과 카바이드를 소량씩 접촉시키는 방식
2. 투입식 : 물에 카바이드를 넣는 방식
3. 주수식 : 카바이드에 물을 넣는 방식

15 내용적 18 L의 LP가스 배관공사를 끝내고 나서 수주 880 mm의 압력으로 공기를 넣어 기밀시험을 실시했다. 기밀시험 소요시간 12분이 경과한 후 배관에 부착된 자기압력계를 보니 수주 660 mm의 압력을 나타내었다. 이 경우 기밀시험 개시 시의 약 몇 %의 공기가 누설되었나? (단, 기밀시험 실시 중 온도변화는 무시한다)

정답

누설량(%) $= \dfrac{V_0 - V_0'}{V} \times 100$

$= \dfrac{19.56 - 19.15}{18} \times 100 = 2.28\%$

∴ 2.28 %

이때

① V_0 : 처음상태(기밀시험)의 공기체적을 표준상태의 체적으로 환산

$V_0 = V_1 \times \dfrac{P_1}{P_0}$

$= 18 \times \dfrac{(0.088 + 1.0332)}{1.0332}$

$= 19.56$ L

② V_0' : 12분 후 공기체적을 표준상태의 체적으로 환산

$V_0' = V_2 \times \dfrac{P_2}{P_0'}$

$= 18 \times \dfrac{(0.066 + 1.0332)}{1.0332} = 19.15 L$

2018년 1회

01 도시가스 배관의 접합부분은 용접하는 것을 원칙으로 하며, 용접부에 대하여 비파괴 시험을 실시하여 이상이 없어야 하지만, 비파괴시험을 하지 않아도 되는 배관 3가지를 쓰시오.

정답
1. 가스용 폴리에틸렌관
2. 호칭경 80 A 미만인 저압의 매설배관
3. 저압으로서 노출된 사용자 공급관

02 르 샤틀리에의 법칙에 대해 설명하시오.

정답
2종류 이상의 가연성 가스가 혼합되었을 때 혼합가스의 폭발범위 하한값과 상한값을 계산하는 것

$$\frac{100}{L} = \frac{V_1}{L_1} + \frac{V_2}{L_2} + \frac{V_3}{L_3} + \frac{V_4}{L_4} + \cdots$$

L : 혼합가스의 폭발한계치
L_1, L_2, L_3, L_4 : 각 성분 단독의 폭발한계치
V_1, V_2, V_3, V_4 : 각 성분의 체적(%)

03 왕복동 압축기의 실린더 안지름이 100 mm, 행정거리가 150 mm, 회전수가 600 rpm, 체적효율이 80 %일 때 피스톤 압출량(m^3/min)을 계산하시오.

정답 왕복동형 압축기의 실제 피스톤 압출량

$$V = \frac{\pi}{4} D^2 \times L \times N \times n \times \eta_v \times 60$$
$$= \frac{\pi}{4} (0.1)^2 \times 0.15 \times 1 \times 600 \times 0.8$$
$$= 0.57 \, m^3/min$$

∴ 0.57 m^3/min

04 암모니아의 공업적 제조법인 하버-보시법의 반응식을 쓰시오.

정답 하버-보시법
$N_2 + 3H_2 \rightarrow 2NH_3$

보충 암모니아 합성법
• 고압법 : 클로드법, 카자레법
• 중앙법 : IG법, JCI법, 뉴파우더법, 케미크법,
• 저압법 : 구우데법, 케로그법

암 고급카레, 중아재동고료, 저구케로그

05 부취제 주입 방식 중 액체 주입 방식 3가지를 쓰시오.

정답 부취제 주입 방식 중 액체 주입 방식
1. 펌프 주입 방식
2. 적하 주입 방식
3. 미터연결 바이패스 방식

보충 부취제
- 냄새로 누설 파악을 하기 위해 일상생활 냄새와 확연히 구분될 것
- 연료가스 연소 시 완전연소될 것
- 물에 용해되지 않으며 부식성이 없을 것
- 토양에 대한 투과성이 클 것
- 1/1000의 비율로 사용
- 가스관이나 가스미터에 흡착되지 않을 것
- THT(석탄가스 냄새), TBM(양파 썩는 냄새), DMS(마늘 썩는 냄새)
- 냄새 강도 : TBM > THT > DMS

06 지상에 설치되는 LNG 저장설비의 방호종류 3가지를 쓰시오.

정답
1. 단일 방호식 저장탱크
2. 이중 방호식 저장탱크
3. 완전 방호식 저장탱크

07 일반용 액화석유가스 압력조정기의 입구 측 기밀시험 압력은 각각 얼마인가?

1. 1단 감압식 저압 조정기
2. 2단 감압식 1차 조정기

정답
1. 1.56 MPa 이상
2. 1.8 MPa 이상

08 일반용 액화석유가스 압력조정기가 그 압력조정기의 안전성과 편리성을 확보하기 위하여 갖추어야 할 제품 성능 5가지 중 4가지를 쓰시오.

정답
1. 내압 성능
2. 기밀 성능
3. 내구 성능
4. 내한 성능
5. 다이어프램 성능

09 전기방식법 중 희생양극법을 설명하고 장점과 단점을 각각 쓰시오.

정답
1. 희생양극법 : 지중·수중 설치된 양극금속과 매설배관을 전선 연결하여 양극금속과 매설배관 등 사이의 전지작용에 의해 전기적 부식 방지
2. 장점
   ① 시공이 간편
   ② 단거리 배관에 경제적
   ③ 과방식의 우려가 없음
   ④ 다른 매설 금속체로의 장해가 없음
3. 단점
   ① 효과 범위가 좁음
   ② 장거리 배관에 비용이 많이 소요됨
   ③ 전류 조절이 어려움

10 액화석유가스 용기를 실외저장소에 보관하는 기준이다. 괄호 안에 알맞은 숫자를 넣으시오.

> 1. 실외저장소 안의 용기군 사이에 통로를 설치할 때 용기의 단위 집적량은 (   )톤을 초과하지 않아야 한다.
> 2. 팰릿에 넣어 집적된 용기군 사이의 통로는 그 너비가 (   )m 이상이 되어야 한다.
> 3. 팰릿에 넣지 아니한 용기군 사이의 통로는 그 너비가 (   )m 이상이 되어야 한다.
> 4. 실외저장소 안의 팰릿에 넣어 집적된 용기의 높이는 (   )m 이하가 되어야 한다.

[정답]
1. 30
2. 2.5
3. 1.5
4. 5

11 매설배관에 발생하는 부식에 대한 설명 중에서 (   ) 안에 알맞은 용어를 쓰시오.

> 매설배관 주위의 토양 중에 포함되는 수분 및 기타의 화학성분 등에 의해서 형성되는 국부전지에 의한 부식으로써 부식이 발생하는 쉬운 곳으로는 pH가 극단적으로 다른 곳이나 모래와 점토질 등과 같이 토양 중의 (①) 농도가 다른 경계 부근 등이 있고, 토양 속에 혐기성 황산염 환원박테리아가 존재하는 곳에서 (②) 부식이 발생한다.

[정답]
① 산소
② 자연

12 왕복동 다단압축기에서 대기압 상태의 20 ℃ 공기를 흡입하여 최종단에서 토출압력 25 kgf/cm²·g, 온도 60 ℃의 압축공기 28 m³/h를 토출하면 체적효율(%)은 얼마인가? (단, 1단 압축기의 이론적 흡입체적은 800 m³/h이다)

[정답]

체적효율 $\eta_v = \dfrac{\text{실제피스톤 압출량}}{\text{이론 피스톤 압출량}} \times 100$

피스톤 압출량 계산

$\dfrac{P_1 V_1}{T_1} = \dfrac{P_2 V_2}{T_2}$

$V_1 = \dfrac{P_2 V_2 T_1}{P_1 T_2}$
$= \dfrac{(25+1.0332) \times 28 \times (273+20)}{1.0332 \times (273+60)}$
$= 620.76 \, m^3/h$

$\therefore \eta_v = \dfrac{\text{실제적 피스톤 압출량}}{\text{이론적 피스톤 압출량}} \times 100$
$= \dfrac{620.76}{800} \times 100$
$= 77.60\%$

$\therefore 77.6\%$

13 가스화 방식 중 수증기 개질법에서 원료 중에 함유된 불순물을 제거하는 수첨 탈황법에 첨가하는 물질은 무엇인가?

[정답]
수소

보충 **수첨 탈황법**
촉매를 사용해서 수소를 첨가하여 유기유황 화합물을 황화수소로, 질소 화합물을 암모니아로, 산소 화합물을 물로 변화시켜 제거하는 방법

14
저장능력 10만 톤인 LNG 저압 지하식 저장탱크의 외면과 사업소 경계까지 유지하여야 하는 거리는 얼마인가? (단, 유지하여야 하는 거리 계산 시 적용하는 상수 C는 0.24로 한다)

정답

$L = C \times \sqrt[3]{143000\,W}$

$= 0.24 \times \sqrt[3]{143000 \times \sqrt{100000}}$

$= 85.50\,m$

∴ 85.50 m 이상

보충 **가스도매사업 사업소 경계와의 거리 기준**

$L = C \times \sqrt[3]{143000\,W}$

L : 유지하여야 하는 거리(m)
C : 저압지하식 탱크는 0.24, 그 밖의 가스저장설비 및 처리설비는 0.576
W : 저장탱크는 저장능력(톤)의 제곱근, 그 밖의 것은 그 시설 안의 액화천연가스의 질량(톤)

※ 거리가 50 m 미만의 경우에는 50 m 이상을 유지

15
다음에 설명하는 방폭구조의 명칭을 쓰시오.

1. 방폭전기기기의 용기 내부에 보호가스(신선한 공기 또는 불활성 가스)를 압입하여 내부압력을 유지함으로써 가연성 가스가 용기 내부로 유입되지 않도록 한 구조
2. 방폭전기기기의 용기 내부에서 가연성 가스의 폭발이 발생한 경우 그 용기가 폭발 압력에 견디고 접합면, 개구부 등을 통하여 외부의 가연성 가스에 인화되지 않도록 한 구조
3. 방폭전기기기 용기 내부에 절연유를 주입하여 불꽃, 아크 또는 고온 발생부분이 기름 속에 잠기게 함으로써 기름면 위에 존재하는 가연성 가스에 인화되지 않도록 한 구조
4. 정상운전 중에 가연성 가스의 점화원이 될 전기불꽃, 아크 또는 고온부분 등의 발생을 방지하기 위하여 기계적, 전기적 구조상 또는 온도 상승에 대하여 특히 안전도를 증가시킨 구조
5. 정상 시 및 사고(단선, 단락, 지락 등) 시에 발생하는 전기불꽃, 아크 또는 고온부에 의하여 가연성 가스가 점화되지 않는 것이 점화시험, 기타 방법에 의하여 확인된 구조

정답
1. 압력방폭구조
2. 내압방폭구조
3. 유입방폭구조
4. 안전증방폭구조
5. 본질안전방폭구조

보충 방폭전기기기 종류

- 내압방폭구조(d)
  방폭전기기기의 용기 내부에서 가연성 가스 폭발이 발생할 경우 인화되지 않도록 한 구조
- 유입방폭구조(o)
  절연유를 주입하여 인화되지 않도록 한 구조
- 압력방폭구조(p)
  보호가스(불활성 가스)를 압입하여 내부압력을 유지하며 가연성 가스가 용기 내부로 유입되지 않도록 한 구조
- 안전증방폭구조(e)
  정상운전 중 가연성 가스 점화원 발생 방지를 위해 기계적·전기적 구조·온도상승 안전도를 증가시킨 구조
- 본질안전방폭구조(ia, ib)
  정상 시 및 사고 시에 발생하는 전기불꽃에 의해 가연성 가스가 점화되지 않도록 한 구조
- 특수방폭구조(s)
  방폭구조로서 가연성 가스에 점화를 방지할 수 있는 것이 확인된 구조

2018년 2회

01 LPG 충전사업소에서 긴급사태가 발생하였을 경우 이를 신속히 전파할 수 있도록 안전관리자가 상주하는 사업소와 현장사업소와의 사이에 설치해야 하는 통신설비 4가지를 쓰시오.

정답 통신설비
1. 구내전화
2. 구내방송설비
3. 인터폰
4. 페이징설비

보충 통신설비

통신범위	구비 통신설비
사업소 내 전체	1. 구내방송설비 2. 사이렌 3. 휴대용 확성기 4. 페이징설비 5. 메가폰
안전관리자 상주 사업소와 현장사업소 사이 또는 현장사무소 상호 간	1. 구내전화 2. 구내방송설비 3. 인터폰 4. 페이징설비
종업원 상호 간	1. 페이징설비 2. 휴대용 확성기 3. 트랜시버 4. 메가폰

02 수정이나 전기석 또는 로셸염 등의 결정체의 특정 방향에 압력을 가하면 기전력이 발생하고 발생한 전기량은 압력에 비례하는 현상을 무엇이라고 하는가?

정답
압전현상

03 고압가스 운반 시 자동차에 고정된 탱크의 최대 내용적(L)은 얼마인가?

> 1. LPG를 제외한 가연성 가스
> 2. 액화암모니아를 제외한 독성 가스

정답 고압가스 운반 시 자동차에 고정된 탱크의 최대 내용적(L)
1. LPG를 제외한 가연성 가스 : 18000 L
2. 액화암모니아를 제외한 독성 가스 : 12000 L

04 가스시설에서 배관 등을 용접한 후에 강도 유지 및 수송하는 가스의 누출을 방지하기 위하여 비파괴시험 중 육안검사를 할 때 보강 덧붙임은 그 높이가 모재표면보다 낮지 않도록 하고 몇 mm 이하를 원칙으로 하는가?

정답
3 mm

05 안지름 60 cm의 관을 사용하여 수평거리 500 m 떨어진 곳에 3 m/s의 속도로 송수하고자 한다. 마찰로 인한 손실수두는 몇 m에 해당하는가? (단, 관의 마찰계수는 0.02이다)

정답

$$h_f = f \times \frac{L}{D} \times \frac{V^2}{2g} = 0.02 \times \frac{500}{0.6} \times \frac{3^2}{2 \times 9.8}$$

$$= 7.65 m H_2O$$

∴ 7.65 mH$_2$O

06 전기방식법 중 희생양극법을 설명하고 장점과 단점을 각각 쓰시오.

정답
1. 희생양극법 : 지중·수중 설치된 양극금속과 매설배관을 전선 연결하여 양극금속과 매설배관 등 사이의 전지작용에 의해 전기적 부식 방지
2. 장점
   ① 시공이 간편
   ② 단거리 배관에 경제적
   ③ 과방식의 우려가 없음
   ④ 다른 매설 금속체로의 장해가 없음
3. 단점
   ① 효과 범위가 좁음
   ② 장거리 배관에 비용이 많이 소요됨
   ③ 전류 조절이 어려움

07 시안화수소는 충전 후 24시간 정치한다. 점검 방법과 검사횟수를 각각 쓰시오.

정답
1. 점검 방법 : 질산구리벤젠지로 누출검사
2. 검사횟수 : 1일 1회 이상

08 지상에 일정량 이상의 저장능력을 갖는 액화가스 저장탱크 주위에 방류둑을 설치하는 목적을 쓰시오.

정답
저장탱크 내 액화가스가 액체상태로 유출되는 것을 방지하기 위해 설치

09 도시가스 공급 방식 중 공급압력에 따른 종류 3가지를 쓰시오.

정답
1. 저압 공급 방식 : 0.1 MPa 미만
2. 중압 공급 방식 : 0.1 MPa 이상 1 MPa 미만
3. 고압 공급 방식 : 1 MPa 이상

10 일반용 액화석유가스 압력조정기의 다이어프램 노화시험 방법 2가지를 쓰시오.

정답
1. 공기가열 노화시험
2. 오존 노화시험

11 도시가스 제조 프로세스에서 가열 방식에 의한 분류 중 외열식과 축열식을 각각 설명하시오.

> **정답**
> 1. 외열식 : 용기를 외부에서 가열하는 방법
> 2. 축열식 : 반응기에서 연료를 연소시켜 가열한 후 용기내의 원료를 송입하여 가스화하는 방법

12 다음에서 설명하는 가스의 명칭을 화학식으로 쓰시오.

> 1. 가연성 가스이다.
> 2. 물과 반응하여 글리콜을 생성한다.
> 3. 암모니아와 반응하여 에탄올아민을 생성한다.
> 4. 물, 알코올, 에테르, 유기용제에 녹는다.

정답
C_2H_4O(산화에틸렌)

보충 산화에틸렌
- 은, 구리, 수은과의 접촉을 피할 것
- 분해 폭발의 위험이 있음
- 가열만으로도 폭발의 우려가 있음
- 독성이며 가연성인 가스
- 물, 알코올, 에테르에 용해됨
- 산화에틸렌의 증기는 전기스파크, 화염, 아세틸드 등에 의해 폭발함

13 다음은 용접 용기 동판 두께를 산출하는 공식이다. 각각이 나타내는 것을 쓰시오.

$$t = \frac{PD}{2S \times \eta - 1.2P} + C$$

정답
- t : 동관 두께(mm)
- P : 최고충전압력(MPa)
- D : 안지름(mm)
- S : 허용응력(N/mm^2)
- η : 용접효율
- C : 부식여유(mm)

14 카르노 사이클에서 공급온도 600 ℃, 방출온도 30 ℃일 때 열효율(%)을 구하시오.

정답 카르노 사이클 열효율

$$\eta = \frac{W}{Q_1} \times 100 = \frac{Q_1 - Q_2}{Q_1} \times 100$$
$$= \frac{T_1 - T_2}{T_1} \times 100$$
$$= \frac{(273+600)-(273+30)}{273+600} \times 100$$
$$= 65.29\%$$

∴ 65.29 %

15 다음과 같은 반응이 이루어지는 곳에 탄소강이 접촉되었을 때 어떤 문제점이 발생하는가?

> 1. $Cl_2 + H_2O \rightarrow HCl + HClO$
> 2. $Fe_3C + 2H_2 \rightarrow 3Fe + CH_4$

정답
1. 염소와 물이 반응해서 생성된 염산(HCl)이 탄소강을 부식시킨다.
2. 수소는 고온, 고압에서 탄소강과 반응하여 수소취성을 일으킨다.

2018년 4회

01 정압기의 정특성 종류 3가지를 쓰시오.

> **정답** 정압기의 정특성 종류
> 1. 로크업
> 2. 시프트
> 3. 오프셋
>
> **보충** 정압기의 정특성 종류
> 1. 로크업 : 유량이 '0'으로 되었을 때 끝맺음 압력과 기준압력과의 차
> 2. 시프트 : 1차 압력의 변화에 의하여 정압곡선이 전체적으로 어긋나는 것
> 3. 오프셋 : 유량이 변화했을 때 2차 압력과 기준압력과의 차

02 비중이 0.64인 가스를 길이 300 m 떨어진 곳에 저압으로 시간당 170 m³로 공급하고자 한다. 압력손실이 수주로 27 mm이면 배관의 최소 관지름(cm)은 얼마인가?

> **정답**
>
> $Q = k\sqrt{\dfrac{D^5 H}{SL}}$
>
> $D = \sqrt[5]{\dfrac{Q^2 SL}{K^2 H}} = \sqrt[5]{\dfrac{170^2 \times 0.64 \times 300}{0.707^2 \times 27}}$
>
> $= 13.27$
>
> ∴ 13.27 cm
>
> Q : 가스의 유량(m^3/h), D : 관안지름(cm)
> H : 압력손실(mmH_2O), S : 가스의 비중
> L : 관의 길이(m), K : 유량계수

03 다음에서 설명하는 전기방식법의 명칭은 무엇인가?

> 지중 또는 수중에 설치된 양극(Anode) 금속과 매설배관(Cathode : 음극) 등을 전선으로 연결하여 양극금속과 매설배관 등 사이의 전지작용(고유 전위차)에 의하여 전기적 부식을 방지하는 방법이다.

> **정답**
> 희생양극법
>
> **보충** 전기방식법
> • 유전양극법(희생양극법)
>   마그네슘 이용, 지중·수중 설치된 양극금속과 매설배관을 전선 연결하여 양극금속과 매설배관 등 사이의 전지작용에 의해 전기적 부식 방지
> • 외부전원법
>   한전 전원을 직류로 전환하여 가스관에 전기를 공급, 외부직류전원장치 양극(+)은 토양이나 수중 설치한 외부전원용 전극에 접속, 음극(-)은 매설배관에 접속시켜 전기적 부식 방지
> • 배류법
>   직류전기철도 이용, 매설배관 전위가 주위 다른 금속구조물 보다 높은 장소에서 전기적 접속시켜 유입된 누출전류를 복귀시키며 전기적 부식 방지
> • 강제배류법
>   외부전원법과 배류법의 병용

04 LPG를 자동차에 고정된 탱크에서 저장탱크로 이입, 충전하는 방법 3가지를 쓰시오.

> **정답**
> 1. 차압에 의한 방법
> 2. 액펌프에 의한 방법
> 3. 압축기에 의한 방법
> ※ 액압축기는 오답

05 가스관련 시설의 내압시험을 물로 하는 이유 2가지를 쓰시오.

> **정답**
> 1. 독성이 없음
> 2. 구입이 쉽고 경제적
> 3. 위험성이 적음

06 강의 기계적 성질을 개선하기 위하여 실시하는 열처리 종류 4가지를 쓰시오.

> **정답**
> 1. 담금질
> 2. 뜨임
> 3. 불림
> 4. 풀림
>
> **보충** 열처리
> - 담금질
>   강의 경도 및 강도를 증가시키기 위해 A_3 변태점보다 30~50 ℃ 높게 가열하여 급속히 냉각시키는 방법
> - 뜨임
>   담금질한 강을 변태점 이하의 적당한 온도로 가열하여 재료에 알맞은 속도로 냉각시켜 인성을 증가시키기 위한 열처리 방법
> - 불림
>   단조, 압연 등의 소성가공이나 주조로 거칠어진 조각을 미세화하고, 편석이나 잔류응력을 제거하기 위해 A_3 또는 A_1 변태점보다 약 30~60 ℃ 높게 가열하여 공기 중에서 냉각시키는 열처리
> - 풀림
>   상온가공을 용이하게 할 목적으로 뜨임온도보다 약간 높은 온도로 가열하여 가열로 속에서 천천히 냉각시켜 가공 경화나 내부응력을 제거시키기 위해 행하는 열처리
> ※ A_3 변태점 : 910 ℃에서 발생되는 자기변태점

07 LPG 성분 2가지를 쓰시오.

> **정답**
> 1. 프로판(C_3H_8)
> 2. 부탄(C_4H_{10})

08 전기기기의 방폭구조 중 안전증방폭구조를 설명하시오.

> **정답** 안전증방폭구조
> 정상운전 중 가연성 가스 점화원 발생 방지 위해 기계적·전기적 구조·온도상승 안전도를 증가시킨 구조
>
> **보충** 방폭구조
> - 내압방폭구조(d)
>   방폭전기기기의 용기 내부에서 가연성 가스 폭발이 발생할 경우 인화되지 않도록 한 구조
> - 유입방폭구조(o)
>   절연유를 주입하여 인화되지 않도록 한 구조

- 압력방폭구조(p)
  보호가스(불활성 가스)를 압입하여 내부압력을 유지하며 가연성 가스가 용기 내부로 유입되지 않도록 한 구조
- 안전증방폭구조(e)
  정상운전 중 가연성 가스 점화원 발생 방지를 위해 기계적·전기적 구조·온도상승 안전도를 증가시킨 구조
- 본질안전방폭구조(ia, ib)
  정상 시 및 사고 시에 발생하는 전기불꽃에 의해 가연성 가스가 점화되지 않도록 한 구조
- 특수방폭구조(s)
  방폭구조로서 가연성 가스에 점화를 방지할 수 있는 것이 확인된 구조

09 프로판 1 Nm³를 완전연소시키는 데 필요한 공기량은 몇 Nm³인가? (단, 과잉공기계수는 1.5이다)

정답

프로판의 완전연소 반응식
 : $C_3H_8 + 5O_2 \rightarrow 3CO_2 + 4H_2O$

공기비 $m = \dfrac{A}{A_0}$

$\therefore A = m \times A_0 = m \times \dfrac{O_0}{0.21} = 1.5 \times \dfrac{5}{0.21}$
$\quad = 35.71 Nm^3$

$\therefore 35.71\ Nm^3$

10 원심펌프를 직렬 및 병렬 운전할 때의 특성을 유량과 양정에 대해 설명하시오.

정답
1. 직렬 운전 : 양정 증가, 유량 일정
2. 병렬 운전 : 유량 증가, 양정 일정

11 도시가스 배관 종류 3가지를 쓰시오.

정답
1. 본관
2. 공급관
3. 내관

보충 도시가스사업법상 배관구분
1. 배관 : 본관, 공급관, 내관
2. 본관 : 도시가스 제조사업소의 부지경계에서 정압기까지 이르는 배관
3. 공급관
   ① 공동주택의 경우 정압기에서 가스 사용자가 구분하여 소유하거나 점유하는 건축물 외벽에 설치하는 계량기 전단밸브까지에 이르는 배관
   ② 공동주택 외의 경우 정압기에서 가스 사용자가 소유하거나 점유하고 있는 토지의 경계까지 이르는 배관
   ③ 가스도매사업의 경우 정압기에서 일반도시가스사업자의 가스공급시설이나 대량 수요자의 가스사용시설까지 이르는 배관
4. 사용자 공급관
   ①의 공급관 중 가스 사용자가 소유하거나 점유하고 있는 토지 경계에서 가스 사용자가 구분하여 소유하거나 점유하는 건축물 외벽에 설치된 계량기 전단밸브까지 이르는 배관
5. 내관 : 가스 사용자가 소유하거나 점유하고 있는 토지의 경계에서 연소기까지 이르는 배관

12 도시가스 배관 용접부 비파괴검사에 대한 설명 중 괄호 안에 알맞은 명칭을 쓰시오.

> 도시가스 배관 등의 용접부는 전부에 대하여 (①)와(과) (②)을(를) 하여야 한다. 단, ②번을 실시하기 곤란한 곳에 대신할 수 있는 비파괴검사는 (③)와(과) (④)을(를) 할 수 있다.

정답
① 육안검사
② 방사선투과시험
③ 초음파탐상시험
④ 자분탐상시험(또는 침투탐상시험)

보충 유지관리
1. 관대지전위 점검 : 1년에 1회 이상
2. 외부전원법에 의한 전기방식시설 외부전원점 관대지전위, 정류기 출력, 전압, 전류 : 3개월에 1회 이상
3. 배류법 전기방식시설 점검 : 3개월에 1회 이상
4. 절연부속품, 역 전류방지장치, 결선, 보호절연체효과 점검 : 6개월에 1회 이상

13 다음은 나프타 및 LPG를 원료로 SNG를 제조하는 저온 수증기 개질 프로세스이다. 괄호 안에 알맞은 공정을 쓰시오.

LPG → (①) → 저온 수증기 개질 → 메탄화 → (②) → 탈습 → SNG

정답
① 수소화 탈황
② 탈탄산

보충 수증기 개질 프로세스

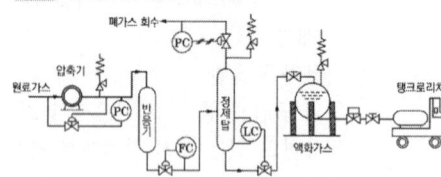

14 전기방식시설 중 관대지전위의 점검주기는 얼마인가?

정답
1년에 1회 이상

15 다음은 도로에 매설된 도시가스 배관의 누출 여부를 검사하는 장비의 명칭이다. 각각의 영문 약자를 쓰시오.

1. 불꽃 속에 탄화수소가 들어가면 시료 성분이 이온화됨으로써 불꽃 중에 놓인 전극 간의 전기전도도가 증대하는 것을 이용한 것
2. 적외선 흡광 특성을 이용한 방식으로 차량에 탑재하여 메탄의 누출 여부를 탐지하는 것

정답
1. FID
2. OMD

보충 가스검지기
- 열전도형 검출기(TCD) : 캐리어 가스(H_2, He)와 시료성분 가스의 열전도도차 검출
- 수소이온화검출기(FID) : 염으로 시료성분이 이온화됨으로써 염중에 놓인 전극 간의 전기전도도가 증대하는 것을 이용
  → 탄화수소에서의 감도가 최고
  → 탄화수소의 상대감도는 탄소수에 비례
  → 도시가스 매설배관의 누출 유무를 확인하는 검출기로 사용
- 전자포획이온화검출기(ECD) : 이온전류가 감소하는 것을 이용한 것으로 할로겐 및 산화물에서는 감도가 최고

2017년 1회

01 용접부에 대한 비파괴 검사법 종류 4가지를 쓰시오.

정답
1. 음향검사
2. 침투탐상검사
3. 자분탐상검사
4. 방사선투과검사
5. 초음파탐상검사
6. 와류검사

02 LNG 기화기의 종류 3가지를 쓰시오.

정답
1. 오픈 랙 기화기
2. 서브머지드 기화기
3. 중간매체법

03 분젠식 연소기에서 불꽃의 이상 연소현상 3가지를 쓰시오.

정답
1. 역화
2. 선화
3. 옐로우 팁
4. 블로오프

보충 연소기구의 이상 현상
1. 역화 : 염이 염공을 통해 버너의 혼합관 내에 불타며 들어오는 현상
2. 역화의 원인
   ① 염공이 크게 된 경우
   ② 가스 공급압력이 저하되었을 때
   ③ 버너가 과열되어 혼합기 온도가 상승한 경우
   ④ 구경이 작게 된 경우
   ⑤ 댐퍼가 과다하게 열려 연소속도가 빨라진 경우
3. 선화(Lifting) : 가스가 염공을 떠나서 연소하는 현상
4. 선화의 원인
   ① 버너의 압력이 높은 경우
   ② 가스 공급압력이 높은 경우
   ③ 구경이 크게 된 경우
   ④ 연소가스 배출이 불안전한 경우 또는 2차 공기 공급이 불충분한 경우
   ⑤ 공기조절장치를 많이 열었을 경우
5. LP 가스 불완전연소 원인
   ① 공기 공급량 부족
   ② 배기 불충분
   ③ 가스 조성이 맞지 않을 때
   ④ 가스기구와 연소기구가 맞지 않을 때
6. 블로 오프 : 불꽃 주변 기류에 의해 염공에서 떨어져 연소하는 현상
7. 옐로 팁 : 불완전연소 시에 적황색 불꽃으로 되는 현상

04 음식점에서 사용하는 연소기구의 수량과 가스 소비량이 다음과 같을 때 월사용 예정량을 계산하시오.

- 가스레인지 : 33000 kcal/h, 1개
- 가스용 온수보일러 : 53000 kcal/h, 2개
- 가스 밥솥 : 16000 kcal/h, 1개
- 오븐 레인지 : 23000 kcal/h, 1개

정답 도시가스 사용시설의 월사용예정량 계산

$$Q = \frac{(A \times 240) + (B \times 90)}{11000}$$

$$= \frac{\{(33000 \times 1) + (53000 \times 2) + (16000 \times 1) + (23000 \times 1)\} \times 90}{11000}$$

$= 1456.36 m^3$

∴ 1456.36 m^3

05 내진설계에서 평균재현주기 500년 지진지반운동수준에 대한 평균재현주기별 지반운동수준의 비로 나타내는 것은 무엇인가?

정답
위험도계수

06 다음에서 설명하는 전기방식법의 명칭은 무엇인가?

지중 또는 수중에 설치된 양극(Anode) 금속과 매설배관(Cathode : 음극) 등을 전선으로 연결하여 양극금속과 매설배관 등 사이의 전지작용(고유 전위차)에 의하여 전기적 부식을 방지하는 방법이다.

정답
희생양극법(유전양극법)

보충 전기방식법
- 유전양극법(희생양극법)
  마그네슘 이용, 지중·수중 설치된 양극금속과 매설배관을 전선 연결하여 양극금속과 매설배관 등 사이의 전지작용에 의해 전기적 부식 방지
- 외부전원법
  한전 전원을 직류로 전환하여 가스관에 전기를 공급, 외부직류전원장치 양극(+)은 토양이나 수중 설치한 외부전원용 전극에 접속, 음극(-)은 매설배관에 접속시켜 전기적 부식 방지
- 배류법
  직류전기철도 이용, 매설배관 전위가 주위 다른 금속구조물 보다 높은 장소에서 전기적 접속시켜 유입된 누출전류를 복귀시키며 전기적 부식 방지
- 강제배류법
  외부전원법과 배류법의 병용

07 액화암모니아 공급 방식 3가지를 쓰시오.

정답
1. 배관에 의한 방법
2. 충전 용기에 의한 방법
3. 자동차에 고정된 탱크(탱크로리)에 의한 방법

08 LPG를 자연기화 방식으로 사용하는 곳에서 1일 1호당 평균가스 소비량이 0.12 kg/day, 소비호수가 200세대, 평균가스 소비율이 18%일 때 피크 시 가스사용량(kg/h)을 계산하시오.

정답 피크 시 가스사용량
$Q = q \times N \times \eta = 0.12 \times 200 \times 0.18 = 4.32 kg/h$
∴ 4.32 kg/h

09 고압가스 배관의 부식을 억제하는 방법 4가지를 쓰시오.

정답
1. 부식환경의 처리
2. 부식억제제 사용
3. 전기 방식
4. 피복

10 메탄(CH_4)을 주성분으로 하는 발열량이 12000 kcal/Nm^3인 가스에 공기를 희석하여 3600 kcal/Nm^3로 변경하려고 할 때 공기희석이 가능한지 설명하시오.

정답 공기희석 가능 여부
$Q_2 = \dfrac{Q_1}{1+x}$
∴ 공기부피
$x = \dfrac{Q_1}{Q_2} - 1 = \dfrac{12000}{3600} - 1 = 2.33 m^3$

혼합가스 중 메탄의 부피(%)
$= \dfrac{메탄의 부피}{메탄의 부피 + 공기부피} \times 100$
$= \dfrac{1}{1+2.33} \times 100 = 30.03\%$
∴ 메탄의 폭발범위 (5 ~ 15 %)에 해당되지 않으므로 혼합 가능

11 어떤 냉동기에서 0 ℃ 물로 얼음 4톤을 만드는 데 100 kWh의 일이 소요되었다면 이 냉동기의 성적계수는 얼마인가? (단, 얼음의 융해잠열은 80 kcal/kg이다)

정답
$COP = \dfrac{Q}{W} = \dfrac{G\gamma}{W} = \dfrac{4 \times 1000 \times 80}{100 \times 860} = 3.72$
※ 1 kWh = 860 kcal

12 고압장치에 설치하는 안전밸브에 대한 다음 물음에 답하시오.

1. 안전밸브를 제조하려는 자가 안전밸브를 검사하기 위해 갖추어야 할 검사설비 중 계측기기의 종류 2가지
2. 가연성 가스 및 독성 가스에 사용하면 안 되는 안전밸브

정답
1. 표준이 되는 압력계, 표준이 되는 온도계
2. 개방형 안전밸브

13 프로판을 이론공기량으로 완전연소할 때 혼합가스 중 프로판의 농도(v/v %)는 얼마인가? (단, 공기 중 산소와 질소의 체적비는 21 : 79이다)

정답
- 프로판의 완전연소 반응식
  $C_3H_8 + 5O_2 \rightarrow 3CO_2 + 4H_2O$
- 프로판과 공기의 혼합가스 중 프로판 농도
  $= \dfrac{프로판의 양}{프로판의 양 + 공기의 양} \times 100$
  $= \dfrac{22.4}{22.4 + \left(\dfrac{5 \times 22.4}{0.21}\right)} \times 100$
  $= 4.03 \, v/v\%$
  $\therefore 4.03 \, v/v\%$

14 공업용 고압가스 충전 용기의 외면 도색 색상을 쓰시오.

| 1. 수소 | 2. 아세틸렌 |
| 3. 액화탄산가스 | 4. 액화염소 |

정답
1. 수소 : 주황색   2. 아세틸렌 : 황색
3. 액화탄산가스 : 청색   4. 액화염소 : 갈색

보충 용기
1. 일반가스 용기 도색

가스종류	도색
액화염소	갈색
액화탄산가스	청색
산소	녹색
액화석유가스	회백색
암모니아	백색
아세틸렌	황색
질소	회색
수소	주황색

🔑 일반가스 : 염갈, 암백, 탄청
아황, 산녹, 질회, 석회, 수주

2. 의료용 가스 용기 도색

가스종류	도색
사이클로프로판	주황색
에틸렌	자색
질소	흑색
아산화질소	청색
헬륨	갈색
산소	백색
액화탄산가스	회색
그 밖의 가스	회색

🔑 의료용 가스 : 사주, 헬갈, 에자
산백, 질흑, 탄회, 아청

15 도시가스 제조법 중 수증기 개질법에서 일정 압력, 일정 온도 상태에서 수증기비가 증가하면 CH_4, CO가 감소하고 H_2, CO_2가 많은 가스가 생성되는 이유를 화학식을 이용하여 설명하시오.

정답
연료개질시스템
- 수성 가스 전환 화학 반응식(발열반응)
  $CO + H_2O \rightleftarrows CO_2 + H_2$
- 수증기 개질 화학 반응식(발열반응)
  $CO + 3H_2 \rightleftarrows CH_4 + H_2O$

수증기비가 증가하면 첫 번째 반응식은 우방향으로, 두 번째 반응식은 좌방향으로 진행하며, CO_2와 H_2는 증가하고 CH_4와 CO는 감소한다.

가스산업기사 실기 필답형

2017년 2회

01 액화석유가스 및 도시가스를 사용하는 연소기에서 발생하는 역화를 설명하시오.

정답
연소속도가 유출속도보다 클 때 불꽃이 연소기 내부로 침입하여 연소하는 현상

보충 역화와 선화
1. 역화 : 연소속도가 유출속도보다 클 때 불꽃이 연소기 내부로 침입하여 연소하는 현상
   ㉠ 가스의 압력이 너무 낮을 때
   ㉡ 노즐의 구경이 너무 작을 때
   ㉢ 콕의 먼지나 이물질이 부착되었을 때
2. 리프팅(선화) : 연소속도보다 유출속도가 커서 불꽃이 노즐에 정착되지 않고 노즐에서 떨어져 연소하는 현상
   ㉠ 가스의 공급압력이 너무 높을 때
   ㉡ 노즐의 구경이 너무 클 때
   ㉢ 염공이 적을 때
   ㉣ 댐퍼를 너무 많이 열었을 때
   ㉤ 연소가스의 배기 및 환기 불충분시

02 아세틸렌을 2.5 MPa 압력으로 충전할 때 첨가하는 희석제의 종류 3가지를 쓰시오.

정답
1. 질소
2. 메탄
3. 에틸렌
4. 일산화탄소

보충 아세틸렌가스
- 습식아세틸렌 발생기 표면온도는 70 ℃ 이하로 유지
- 아세틸렌을 2.5 MPa 압력으로 압축 시 메탄, 일산화탄소, 에틸렌, 질소 등의 희석제 첨가
- 아세틸렌의 용제는 아세톤 25배, 알코올 6배, 벤젠 4배, 석유에 2배가 용해
- 아세틸렌 자연발화온도 : 406 ~ 408 ℃

03 정압기의 특성 중 동특성을 설명하시오.

정답
부하변동에 대한 응답의 신속성과 안정성

보충 정압기 특성
- 정특성 : 정상 상태에서 유량과 2차 압력과의 관계
- 동특성 : 부하변동에 대한 응답의 신속성과 안정성 요구
- 유량특성 : 메인밸브의 열림과 유량과의 관계

04 용기를 옥외 저장소에서 보관할 때 충전 용기와 잔가스 용기의 보관장소는 얼마 이상의 이격거리를 유지해야 하는가?

정답
1.5 m

05 액화가스를 충전 용기에 충전한 후 과충전 액화가스 처리 방법을 설명하시오.

정답
가스회수장치로 보내 초과한 가스를 회수할 것

06 일반용 액화석유가스 압력조정기의 역할 2가지를 쓰시오.

정답
1. 가스를 연소기 사용압력에 적정한 압력으로 조정
2. 정상적으로 연소가 되도록 함
3. 가스 사용 중단 시 고압가스를 차단
4. 안정적인 가스압력 공급

07 프로판 가스의 총발열량은 24000 kcal/m³이다. 이를 공기와 혼합하여 5000 kcal/m³의 발열량을 갖는 가스로 제조하려면 프로판 가스 1 m³에 대하여 얼마의 공기를 희석하여야 하는지 계산하시오.

정답
$Q_2 = \dfrac{Q_1}{1+x}$

∴ 공기량 $x = \dfrac{Q_1}{Q_2} - 1 = \dfrac{24000}{5000} - 1 = 3.8 m^3$

08 도시가스 제조 및 공급시설 중 가스홀더의 기능 4가지를 쓰시오.

정답
1. 공급설비의 일시적 중단에 대해 공급량 확보
2. 공급가스의 성질 균일화
3. 소비지역 근처에 설치하여 피크 시 공급
4. 가스수요의 시간적 변동에 대해 공급가스량 확보

09 나프타의 가스화에 따른 영향을 나타내는 것으로 PONA 치를 사용하는데 각각을 설명하시오.

정답
1. P : 파라핀계 탄화수소
2. O : 올레핀계 탄화수소
3. N : 나프텐계 탄화수소
4. A : 방향족 탄화수소

10 퓨즈 콕을 구조에 의하여 분류할 때의 종류 3가지를 쓰시오.

정답
1. 배관과 배관을 연결하는 구조
2. 호스와 호스를 연결하는 구조
3. 배관과 호스를 연결하는 구조
4. 배관과 커플러를 연결하는 구조

11 동일한 온도에서 A기체 130 L의 압력이 6 atm이고, B기체 150 L의 압력이 8 atm이다. 2가지 기체를 내용적 500 L의 용기에 넣어 혼합하였다면 전압은 몇 atm인가?

정답

A기체 : 130 L, 6 atm
B기체 : 150 L, 8 atm

$$P = \frac{P_A V_A + P_B V_B}{V} = \frac{(6 \times 130) + (8 \times 150)}{500}$$
$$= 3.96\,atm$$

∴ 3.96 atm

12 고압가스 제조 시 압축금지 기준 4가지를 쓰시오.

정답

1. 가연성 가스(아세틸렌, 에틸렌 및 수소는 제외) 중 산소용량이 전체 용량의 4 % 이상인 것
2. 산소 중 가연성 가스(아세틸렌, 에틸렌 및 수소는 제외)의 용량이 전체 용량의 4 % 이상인 것
3. 산소 중 아세틸렌, 에틸렌 및 수소의 용량 합계가 전체 용량의 2 % 이상인 것
4. 아세틸렌, 에틸렌 또는 수소 중의 산소용량이 전체 용량의 2 % 이상인 것

13 가스미터에서 실측식과 추량식의 차이점을 설명하시오.

정답

1. 실측식
   일정한 부피로 가스가 몇 회 통과되었는지 적산하는 방법(습식, 건식, 막식)

2. 추량식
   유량과 관계가 있는 다른 양(임펠러의 회전수 등)을 측정함으로써 간접적으로 가스의 양을 측정하는 방법(벤튜리, 오리피스, 터빈식, 델타식)

14 프로판 22 g이 공기 중에서 완전연소할 때 이산화탄소(CO_2) 생성량은 몇 g인지 쓰시오.

정답

프로판의 완전연소 반응식
$C_3H_8 + 5O_2 \rightarrow 3CO_2 + 4H_2O$
프로판 1몰이 완전연소하면 이산화탄소 3몰이 생성되므로
$44\,g : 3 \times 44\,g = 22\,g : x\,g$

$$\therefore x = \frac{3 \times 44 \times 22}{44} = 66\,g$$

∴ 66 g

15 다음은 기어펌프의 정지 시 조치사항이다. 정지 시의 작업순서를 바르게 나열하시오.

① 흡입밸브를 서서히 닫는다.
② 토출밸브를 닫는다.
③ 드레인 밸브를 개방하여 펌프 내부의 액을 빼낸다.
④ 전동기 스위치를 끊는다.

정답

④ → ① → ② → ③

2017년 4회

01 연소기구에 접속된 염화비닐호스가 지름 0.5 mm의 구멍이 뚫려 수주 200 mm의 압력으로 LP가스가 10시간 유출하였을 경우 가스분출량은 몇 L인가? (단, LP가스의 분출압력 수주 200 mm에서 비중은 1.5이다)

정답 가스분출량 계산

$$Q = 0.009 D^2 \times \sqrt{\frac{P}{d}}$$
$$= 0.009 \times (0.5)^2 \times \sqrt{\frac{200}{1.5}}$$
$$= 0.0259807 m^3$$

L단위로 환산하기 위해 1000을 곱하면
25.9807 L
이때 10시간 유출하였으므로
25.9807 × 10 = 259.81 L
∴ 259.81 L

보충 단위
- 가스량의 기본 단위 : m^3/h
- 1 m^3 = 1000 L
- 10시간 유출

02 액화산소 용기에 액화산소가 50 kg 충전되어 있다. 이때 용기 외부에서 액화산소에 대하여 6 kcal/h의 열량이 주어진다면 액화산소량이 반으로 감소되는 데 걸리는 시간은? (단, 산소의 증발잠열은 1600 cal/mol이다)

정답
액화산소량이 반으로 감소되는 데 걸리는 시간
$$= \frac{열량}{시간당\ 공급열량}$$
$$= \frac{\left(50 \times \frac{1}{2}\right) \times 50}{6 kcal/h} = 208.33 시간$$

∴ 208.33시간
※ 산소의 증발잠열
$$= \frac{1600}{32} = 50 cal/g = 50 kcal/kg$$
열량 = 50 kg × (1/2) × 50 kcal/kg

03 다음은 저압배관의 유량계산식이다. 여기서 'S'와 'H'는 각각 무엇을 의미하는가?

$$Q = k\sqrt{\frac{HD^5}{SL}}$$

정답 저압배관 유량 계산식
1. S : 가스의 비중
2. H : 압력손실(mmH₂O)

보충 저압배관 유량 계산식

$$Q = k\sqrt{\frac{HD^5}{SL}}$$

Q : 가스의 유량(m^3/h)
D : 관안지름(cm)
H : 압력손실(mmH_2O)
S : 가스의 비중
L : 관의 길이(m)
K : 유량계수

04 구조에 따른 정압기의 종류 3가지를 쓰시오.

[정답]
1. 피셔식
2. 레이놀즈식
3. 액셜플로식(AFV식)

[보충] 정압기 종류
1. 피셔식
    ① 언로딩(Unloading)형과 로딩(Loading)형이 있음
    ② 구동압력이 증가하면 개도도 증가
    ③ 로딩형 정압기 : 정특성, 동특성이 양호하며 비교적 콤팩트한 구조
2. 레이놀즈식
    ① 언로딩(Unloading)형
    ② 정특성은 좋으나 안정성이 떨어짐
    ③ 다른 형식에 비하여 크기가 큼
3. 액셜플로식(AFV식)
    ① 정특성, 동특성이 양호
    ② 고차압이 될수록 특성이 양호
    ③ 소형이며 극히 콤팩트

05 비파괴검사법 중 내부의 결함을 검출할 수 있는 방법 2가지를 쓰시오.

[정답]
1. 방사선투과검사(RT)
2. 초음파탐상검사(UT)

06 내부압력이 상승 시 파열사고를 방지할 목적으로 사용되는 안전밸브의 종류 3가지를 쓰시오.

[정답]
1. 스프링식 안전밸브
2. 파열판식 안전밸브
3. 가용전식 안전밸브

[보충] 안전밸브
- 스프링식
  일반적으로 가장 널리 사용 → LPG
- 파열판식
  얇은 박판 주위를 홀더로 공정하여 보호하는 장치에 설치
  → 산소, 수소, 질소, 액화이산화탄소
- 가용전식
  용기 내 온도가 규정온도 이상이면 용기 내 전체가스 배출 → 염소, 아세틸렌, 산화에틸렌

07 다음의 조건일 때 도시가스 배관을 지하에 매설하는 깊이는?

1. 공동주택 부지 내
2. 폭 8 m 이상의 도로
3. 폭 4 m 이상 8 m 미만인 도로

[정답]
1. 0.6 m 이상
2. 1.2 m 이상
3. 1 m 이상

08 LPG 사용시설에서 2단 감압 방식을 사용할 때 장점 4가지를 쓰시오.

> **정답** 2단 감압 방식 장점
> 1. 공급 압력이 안정
> 2. 중간 배관이 가늘음
> 3. 각 기구에 알맞게 압력 강하 보정 가능
> 4. 압력손실을 보정 가능
>
> **보충** 2단 감압 방식 단점
> 1. 설비가 복잡
> 2. 재액화의 문제
> 3. 검사 방법 복잡

09 진발열량에 대해 설명하시오.

> **정답** 진발열량
> 연료 연소 시 생성되는 총발열량에서 수증기의 잠열을 포함하지 않은 발열량으로 저위발열량이라고 함
>
> **보충** 총발열량
> 연료 연소 시 생성되는 총발열량에서 수증기의 잠열을 포함하는 발열량으로 고위발열량이라고 함

10 메탄, 프로판, 부탄의 완전연소 반응식을 쓰고 이론공기량이 많이 필요한 것부터 적게 필요한 순서대로 나열하시오.

> **정답**
> 1. 메탄 : $CH_4 + 2O_2 \rightarrow CO_2 + 2H_2O$
> 2. 프로판 : $C_3H_8 + 5O_2 \rightarrow 3CO_2 + 4H_2O$
> 3. 부탄 : $C_4H_{10} + 6.5O_2 \rightarrow 4CO_2 + 5H_2O$
> ∴ 부탄 → 프로판 → 메탄

11 도시가스 제조법 중 수증기 개질법에서 일정 압력, 일정 온도 상태에서 수증기비가 증가하면 CH_4, CO가 감소하고 H_2, CO_2가 많은 가스가 생성되는 이유를 화학식을 이용하여 설명하시오.

> **정답**
> 연료개질시스템
> • 수성 가스 전환 화학 반응식(발열반응)
>
> $$CO + H_2O \rightleftharpoons CO_2 + H_2$$
>
> • 수증기 개질 화학 반응식(발열반응)
>
> $$CO + 3H_2 \rightleftharpoons CH_4 + H_2O$$
>
> 수증기비가 증가하면 첫 번째 반응식은 우방향으로, 두 번째 반응식은 좌방향으로 진행하며, CO_2와 H_2는 증가하고 CH_4와 CO는 감소한다.

12 공기보다 비중이 가벼운 도시가스 공급시설로서 공급시설이 지하에 설치된 경우의 통풍구조 기준에 대한 괄호 안을 채워 넣으시오.

> 1. 통풍구조는 환기구를 (   ) 이상으로 분산하여 설치한다.
> 2. 배기구는 천장면으로부터 (   ) 이내에 설치한다.
> 3. 흡입구 및 배기구의 관지름은 (   ) 이상으로 하되, 통풍이 양호하도록 한다.
> 4. 배기가스 방출구는 지면에서 (   ) 이상의 높이에 설치하되, 화기가 없는 안전한 장소에 설치한다.

정답
1. 2방향
2. 30 cm
3. 100 mm
4. 3 m

13 원심압축기에서 발생하는 서징 현상 방지법 4가지를 쓰시오.

정답
1. 배관의 경사를 완만하게 한다.
2. 교축밸브(유량조절밸브)를 펌프 토출 측 직후에 설치한다.
3. 회전수를 변경한다.
4. 토출가스를 방출밸브에 의해 대기로 방출시킨다.

보충 펌프에서 발생하는 현상
- 캐비테이션(공동) 현상
  수중에 융해하고 있는 공기가 석출하여 적은 기포를 발생시키는 현상
- 수격작용
  관속의 액체 속도를 급격히 변화시키면 액체에 압력 변화가 생겨 물이 관 벽을 치는 현상
- 서징 현상
  펌프 운전 시 주기적으로 운동, 양정, 토출량이 변동하는 현상으로 토출구와 흡입구에서 압력계의 바늘이 흔들리며 동시에 유량이 변함
- 베이퍼록 현상
  저비등점 액체를 이송할 때 펌프의 입구 쪽에서 발생하는 현상으로 액상이 기체로 흘러가는 것을 막는 현상

14 독성 가스를 연소설비에 의해 제독조치를 할 때 장점 2가지와 단점 2가지를 각각 쓰시오.

정답
1. 장점
   ① 제독조치 할 가스 유량이 많은 경우에도 적용이 됨
   ② 가연성 가스에 적용이 가능
2. 단점
   ① 불연성 가스에는 부적합
   ② 저농도일 경우 연소처리가 어려움
   ③ 집진설비가 필요
   ④ 유량이 적은 경우에는 부적합

15 도시가스 배관의 접합부분은 용접하는 것을 원칙으로 하며, 용접부에 대하여 비파괴시험을 실시하여 이상이 없어야 하지만, 비파괴시험을 하지 않아도 되는 배관의 지름과 압력을 쓰시오.

정답
1. 지름 : 80 mm 미만
2. 압력 : 저압

보충 비파괴시험을 하지 않아도 되는 배관 종류
1. 가스용 폴리에틸렌관
2. 호칭경 80 A 미만인 저압의 매설배관
3. 저압으로서 노출된 사용자 공급관

가스산업기사 실기 필답형 2016년 1회

01 프로판(C_3H_8) 1 Sm^3 연소 시 필요한 이론공기량은 몇 Sm^3인지 계산하시오. (단, 공기 중 산소는 20 vol%이다)

정답

프로판의 완전연소 반응식
$C_3H_8 + 5O_2 \rightarrow 3CO_2 + 4H_2O$

$\therefore A_0 = \dfrac{O_0}{0.2} = \dfrac{5}{0.2} = 25\, Sm^3$

$\therefore 25\, Sm^3$

02 금속마다 선팽창계수가 다른 기계적 성질을 이용한 것으로 발열체의 발열 변화에 따라 굽히는 정도가 다른 2종의 얇은 금속판을 결합시켜 안전장치 등에 사용되는 것은 무엇인가?

정답

바이메탈

03 도시가스의 제조공정 중 가스화 방식에 의한 분류 4가지를 쓰시오.

정답
1. 열분해 공정
2. 부분연소 공정
3. 접촉분해 공정
4. 수소화 분해 공정
5. 대체천연가수 공정

보충 가스 제조 방식

- 열분해공정
  나프타, 원유, 중유 등의 분자량이 큰 탄화수소 원료를 고온으로 분해하여 고열량의 가스를 제조하는 공정

- 접촉분해공정
  촉매를 사용하여 사용온도 400~800 ℃에서 탄화수소와 수증기와 반응하여 수소, 메탄, 일산화탄소, 에틸렌, 탄산가스, 에탄, 프로필렌 등의 저급 탄화수소로 변환시키는 방법

- 부분연소공정
  메탄에서 원유까지는 원료를 가스화하는 것으로 산소 또는 공기 및 수증기를 이용하여 메탄, 수소, 일산화탄소, 이산화탄소로 변환하는 방법

- 수소화분해공정
  수소기류 중 탄화수소 원료를 열분해 또는 접촉분해하여 메탄(메테인)을 주성분으로 하는 고열량의 가스를 제조하는 방법

- 대체 천연가스공정
  천연가스 이외의 석탄, 원유, 나프샤, LPG 등의 각종 탄화수소 원료에서 천연가스와 물리적, 화학적 성질이 거의 비슷한 가스를 제조하는 것

04 가스보일러를 전용 보일러실에 설치하지 않아도 되는 경우 3가지를 쓰시오.

정답
1. 밀폐식 가스보일러
2. 옥외에 설치한 가스보일러
3. 전용급기통을 부착시키는 구조로 검사에 합격한 강제배기식 가스보일러

〈KGS GC208〉

05 가연성 가스의 정의를 폭발범위를 기준으로 설명하시오.

정답
1. 폭발범위 하한이 10 % 이하인 것
2. 폭발범위 상한과 하한의 차가 20 % 이상인 것

06 관지름 25 mm인 배관을 입상높이 25 m인 곳에 프로판을 공급할 때 압력손실은 수주로 몇 mm인가? (단, 프로판의 비중은 1.52이다)

정답 압력손실 계산

$H = 1.293(S-1)h = 1.293(1.52-1) \times 25$

$= 16.81 mmH_2O$

∴ 16.81 mmH$_2$O

07 산소 시설에 설치하는 압력계는 금유라고 표시된 전용 압력계를 사용하는 이유를 설명하시오.

정답
산소는 조연성 가스이기 때문에 산소 농도가 높아질수록 반응성이 커져 석유류 등의 오일과 접촉 시 폭발의 위험성이 있기 때문에

08 다음 괄호를 채우시오.

도시가스 제조소 및 공급소의 기밀시험은 최고사용압력의 1.1배 또는 (①) 중 높은 압력 이상으로 실시한다. 다만 최고사용압력의 저압인 가스홀더, 배관 및 그 부대설비 이외의 것으로서 최고사용압력이 (②) 이하인 것은 시험압력을 최고사용압력으로 할 수 있다.

정답
① 8.4 kPa
② 30 kPa

09 내용적 40 L인 충전 용기를 수조식 내압시험 장치에서 내압시험을 한 결과 영구증가량이 25 mL, 전증가량이 300 mL일 때 영구증가율(%)을 계산하여 합격, 불합격을 판정하고 그 이유를 쓰시오.

정답 영구증가율 계산

영구증가율

$= \dfrac{영구증가량}{전증가량} \times 100 = \dfrac{25}{300} \times 100 = 8.33\%$

영구증가율이 10 % 이하이면 합격이므로 내압시험결과 합격이다.

10 평형 벨로우즈형 안전밸브에 대해 쓰시오.

정답
밸브 토출 측 배압의 변화로 인해 영향을 받지 않는 안전밸브(배압 : 안전밸브 작동 전 토출 측에 걸리는 정압)

11 용접부에 대한 비파괴검사법 중 자분탐상시험의 단점 3가지를 쓰시오.

정답
1. 시험체의 내부결함 검출 불가능
2. 불연속의 방향과 자속 방향이 평행한 경우 검출이 어려움
3. 전기 접점으로 인해 시험체에 손상을 주는 경우가 발생
4. 검사 후 탈자 및 후처리가 필요

보충 자분탐상검사 장점
1. 표면결함 검출이 비파괴검사법 중 가장 우수
2. 검사할 재질의 모양이나 크기에 제한을 받지 않음

12 액화석유가스 및 도시가스를 사용하는 연소기에서 발생하는 역화를 설명하시오.

정답
연소속도가 유출속도보다 클 때 불꽃이 연소기 내부로 침입하여 연소하는 현상

보충 역화와 선화
1. 역화 : 연소속도가 유출속도보다 클 때 불꽃이 연소기 내부로 침입하여 연소하는 현상
   ㉠ 가스의 압력이 너무 낮을 때
   ㉡ 노즐의 구경이 너무 작을 때
   ㉢ 콕의 먼지나 이물질이 부착되었을 때
2. 리프팅(선화) : 연소속도보다 유출속도가 커서 불꽃이 노즐에 정착되지 않고 노즐에서 떨어져 연소하는 현상
   ㉠ 가스의 공급압력이 너무 높을 때
   ㉡ 노즐의 구경이 너무 클 때
   ㉢ 염공이 적을 때
   ㉣ 댐퍼를 너무 많이 열었을 때
   ㉤ 연소가스의 배기 및 환기 불충분시

13 LPG를 자동차에 고정된 탱크에서 저장탱크로 이입, 충전하는 방법 3가지를 쓰시오.

정답
1. 차압에 의한 방법
2. 액펌프에 의한 방법
3. 압축기에 의한 방법

14 일반용 액화석유가스용 압력조정기의 종류 4가지를 쓰시오.

정답
1. 1단 감압식 저압 조정기
2. 1단 감압식 준저압 조정기
3. 2단 감압식 1차용 조정기
4. 2단 감압식 2차용 저압 조정기
5. 2단 감압식 2차용 준저압 조정기
6. 자동절체식 일체형 저압 조정기
7. 자동절체식 일체형 준저압 조정기

15 다음은 가연성 고압가스를 제조하여 저장탱크에 저장한 후 자동차에 고정된 탱크로 출하하는 시설을 나타낸 것이다. ①~⑤의 밸브 명칭과 역할에 대해 설명하시오.

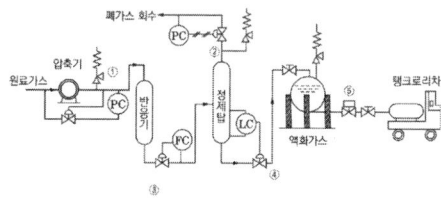

정답

① 안전밸브 : 압축기 토출압력 상승 시 작동하여 압력을 정상압력으로 유지
② 압력조절밸브 : 폐가스 회수의 압력을 설정 압력으로 지속할 수 있는 밸브
③ 유량조절밸브 : 반응기에서 정제탑으로 이송되는 유량을 조절하는 밸브
④ 액면조절밸브 : 정제탑의 액면이 상승하면 밸브를 개방하여 액화가스 저장탱크로 이송하고, 액면이 일정량에 도달하면 밸브가 폐쇄
⑤ 긴급차단밸브 : 액화가스 이송 시 이상사태가 발생하면 원격으로 조작하여 밸브를 폐쇄시켜주는 밸브

2016년 2회

01 전기방식법 종류 4가지를 쓰시오.

정답
1. 유전양극법(희생양극법)
2. 외부전원법
3. 배류법
4. 강제배류법

보충 전기방식법
- 유전양극법(희생양극법)
  마그네슘 이용, 지중·수중 설치된 양극금속과 매설배관을 전선 연결하여 양극금속과 매설배관 등 사이의 전지작용에 의해 전기적 부식 방지
- 외부전원법
  한전 전원을 직류로 전환하여 가스관에 전기를 공급, 외부직류전원장치 양극(+)은 토양이나 수중 설치한 외부전용 전극에 접속, 음극(-)은 매설배관에 접속시켜 전기적 부식 방지
- 배류법
  직류전기철도 이용, 매설배관 전위가 주위 다른 금속구조물 보다 높은 장소에서 전기적 접속시켜 유입된 누출전류를 복귀시키며 전기적 부식 방지
- 강제배류법
  외부전원법과 배류법의 병용

02 직류전철 등에 의한 누출전류의 영향을 받는 배관에 적합한 전기방식법의 명칭과 전위측정용 터미널 설치간격은 얼마인지 쓰시오.

정답
1. 전기방식법 : 배류법
2. 전위측정용 터미널 설치간격 : 300 m

보충 전기방식시설 시공 시 도시가스시설의 전위 측정용 터미널 설치
- 선택배류법, 희생양극법 : 배관길이 300 m 이내
- 외부전원법 : 배관길이 500 m 이내

03 내압시험압력 및 기밀시험압력의 기준이 되는 압력으로서 사용 상태에서 해당설비 등의 각부에 작용하는 최고사용압력을 의미하는 것은?

정답
상용압력

04 정압기 특성 중 사용 최대 차압을 설명하시오.

정답
메인밸브에 1차 압력과 2차 압력의 최대 차압

05 가스액화 분리장치의 구성요소 3가지를 쓰시오.

[정답]
1. 한랭 발생장치
2. 정류장치
3. 불순물 제거장치

06 도시가스 시설에 설치되는 정압기(Governer)의 역할 3가지를 쓰시오.

[정답] 역할
1. 2차 측 압력을 허용범위 내의 압력으로 유지하는 정압기능
2. 도시가스 압력을 사용처에 맞게 낮춰주는 감압기능
3. 가스의 흐름이 없을 때는 밸브를 완전히 폐쇄하여 압력상승을 방지하는 폐쇄기능

07 콕의 종류 3가지를 쓰시오.

[정답]
1. 상자콕
2. 퓨즈콕
3. 주물연소기용 노즐콕
4. 업무용 대형 연소기용 노즐콕

[보충] 콕의 종류
- 퓨즈콕
  가스유로를 볼로 개폐하고, 과류차단 안전기구가 부착된 것으로서 배관과 호스, 호스와 호스, 배관과 배관 또는 배관과 커플러를 연결하는 구조
- 상자콕
  상자에 넣어 바닥, 벽 등에 설치하는 것으로서 3.3 kPa 이하의 압력과 1.2 m³/h 이하의 표시유량에 사용하는 콕
- 주물연소기용 노즐콕
  주물연소기부품으로 사용하는 것으로서 볼로 개폐하는 구조
- 업무용 대형 연소기용 노즐콕
  업무용 대형 연소기 부품으로 사용하는 것으로서 가스 흐름을 볼로 개폐하는 구조

08 방사선투과검사 시 촬영된 투과사진의 감도(상질) 및 검사 방법의 적정성을 알아보기 위해 사용하는 것으로 시험체와 같은 재질의 것을 사용하여야 하며, 촬영할 때는 반드시 시험체의 표면에 붙이고 촬영하는 것을 무엇이라 하는가?

[정답]
투과도계

09 상자콕 구조에 대한 설명 중 괄호 안에 알맞은 용어를 쓰시오.

> 가스유로를 핸들, 누름, 당김 등의 조작으로 개폐하고, (①)가 부착된 것으로서 밸브 핸들이 반개방 상태에서도 가스가 차단되어야 하며, (②)과(와) 커플러를 연결하는 구조이다.

[정답]
① 과류차단 안전기구
② 배관

10 가연성 가스 또는 독성 가스의 고압가스 설비 중 특수반응설비와 긴급차단장치를 설치한 고압가스설비에 이상 사태가 발생하는 경우에 그 설비 안의 내용물을 설비 밖으로 긴급하고도 안전하게 처리할 수 있는 방법 4가지를 쓰시오.

정답
1. 안전한 장소의 저장탱크에 임시 이송
2. 벤트스택에서 안전하게 방출
3. 플레어스택에서 안전하게 연소
4. 독성 가스는 제독조치 후 폐기

11 다음과 같은 반응에 의하여 수소를 제조하는 공업적 제조법 명칭을 쓰시오.

$$C_mH_n + mH_2O \rightleftarrows mCO + \left(\frac{2m+n}{2}\right)H_2$$

정답
석유분해법의 수증기 개질법

12 염공이 갖추어야 할 조건 4가지를 쓰시오.

정답
1. 염공 위에 불꽃이 안정하게 형성될 것
2. 염공에 빠르게 불이 옮겨서 점화될 것
3. 먼지 등에 의해 막히지 않을 것
4. 청소가 용이할 것

13 30 ℃에서 충전 용기에 산소를 최고충전압력 120 atm으로 충전한 후 온도를 점차 상승시켰더니 안전밸브에서 가스가 분출되었다. 이때의 온도는 몇 ℃가 되겠는가?

정답
내압시험압력
$$TP = FP \times \frac{5}{3} = 120 \times \frac{5}{3} = 200\,atm$$
안전밸브 작동압력은 내압시험압력의 0.8배이므로, 안전밸브 작동압력
$= TP \times 0.8 = 200 \times 0.8 = 160\,atm$
보일 샤를의 법칙에 의해
$\dfrac{P_1V_1}{T_1} = \dfrac{P_2V_2}{T_2}$ 에서 같은 용기이므로 부피가 같기 때문에 V_1과 V_2는 약분한다.
$$T_2 = T_1 \times \frac{P_2}{P_1} = (273+30) \times \frac{160}{120}$$
$= 404K$
$= 404 - 273 = 131\,°C$
∴ 131 ℃

보충 시험압력
1. 내압시험
 ① 압축가스 및 액화가스 = 최고충전압력(FP) × 5/3배
 ② 아세틸렌 용기 내압시험 = 최고충전압력(FP) × 3배
 ③ 고압가스 설비 내압시험 = 상용압력 × 1.5배
2. 기밀시험
 ① 초저온 및 저온 용기 기밀시험 = 최고충전압력(FP) × 1.1배
 ② 아세틸렌 용기 기밀시험 = 최고충전압력(FP) × 1.8배
 ③ 기타 용기 기밀시험 = 최고충전압력 이상

14 내용적 50 L의 고압 용기에 0 ℃에서 100 atm으로 산소가 충전되어 있다. 이 가스 3 kg을 사용하였다면 압력(atm)은 얼마인가? (단, 온도변화는 없는 것으로 한다)

정답 사용 후 압력 계산

$$P = \frac{WRT}{VM}$$
$$= \frac{(7138.62 - 3000) \times 0.0821 \times 273}{50 \times 32}$$
$$= 57.98\, atm$$

(3 kg을 사용하였으므로
7138.62 g - 3000 g을 대입한다)

※ 충전 질량 계산

$$PV = \frac{W}{M}RT$$

질량 $W = \frac{PVM}{RT} = \frac{100 \times 50 \times 32}{0.0821 \times 273}$

$$= 7138.62\, g$$

보충 단위
체적 단위가 L이면 질량은 g이고, m³이면 kg이 됨

15 LNG 490 kg을 1 atm, 20 ℃ 상태에서 기화시키면 부피는 몇 m³가 되는지 계산하시오. (단, LNG는 메탄 90 vol%, 에탄 10 vol%이고, 액비중은 0.49이다)

정답

$PV = GRT$

$$V = \frac{GRT}{P} = \frac{G \times \frac{848}{M} \times T}{P}$$

$$= \frac{490 \times \frac{848}{(16 \times 0.9) + (30 \times 0.1)} \times (273 + 20)}{10332}$$

$$= 677.21\, m^3$$

2016년 4회

01 플레어스택의 역할에 대해 설명하시오.

정답
긴급이송설비에 의해 이송되는 가연성 가스를 안전하게 연소시켜 대기로 배출하는 설비

보충 플레어스택 설치기준
1. 긴급이송설비로 이송되는 가스를 안전하게 연소시킬 수 있는 것으로 할 것
2. 플레어스택에서 발생하는 복사열이 다른 제조시설에 나쁜 영향을 미치지 아니하도록 안전한 높이 및 위치에 설치할 것
3. 플레어스택에서 발생하는 최대열량에 장시간 견딜 수 있는 재료 및 구조로 되어 있는 것으로 할 것
4. 파일럿버너를 항상 점화하여 두는 등 플레어스택에 관련된 폭발을 방지하기 위한 조치가 되어 있는 것으로 할 것
5. 플레어스택의 설치 위치 및 높이는 플레어스택 바로 밑의 지표면에 미치는 복사열이 4000 kcal/m²·h 이하가 되도록 할 것

02 정압기를 평가 선정할 경우 각 특성이 사용조건에 적합하도록 정압기를 선정하여야 한다. 이때 정압기를 선정할 때 고려하여야 할 사항 4가지를 쓰시오.

정답
1. 정특성
2. 동특성
3. 유량특성
4. 작동 최소 차압
5. 사용 최대 차압

03 소화안전장치의 종류 2가지를 쓰시오.

정답
1. 열전대식
2. 광전관식
3. 플레임 로드식

04 상용압력이 10 MPa인 고압가스설비에 설치된 안전밸브의 작동압력을 계산하시오.

정답 안전밸브 작동압력 계산
안전밸브 작동압력 = TP × 0.8
= (상용압력 × 1.5) × 0.8
= (10 × 1.5) × 0.8 = 12 MPa
∴ 12 MPa

05 화학평형에서 계의 상태를 결정하는 변수인 온도, 압력, 성분 농도 등의 조건을 변화시키면 그 계는 변화에 의해서 생기는 영향이 될 수 있는 대로 적게 하는 방향으로 진행되어 새로운 평형상태를 형성하는 법칙은 무엇인가?

정답
르 샤틀리에의 법칙

06 LPG 충전사업소 안의 건축물 외벽에 설치하는 유리창의 유리 재료 2가지를 쓰시오.

정답
1. 강화유리(Tempered Glass)
2. 접합유리(Laminated Glass)
3. 망 판유리 및 선 판유리(Wire Glass)

07 안전성 평가기법 4가지를 쓰시오.

정답
체크리스트, 결함수분석, 이상위험도분석, 위험과운전분석

종류	영문약자	특징
체크리스트	-	공정 및 설비 오류, 결함상태, 위험상황을 목록화한 형태로 작성하여 경험적 비교로 위험성을 정성적으로 파악하는 기법
결함수분석	FTA	사고를 일으키는 장치 이상이나 운전사 실수 조합을 연역적으로 분석하는 기법
이상위험도분석	FMECA	공정 및 설비 고장 형태 및 영향, 고장형태별 위험도 순위를 결정하는 기법
위험과운전분석	HAZOP	공정에 존재하는 위험 요소와 공정 효율을 떨어뜨릴 수 있는 운전상의 문제점을 찾아 원인 제거 기법
사건수분석	ETA	초기사건으로 알려진 특정 장치 이상이나 운전자 실수로부터 발생하는 잠재적 사고결과 평가기법
원인결과분석	CCA	잠재된 사고 결과와 근본적 원인을 찾아내고 결과와 원인의 상호관계를 예측·평가하는 기법
작업자실수분석	HEA	설비 운전원, 정비보수원, 기술자 등의 작업에 영향을 미칠 요소를 평가하여 실수 원인을 파악 및 추적으로 상대적 순위를 결정하는 기법
사고예상질문분석	WHAT-IF	공정에 잠재하며 원하지 않는 나쁜 결과를 초래할 수 있는 사고에 대해 예상질문을 통해 사전 확인함으로써 위험을 줄이는 방법을 제시하는 기법
예비위험분석	PHA	공정 또는 설비에 관한 상세 정보를 얻을 수 없는 상황에서 위험물질과 공정 요소에 초점을 두어 초기위험을 확인하는 기법
공정위험분석	PHR	기존설비 또는 안전성향상계획서를 제출·심사 받은 설비에 대하여 설비 설계·건설·운전 및 정비 경험을 바탕으로 위험성 분석하는 방법
상대위험순위결정	-	설비 존재 위험에 대해 수치적으로 상대위험순위를 지표화하여 피해 정도를 나타내는 상대적 위험 순위를 정하는 안전성평가기법

08 고압가스 운반차량 등록대상 4가지를 쓰시오.

정답 고압가스 운반차량 등록대상
1. 허용농도가 100만분의 200 이하인 독성 가스를 운반하는 차량
2. 차량에 고정된 탱크로 고압가스를 운반하는 차량
3. 차량에 고정된 2개 이상을 이음매가 없이 연결한 용기로 고압가스를 운반하는 차량
4. 산업통상자원부령으로 정하는 탱크컨테이너로 고압가스를 운반하는 차량

보충 고압가스 안전관리법 시행령
제5조의4(고압가스 운반자의 등록 대상범위 등)
1. 허용농도가 100만분의 200 이하인 독성 가스를 운반하는 차량
2. 차량에 고정된 탱크로 고압가스를 운반하는 차량
3. 차량에 고정된 2개 이상을 이음매가 없이 연결한 용기로 고압가스를 운반하는 차량
4. 다음 각 목의 어느 하나에 해당하는 자가 수요자에게 용기로 고압가스를 운반하는 차량. 다만 접합 용기 또는 납붙임 용기로 고압가스를 운반하거나 스킨스쿠버 등 여가목적의 장비에 사용되는 충전 용기로 고압가스를 운반하는 경우 해당 차량은 제외한다.
   가. 고압가스 제조허가를 받거나 신고를 한 자
   나. 고압가스 판매허가를 받은 자
   다. 고압가스 수입업자의 등록을 한 자
5. 다음 각 목의 어느 하나에 해당하는 자가 수요자에게 용기로 액화석유가스를 운반하는 차량. 다만「자동차관리법」제3조 제1항 제5호에 따른 이륜자동차를 이용하여 액화석유가스를 운반하는 경우 해당 이륜자동차는 제외한다.
   가. 「액화석유가스의 안전관리 및 사업법 시행령」(이하 이 조에서 "영"이라 한다) 제3조 제1항 제1호 가목에 따른 용기 충전사업자
   나. 영 제3조 제1항 제1호 라목에 따른 가스난방기 용기 충전사업자
   다. 제3조 제1항 제4호에 따른 액화석유가스 판매사업자
6. 산업통상자원부령으로 정하는 탱크컨테이너로 고압가스를 운반하는 차량
   ① 법 제5조의4제2항에 따른 고압가스 운반자의 등록기준은 다음 각 호와 같다.
      1. 고압가스 운반차량이 밸브의 손상방지조치, 액면요동방지조치 등 고압가스를 안전하게 운반하기 위하여 필요한 시설이 설치되어 있을 것
      2. 고압가스 운반차량에 필요한 시설이 산업통상자원부령으로 정하는 기준에 적합할 것

09 가스용 냉난방기에서 사용하는 흡수제의 명칭을 쓰시오.

정답
LiBr(리튬브로마이드)

보충 냉매 – 흡수제
• H_2O(물) – LiBr(리튬브로마이드)
• H_2O(물) – LiCl(염화리튬)
• NH_3(암모니아) – H_2O(물)

10 아세틸렌을 용기에 충전할 때 사용하는 다공물질의 구비조건 4가지를 쓰시오.

정답
1. 기계적 강도가 클 것
2. 경제적일 것
3. 화학적으로 안정할 것
4. 고 다공도일 것
5. 가스충전이 쉬울 것
6. 안전성이 클 것

11 LPG 강제기화 방식 중 생가스 공급 방식을 설명하시오.

[정답]
기화기에서 기화된 가스를 공기와 혼합하지 않고 그대로 공급하는 방식

12 자연 급배기식(BF) 보일러와 강제급배기식(FF) 보일러는 밀폐식, 반밀폐식으로 구분할 때 어디에 해당되는지 쓰시오.

[정답]
밀폐식

[보충] 보일러

구분		내용
개방식		연소에 필요한 공기를 실내에서 취하고 배기가스는 옥내로 배출하는 형태
반밀폐식	자연배기식 (CF)	연소에 필요한 공기를 실내에서 취하고 배기가스는 배기통을 이용해 자연적으로 실외로 배출하는 형태
	강제배기식 (FE)	연소에 필요한 공기는 실내에서 취하고 배기가스는 배출기를 통해 강제로 실외에 배출하는 형태
밀폐식	자연급배기식 (BF)	연소에 필요한 공기를 실외에서 흡입하고 배기가스를 자연적으로 실외로 배출하는 형태
	강제급배기식 (FF)	연소에 필요한 공기는 급기구를 통해 취하고 배기가스는 배출기를 통해 배출시키는 형태

13 TLV-TWA와 TLV-STEL에 대해 쓰시오.

[정답]
1. TLV-TWA : 시간가중 평균치
작업자가 1일 8시간, 주 40시간 작업을 수행함에 있어 건강장해가 나타나지 않는 농도
2. TLV-STEL : 단시간 노출 허용농도
작업장의 시간 가중 평균치(TWA)가 기준치 이하일지라도 15분 동안 노출되면 안 되는 평균농도로서 근로자가 자극, 만성 또는 사고유발 및 작업능률 저하를 초래할 정도의 마취를 일으키지 않고 노출될 수 있는 농도

14 CaC_2 1 kg을 25 ℃, 1기압 상태에서 1 L 물에 넣으면 아세틸렌은 몇 L 생성되는가? (단, Ca의 원자량은 40이다)

[정답] 아세틸렌 발생량 계산
아세틸렌은 카바이드(탄화칼슘)와 물을 반응하여 제조한다.
$CaC_2 + 2H_2O \rightarrow Ca(OH)_2 + C_2H_2$
카바이드 1몰이 물 2몰과 반응하여 1몰의 아세틸렌이 제조된다.
(CaC_2) 분자량 : 40 + (12 × 2) = 64 g
64 g : 22.4 L = 1000 g : x L
$\therefore x = \dfrac{1000 \times 22.4}{64} = 350\,L$
보일-샤를의 법칙을 이용하여
25 ℃, 1기압 상태로 환산하면
$\dfrac{P_1 V_1}{T_1} = \dfrac{P_2 V_2}{T_2}$ 의 공식에서 압력이 같으므로
P_1과 P_2는 약분되어
$V_2 = V_1 \times \dfrac{T_2}{T_1} = 350 \times \dfrac{273 + 25}{273} = 382.05\,L$
∴ 382.05 L

15 펌프 중심에서 아래로 5 m에 있는 물을 21 m 높이에 0.8 m³/min으로 송출할 때 축동력은 몇 kW인가? (단, 펌프의 효율은 80 %이고, 관로의 전손실수두는 4 m이다)

정답

$$P = \frac{\gamma QH}{102 \times \eta \times 60} = \frac{1000 \times 0.8 \times 30}{102 \times 0.8 \times 60}$$

$= 4.90 kW$

∴ 4.90 kW

(이때 펌프의 전양정 H
= 흡입양정 + 송출양정 + 손실수두
= 5 + 21 + 4 = 30 m)

∴ 4.90 kW

보충 물의 비중량

$\gamma : 1000\, kgf/m^3$

2015년 1회

01 아세틸렌 제조에 대한 다음 물음에 답하시오.

> 1. 용제의 종류 2가지를 쓰시오.
> 2. 동 및 동합금 사용 시 동 함유량은 몇 %를 초과하는 것을 사용 금지하는가?

정답
1. 아세톤, DMF(디메틸포름아미드)
2. 62%

02 다음은 도시가스에 첨가하는 부취제이다. 각각의 냄새를 쓰시오.

> 1. TBM   2. THT   3. DMS

정답
1. TBM : 양파 썩는 냄새
2. THT : 석탄가스 냄새
3. DMS : 마늘 냄새

보충 부취제
- 냄새로 누설 파악을 하기 위해 일상생활 냄새와 확연히 구분될 것
- 연료가스 연소 시 완전연소될 것
- 물에 용해되지 않으며 부식성이 없을 것
- 토양에 대한 투과성이 클 것
- 1/1000의 비율로 사용
- 가스관이나 가스미터에 흡착되지 않을 것
- THT(석탄가스 냄새), TBM(양파 썩는 냄새), DMS(마늘 썩는 냄새)
- 냄새 강도 : TBM > THT > DMS

03 일반용 액화석유가스 압력조정기의 역할 3가지를 쓰시오.

정답
1. 안정된 연소를 도모
2. 가스의 유출압력 조절
3. 소비 중단 시 가스 차단

04 다음은 도시가스 시설의 내압시험에 대한 설명이다. 괄호 안에 알맞은 용어 및 숫자를 넣으시오.

> 내압시험은 (①)에 의해 실시하며 내압시험압력 (②)의 (③)배 이상으로 실시한다. 내압시험을 공기 등의 기체로 하는 경우에 먼저 상용압력의 (④)%까지 승압하고 그 후에는 상용압력의 (⑤)%씩 단계적으로 승압하여 내압시험 압력에 달하였을 때 누출 등의 이상이 없고, 그 후 압력을 내려 상용압력으로 하였을 때 팽창, 누출 등의 이상이 없으면 합격으로 한다.

정답
① 수압
② 최고사용압력
③ 1.5
④ 50
⑤ 10

05 전양정이 15 m인 원심펌프의 회전수를 1000 rpm에서 2000 rpm으로 변경시켰을 때 전양정은 몇 m가 되겠는가? (단, 펌프의 효율변화는 변함이 없다)

정답

$$H_2 = H_1 \times \left(\frac{N_2}{N_1}\right)^2 = 15 \times \left(\frac{2000}{1000}\right)^2 = 60m$$

∴ 60 m

보충 펌프 상사법칙

- 유량 : $Q_2 = Q_1 \times \frac{N_2}{N_1} \times \left(\frac{D_2}{D_2}\right)^3$
- 양정 : $H_2 = H_1 \times \left(\frac{N_2}{N_1}\right)^2 \times \left(\frac{D_2}{D_1}\right)^2$
- 동력 : $L_2 = L_1 \times \left(\frac{N_2}{N_1}\right)^3 \times \left(\frac{D_2}{D_1}\right)^5$

06 「고압가스안전관리법령」에서 정의하는 처리능력이란 용어에 대하여 설명하시오.

정답

처리설비 또는 감압설비에 의하여 압축·액화나 그 밖의 방법으로 1일에 처리할 수 있는 가스의 양(온도 섭씨 0도, 게이지압력 0파스칼의 상태를 기준으로 한다. 이하 같다)을 말한다.

보충 고압가스안전관리법 시행규칙

제2조(정의) ① 이 규칙에서 사용하는 용어의 뜻은 다음과 같다.

1. "가연성 가스"란 공기 중에서 연소하는 가스로서 폭발한계(공기와 혼합된 경우 연소를 일으킬 수 있는 공기 중의 가스 농도의 한계를 말한다. 이하 같다)의 하한이 10퍼센트 이하인 것과 폭발한계의 상한과 하한의 차가 20퍼센트 이상인 것을 말한다.
2. "독성 가스"란 공기 중에 일정량 이상 존재하는 경우 인체에 유해한 독성을 가진 가스로서 허용농도(해당 가스를 성숙한 흰쥐 집단에게 대기 중에서 1시간 동안 계속하여 노출시킨 경우 14일 이내에 그 흰쥐의 2분의 1 이상이 죽게 되는 가스의 농도를 말한다. 이하 같다)가 100만분의 5000 이하인 것을 말한다.
3. "액화가스"란 가압(加壓)·냉각 등의 방법에 의하여 액체상태로 되어 있는 것으로서 대기압에서의 끓는점이 섭씨 40도 이하 또는 상용 온도 이하인 것을 말한다.
4. "압축가스"란 일정한 압력에 의하여 압축되어 있는 가스를 말한다.
5. "저장설비"란 고압가스를 충전·저장하기 위한 설비로서 저장탱크 및 충전 용기보관설비를 말한다.
6. "저장능력"이란 저장설비에 저장할 수 있는 고압가스의 양으로서 별표 1에 따라 산정된 것을 말한다.
7. "저장탱크"란 고압가스를 충전·저장하기 위하여 지상 또는 지하에 고정 설치된 탱크를 말한다.
8. "초저온저장탱크"란 섭씨 영하 50도 이하의 액화가스를 저장하기 위한 저장탱크로서 단열재를 씌우거나 냉동설비로 냉각시키는 등의 방법으로 저장탱크 내의 가스온도가 상용의 온도를 초과하지 아니하도록 한 것을 말한다.
9. "저온저장탱크"란 액화가스를 저장하기 위한 저장탱크로서 단열재를 씌우거나 냉동설비로 냉각시키는 등의 방법으로 저장탱크 내의 가스온도가 상용의 온도를 초과하지 아니하도록 한 것 중 초저온저장탱크와 가연성가스 저온저장탱크를 제외한 것을 말한다.
10. "가연성 가스 저온저장탱크"란 대기압에서의 끓는점이 섭씨 0도 이하인 가연성 가스를 섭씨 0도 이하인 액체 또는 해당 가스의 기상부의 상용압력이 0.1메가파스칼 이하인 액체상태로 저장하기 위한 저장탱크로서 단열재를 씌우거나 냉동설비로 냉각하는 등의 방법으로 저장탱크 내의 가스온도가 상용 온도를 초과하지 아니하도록 한 것을 말한다.

11. "차량에 고정된 탱크"란 고압가스의 수송·운반을 위하여 차량에 고정 설치된 탱크를 말한다.
12. "초저온 용기"란 섭씨 영하 50도 이하의 액화가스를 충전하기 위한 용기로서 단열재를 씌우거나 냉동설비로 냉각시키는 등의 방법으로 용기 내의 가스온도가 상용 온도를 초과하지 아니하도록 한 것을 말한다.
13. "저온 용기"란 액화가스를 충전하기 위한 용기로서 단열재를 씌우거나 냉동설비로 냉각시키는 등의 방법으로 용기 내의 가스온도가 상용의 온도를 초과하지 아니하도록 한 것 중 초저온 용기 외의 것을 말한다.
14. "충전 용기"란 고압가스의 충전질량 또는 충전압력의 2분의 1 이상이 충전되어 있는 상태의 용기를 말한다.
15. "잔가스 용기"란 고압가스의 충전질량 또는 충전압력의 2분의 1 미만이 충전되어 있는 상태의 용기를 말한다.
16. "가스설비"란 고압가스의 제조·저장·사용 설비(제조·저장·사용 설비에 부착된 배관을 포함하며, 사업소 밖에 있는 배관은 제외한다) 중 가스(제조·저장되거나 사용 중인 고압가스, 제조공정 중에 있는 고압가스가 아닌 상태의 가스, 해당 고압가스제조의 원료가 되는 가스 및 고압가스가 아닌 상태의 수소를 말한다)가 통하는 설비를 말한다.
17. "고압가스설비"란 가스설비 중 다음 각 목의 설비를 말한다.
    가. 고압가스가 통하는 설비
    나. 가목에 따른 설비와 연결된 것으로서 고압가스가 아닌 상태의 수소가 통하는 설비. 다만 「수소경제 육성 및 수소안전관리에 관한 법률」 제2조 제9호에 따른 수소연료사용시설에 설치된 설비는 제외한다.
18. "처리설비"란 압축·액화나 그 밖의 방법으로 가스를 처리할 수 있는 설비 중 고압가스의 제조(충전을 포함한다)에 필요한 설비와 저장탱크에 딸린 펌프·압축기 및 기화장치를 말한다.
19. "감압설비"란 고압가스의 압력을 낮추는 설비를 말한다.
20. "처리능력"이란 처리설비 또는 감압설비에 의하여 압축·액화나 그 밖의 방법으로 1일에 처리할 수 있는 가스의 양(온도 섭씨 0도, 게이지압력 0파스칼의 상태를 기준으로 한다. 이하 같다)을 말한다.
21. "불연재료(不燃材料)"란 「건축법 시행령」 제2조 제10호에 따른 불연재료를 말한다.
22. "방호벽(防護壁)"이란 높이 2미터 이상, 두께 12센티미터 이상의 철근콘크리트 또는 이와 같은 수준 이상의 강도를 가지는 구조의 벽을 말한다.
23. "보호시설"이란 제1종 보호시설 및 제2종 보호시설로서 별표 2에서 정한 것을 말한다.
24. "용접 용기"란 동판 및 경판(동체의 양 끝 부분에 부착하는 판을 말한다. 이하 같다)을 각각 성형하고 용접하여 제조한 용기를 말한다.
25. "이음매 없는 용기"란 동판 및 경판을 일체(一體)로 성형하여 이음매가 없이 제조한 용기를 말한다.
26. "접합 또는 납붙임 용기"란 동판 및 경판을 각각 성형하여 심(Seam)용접이나 그 밖의 방법으로 접합하거나 납붙임하여 만든 내용적(內容積) 1리터 이하인 일회용 용기를 말한다.
27. "충전설비"란 용기 또는 차량에 고정된 탱크에 고압가스를 충전하기 위한 설비로서 충전기와 저장탱크에 딸린 펌프·압축기를 말한다.
28. "특수고압가스"란 압축모노실란·압축디보레인·액화알진·포스핀·세렌화수소·게르만·디실란 및 그 밖에 반도체의 세정 등 산업통상자원부장관이 인정하는 특수한 용도에 사용되는 고압가스를 말한다.
29. "수소연료 충전시설"이란 수소를 연료로 사용하는 차량·선박 등 이동수단(이하 "이동수단"이라 한다)에 수소를 충전하기 위한 시설을 말한다.

※ 시험에 용어의 정의가 출제되고 있으니 '고압가스 안전관리법 시행규칙'에 명시된 용어의 정의를 학습해둘 것

07 충전 용기에 각인하는 다음 각 기호에 대하여 단위를 포함하여 설명하시오.

| 1. V | 2. W |
| 3. TP | 4. FP |

정답
1. 내용적(L)
2. 밸브 및 부속품을 포함하지 않은 용기 질량(kg)
3. 내압시험압력(MPa)
4. 압축가스 충전의 경우 최고충전압력(MPa)

08 정압기를 평가 선정할 경우 각 특성이 사용조건에 적합하도록 정압기를 선정하여야 한다. 이때 정압기를 선정할 때 고려하여야 할 사항 3가지를 쓰시오.

정답
1. 정특성
2. 동특성
3. 유량특성
4. 사용 최대 차압
5. 작동 최소 차압

09 원유를 상압에서 증류할 때 얻어지는 비점이 200 ℃ 이하인 유분으로 가솔린은 옥탄가를 높이기 위하여 이것을 접촉개질한 것이 주체가 되고 있으며, 도시가스 원료로 사용되는 것의 명칭을 쓰시오.

정답
나프타

10 다음은 용접부에 대한 비파괴 검사이다. 각각의 명칭을 쓰시오.

1. AE	2. PT
3. MT	4. RT
5. UT	

정답
1. 음향검사
2. 침투탐상검사
3. 자분탐상검사
4. 방사선투과검사
5. 초음파탐상검사

11 15 ℃ 상태의 공기 10 kg과 50 ℃ 상태의 산소 5 kg을 혼합하였을 때 열평형 온도를 계산하시오. (단, 공기와 산소의 정적비열은 각각 0.172 kcal/kg·℃, 0.156 kcal/kg·℃이다)

정답
열평형온도 t_m

$$= \frac{G_1 C_1 t_1 + G_2 C_2 t_2}{G_1 C_1 + G_2 C_2}$$

$$= \frac{(10 \times 0.172 \times 15) + (5 \times 0.156 \times 50)}{(10 \times 0.172) + (5 \times 0.156)}$$

$= 25.92\,°C$

∴ 25.92 ℃

12 저압배관에서 관지름을 결정하기 위한 가스 사용 예정량(m³/h) 공식을 쓰고 설명하시오.

정답 저압배관 유량 계산식

$$Q = k\sqrt{\frac{HD^5}{SL}}$$

Q : 가스의 유량(m³/h)
D : 관안지름(cm)
H : 압력손실(mmH₂O)
S : 가스의 비중
L : 관의 길이(m)
K : 유량계수

13 내용적 2 L의 고압 용기에 암모니아를 충전하여 온도를 173 ℃로 상승시켰더니 압력이 220 atm을 나타내었다. 이 용기에 충전된 암모니아는 몇 g인가? (단, 173 ℃, 220 atm에서 암모니아의 압축계수는 0.4이다)

정답

$$PV = Z\frac{W}{M}RT$$

$$W = \frac{PVM}{ZRT} = \frac{220 \times 2 \times 17}{0.4 \times 0.082 \times (273+173)}$$

$$= 464.84 g$$

∴ 464.84 g

14 연소기의 안전성 및 편리성을 확보하기 위해 갖추어야 할 안전장치 3가지를 쓰시오.

정답
역풍방지장치, 산소결핍 안전장치, 전도안전장치, 헛불안전장치, 자동온도조절장치, 정전안전장치, 동파방지장치, 소화안전장치, 과열방지장치, 불완전연소 방지장치

15 어느 음식점에서 0.5 kg/h의 가스를 연소시키는 버너를 10대 설치하고 1일 평균 5시간씩 사용할 때 필요 최저 용기 수는 몇 개인가? (단, 사용 시 최저온도는 0 ℃이고, 용기는 50 kg 용기이며 잔액이 20 %일 때 교환하고 용기의 가스 발생능력은 800 g/h이다)

정답
필요 최저 용기 수

$$= \frac{최대소비수량(kg/h)}{표준가스 발생능력(kg/h)}$$

$$= \frac{0.5 \times 10}{0.8} = 6.25$$

(800 g/h = 0.8 kg/h)
∴ 절상해서 7개

2015년 2회

01 공동주택 부지 내에 매설되는 도시가스 배관의 매설깊이는 얼마인가?

정답
0.6 m 이상

02 양정 15 m, 송수량 3.6 m³/min일 때 축동력 15 PS를 필요로 하는 원심펌프의 효율은 몇 %인가?

정답 원심펌프의 효율

$$P_s = \frac{\gamma QH}{75 \times E \times 60}$$

$$\therefore E = \frac{\gamma QH}{PS \times 75 \times 60} \times 100$$

$$= \frac{(1000 \times 3.6 \times 15)}{(15 \times 75 \times 60)} \times 100$$

$$= 80\%$$

보충 물의 비중량
$\gamma : 1000\, kgf/m^3$

03 다음 LP가스 조정기의 입구 측 기밀시험압력의 범위는 얼마인가?

1. 1단 감압식 저압 조정기
2. 2단 감압식 1차 조정기

정답
1. 1.56 MPa 이상
2. 1.8 MPa 이상

04 용기 종류별 부속품 기호를 각각 설명하시오.

| 1. AG | 2. LG |
| 3. PG | 4. LT |

정답
1. AG : 아세틸렌가스를 충전하는 용기 부속품
2. LG : 액화석유가스 외의 액화가스 용기 부속품
3. PG : 압축가스를 충전하는 용기 부속품
4. LT : 저온 및 초저온가스 용기의 부속품

05 다음 괄호를 채우시오.

가스의 공급압력이 높아 불꽃이 염공을 떠나 공간에서 연소하는 현상은 (①)라 하고, 불꽃 주위 기류에 의하여 불꽃이 염공에 정착하지 않고 떨어지게 되어 꺼지는 현상을 (②)라 한다.

정답
① 선화(또는 리프팅, Liffting)
② 블로오프(Blow Off)

보충 연소기구의 이상 현상

1. 역화 : 염이 염공을 통해 버너의 혼합관 내에 불타며 들어오는 현상
2. 역화의 원인
   ① 염공이 크게 된 경우
   ② 가스 공급압력이 저하되었을 때
   ③ 버너가 과열되어 혼합기 온도가 상승한 경우
   ④ 구경이 작게 된 경우
   ⑤ 댐퍼가 과다하게 열려 연소속도가 빨라진 경우
3. 선화(Lifting) : 가스가 염공을 떠나서 연소하는 현상
4. 선화의 원인
   ① 버너의 압력이 높은 경우
   ② 가스 공급압력이 높은 경우
   ③ 구경이 크게 된 경우
   ④ 연소가스 배출이 불안전한 경우 또는 2차 공기 공급이 불충분한 경우
   ⑤ 공기조절장치를 많이 열었을 경우
5. LP 가스 불완전연소 원인
   ① 공기 공급량 부족
   ② 배기 불충분
   ③ 가스 조성이 맞지 않을 때
   ④ 가스기구와 연소기구가 맞지 않을 때
6. 블로 오프 : 불꽃 주변 기류에 의해 염공에서 떨어져 연소하는 현상
7. 옐로 팁 : 불완전연소 시에 적황색 불꽃으로 되는 현상

06 도시가스 배관의 접합부분은 용접하는 것을 원칙으로 하며, 용접부에 대하여 비파괴 시험을 실시하여 이상이 없어야 하지만, 비파괴시험을 하지 않아도 되는 배관 3가지를 쓰시오.

정답
1. 가스용 폴리에틸렌관
2. 호칭경 80 A 미만인 저압의 매설배관
3. 저압으로서 노출된 사용자 공급관

07 가연성 가스 저온저장탱크에는 내부압력이 외부압력보다 낮아짐에 따라 그 저장탱크가 파괴되는 것을 방지하기 위하여 갖추어야 할 설비 4가지를 쓰시오.

정답
1. 압력계
2. 압력경보설비
3. 진공안전밸브
4. 다른 저장탱크 또는 시설로부터의 가스도입배관(균압관)
5. 압력과 연동하는 긴급차단장치를 설치한 냉동제어설비
6. 압력과 연동하는 긴급차단장치를 설치한 송액설비

보충 ⟨KGS FP111⟩ 저장탱크 부압파괴 방지조치
가연성 가스저온저장탱크에는 그 저장탱크의 내부압력이 외부압력보다 낮아짐에 따라 그 저장탱크가 파괴되는 것을 방지하기 위하여 다음의 부압파괴방지설비를 설치한다

08 다음의 반응과 같은 접촉분해 공정 중에서 카본생성을 억제하는 방법을 설명하시오.

$$\text{반응식} : CH_4 \rightleftarrows 2H_2 + C(\text{카본})$$

정답
반응온도는 낮추고 압력을 높일 것

보충 카본생성 억제
반응식에서 카본(C)을 제외하고 보면 반응 전 가스 몰 수는 1 mol, 반응 후 가스 몰 수가 2 mol로 반응 후의 mol 수가 많기 때문에 반응온도가 높고, 압력이 낮을수록 반응이 잘 일어난다. 따라서 카본(C) 생성 방지를 위해 반응온도는 낮추고 압력을 높인다.

09 도시가스 시설에 전기방식 효과를 유지하기 위하여 빗물이나 그 밖에 이물질의 접촉으로 인한 절연의 효과가 상쇄되지 아니하도록 절연 이음매 등을 사용해 절연조치를 하는 장소 4개소를 쓰시오.

> **정답**
> 1. 교량 횡단 배관의 양단(다만 외부전원법에 따른 전기방식을 한 경우에는 제외할 수 있다)
> 2. 배관과 철근콘크리트 구조물 사이
> 3. 배관과 강재 보호관 사이
> 4. 지하에 매설된 배관의 부분과 지상에 설치된 부분과의 경계. 이 경우 가스 사용자에게 공급하기 위해 지중에서 지상으로 연결되는 배관에만 한다.
> 5. 다른 시설물과 접근 교차지점. 다만 다른 시설물과 30 cm 이상 이격하여 설치된 경우에는 제외할 수 있다.
> 6. 배관과 배관 지지물 사이
>
> **보충** KGS GC202
> 2.2.2.2.3 도시가스시설
> (1) 교량 횡단 배관의 양단(다만 외부전원법에 따른 전기방식을 한 경우에는 제외할 수 있다)
> (2) 배관과 철근콘크리트 구조물 사이
> (3) 배관과 강재 보호관 사이
> (4) 지하에 매설된 배관의 부분과 지상에 설치된 부분과의 경계. 이 경우 가스 사용자에게 공급하기 위해 지중에서 지상으로 연결되는 배관에만 한다.
> (5) 다른 시설물과 접근 교차지점. 다만 다른 시설물과 30 cm 이상 이격하여 설치된 경우에는 제외할 수 있다.
> (6) 배관과 배관 지지물 사이
> (7) 그 밖에 절연이 필요한 장소
> 2.2.2.2.4 수소시설 〈신설 24.7.23〉
> (1) 교량 횡단 배관의 양단. 다만 외부전원법으로 전기방식을 한 경우에는 제외할 수 있다.
> (2) 수소시설과 철근콘크리트 구조물 사이
> (3) 배관과 강재 보호관 사이
> (4) 지하에 매설된 배관의 부분과 지상에 설치된 부분과의 경계. 이 경우 가스 사용자에게 공급하기 위해 지중에서 지상으로 연결되는 배관에만 한다.
> (5) 다른 시설물과 접근 교차 지점. 다만 다른 시설물과 30 cm 이상 이격 설치된 경우에는 제외할 수 있다
> (6) 배관과 배관 지지물 사이
> (7) 그 밖에 절연이 필요한 장소

10 최고충전압력이 5 kgf/cm² · g인 충전 용기에 20 ℃에서 이상기체가 3 kgf/cm² · g로 충전되어 있다. 온도가 상승되어 압력이 최고충전압력까지 도달하였을 때 온도는 몇 ℃인지 계산하시오.

> **정답**
> $\dfrac{P_1 V_1}{T_1} = \dfrac{P_2 V_2}{T_2}$ 에서 용기이기 때문에 부피가 같으므로 V_1과 V_2를 약분한다.
>
> $T_2 = T_1 \times \dfrac{P_2}{P_1}$
>
> $= (273 + 20) \times \dfrac{(5 + 1.0332)}{(3 + 1.0332)}$
>
> $= 438.294 K$
>
> $= 438.294 - 273 = 165.29\,°C$
>
> ∴ 165.29 ℃

11 「고압가스안전관리법」 적용을 받는 고압가스 중 35 ℃의 온도에서 압력이 0 Pa을 초과하는 액화가스에 해당하는 가스 종류 3가지를 쓰시오.

> **정답**
> 1. 액화시안화수소
> 2. 액화브롬화메탄
> 3. 액화산화에틸렌

보충 고압가스의 종류 및 범위

1. 상용(常用)의 온도에서 압력(게이지압력을 말한다. 이하 같다)이 1메가파스칼 이상이 되는 압축가스로서 실제로 그 압력이 1메가파스칼 이상이 되는 것 또는 섭씨 35도의 온도에서 압력이 1메가파스칼 이상이 되는 압축가스(아세틸렌가스는 제외한다)
2. 섭씨 15도의 온도에서 압력이 0파스칼을 초과하는 아세틸렌가스
3. 상용의 온도에서 압력이 0.2메가파스칼 이상이 되는 액화가스로서 실제로 그 압력이 0.2메가파스칼 이상이 되는 것 또는 압력이 0.2메가파스칼이 되는 경우의 온도가 섭씨 35도 이하인 액화가스
4. 섭씨 35도의 온도에서 압력이 0파스칼을 초과하는 액화가스 중 액화시안화수소·액화브롬화메탄 및 액화산화에틸렌가스

12 프로판 85 v% 및 부탄 15 v%의 혼합가스 1 Sm³가 완전연소하는 데 필요한 이론공기량은 몇 Sm³인지 계산하시오.

정답

프로판의 완전연소 반응식
$C_3H_8 + 5O_2 \rightarrow 3CO_2 + 4H_2O$
프로판 1몰 연소 시 산소 5몰이 필요

부탄의 연소반응식
$C_4H_{10} + 6.5O_2 \rightarrow 4CO_2 + 5H_2O$
부탄 1몰 연소 시 산소 6.5몰이 필요

$\therefore A_0 = \dfrac{O_0}{0.2} = \dfrac{(5 \times 0.85) + (6.5 \times 0.15)}{0.2}$
$= 24.88 \, Sm^3$

$\therefore 24.88 \, Sm^3$

13 절대압력 0.082 kgf/cm², 대기압 650 mmHg일 때 진공압력과 진공도를 각각 계산하시오.

정답

진공도 $= \dfrac{\text{진공압력}}{\text{대기압}} \times 100$

(절대압력 = 대기압 - 진공압력)이므로
진공압력 = 대기압 - 절대압력

$= \left(\dfrac{650}{760} \times 1.0332 \right) - 0.082$

$= 0.80 \, kgf/cm^2 v$

$\therefore$ 진공도 $= \dfrac{\text{진공압력}}{\text{대기압}} \times 100$

$= \dfrac{0.8}{\left(\dfrac{650}{760} \times 1.0332 \right)} \times 100$

$= 90.53 \%$

진공도 90.53 %

14 금속의 부식을 자연부식과 전기부식으로 분류할 때 각각에 해당되는 부식 종류를 2가지씩 쓰시오.

정답

1. 자연부식 종류 : 토양의 박테리아 등 미생물의 작용에 의한 부식, 토양 속에 포함된 산이온 및 알칼리이온과 금속의 반응에 의해 생기는 부식
2. 전기부식 종류 : 고전위 금속과 저전위급속 결합 시 생기는 이종금속접촉에 의한 부식, 용존가스량이 서로 다른 경우 발생하는 농담전지 부식

15 가스도매사업 제조소 및 공급소 밖의 배관에 긴급차단장치의 설치 장소로 적합하지 않다고 인정하는 지역의 차단밸브 설치거리를 8 km에서 10 km로 늘릴 때 만족시켜야 할 조건 4가지를 쓰시오.

정답
1. 배관 두께를 규정에서 정하는 지역의 설계기준으로 적용하는 경우
2. 방출 시간을 다음 계산식에 따라 산정한 수치 이하로 하는 경우
   $$V = V_2 - V_S \times (L - L_S)/L_S$$
   V : 방출시간(min)
   V_S : 기준에서 정하고 있는 방출시간 (60 min)
   L : 긴급차단장치 실제설치거리(km)
   L_S : 기준에서 정하고 있는 긴급차단장치 설치거리(8 km)
3. 매설 배관의 충격 및 누출 감지를 위해 실시간 감시시스템을 설치하는 경우
4. 매설 배관 피복 손상 탐지를 매 5년마다 실시하는 경우

보충 긴급 차단장치 설치〈KGS FS 451〉

시가지·주요 하천·호수 등을 횡단하거나 도로·농경지·시가지 등을 따라 매설되는 배관으로서, 사고가 발생하는 등의 경우에 원격조작으로 가스 공급을 긴급히 차단할 수 있는 긴급 차단장치 또는 이와 동등 이상의 효과가 있는 장치를 다음 기준에 따라 설치한다.

2.8.6.1 주요 하천·호수를 횡단하는 배관으로서, 횡단 거리가 500 m 이상이고 교량에 설치하는 배관에는 그 배관 횡단부의 양 끝으로부터 가까운 거리에 설치한다.

2.8.6.2 매설되는 배관에는 지역 구분에 따른 거리에 긴급 차단장치를 설치하되, 다음에 해당하는 경우와 법 제11조에 따라 시설공사계획 승인권자가 부득이하다고 인정하는 경우에는 긴급 차단장치 설치 거리를 조정할 수 있다.

2.8.6.2.1 관계 법령에 따라 긴급 차단장치의 설치를 제한 또는 금지하는 지역이거나 긴급 차단장치의 설치 장소로 적합하지 않다고 시장·군수·구청장이 인정하는 지역의 지역에 한하며, 혼재한 지역의 경우에는 15번 문제의 정답을 모두 만족하는 경우에는 긴급 차단장치 간 거리를 10 km까지 늘릴 수 있다.

2015년 4회

01 다음은 배관을 시공할 때 온도변화에 의한 열팽창길이를 계산하는 공식을 나타낸 것이다. 괄호 안에 알맞은 용어를 쓰시오.

> 열팽창길이
> = (   ) × 온도차 × 배관길이

정답
선팽창계수

02 수소 50 L 중에 포함된 산소가 7500 ppm일 때 압축이 가능한지 판정하시오.

정답 압축가능 판정

$1 ppm$은 $\dfrac{1}{10^6}$ 이므로

산소의 비율 $= \dfrac{7500}{10^6} \times 100 = 0.75\%$

∴ 산소용량이 2 % 미만이므로 압축 가능

보충 압축금지 기준
- 가연성 가스(아세틸렌, 에틸렌 및 수소는 제외) 중 산소용량이 전체 용량의 4 % 이상인 것
- 산소 중 가연성 가스(아세틸렌, 에틸렌 및 수소는 제외)의 용량이 전체 용량의 4 % 이상인 것
- 아세틸렌, 에틸렌 또는 수소 중의 산소용량이 전체 용량의 2 % 이상인 것
- 산소 중 아세틸렌, 에틸렌 및 수소의 용량 합계가 전체 용량의 2 % 이상인 것

03 소규모 LPG 가스사용시설에서 공급배관의 기밀시험을 실시한 후 가스치환을 하는 이유를 설명하시오.

정답
기밀시험에 사용된 가스(질소 혹은 공기)가 배관 내에 남아있기 때문에 LP가스를 봉입하여 공기 및 질소가스를 방출

04 비중이 0.64인 가스를 길이 400 m 떨어진 곳에 저압으로 시간당 200 m³로 공급하고자 한다. 압력손실이 수주로 20 mm이면 배관의 최소 관지름(cm)은 얼마인가?

정답

$Q = k\sqrt{\dfrac{D^5 H}{SL}}$

$D = \sqrt[5]{\dfrac{Q^2 SL}{K^2 H}} = \sqrt[5]{\dfrac{200^2 \times 0.64 \times 400}{0.707^2 \times 20}}$

$= 15.93 cm$

∴ 15.93 cm

Q : 가스의 유량(m³/h)
D : 관안지름(cm)
H : 압력손실(mmH$_2$O)
S : 가스의 비중
L : 관의 길이(m)
K : 유량계수

05 황화수소를 제거하는 탈황법 중 수산화제2철을 사용하여 제거하는 화학반응식을 쓰시오.

정답
$2Fe(OH)_3 + 3H_2S \rightarrow Fe_2S_3 + 6H_2O$

06 카르노 사이클의 순환과정에서 열흡수 단계에 해당하는 과정은?

정답 카르노 사이클 열흡수 단계
등온팽창과정

보충 카르노 사이클
- 2개의 등온저장조 사이에 작동하는 사이클 중에서 모든 과정이 가역이라고 가정한 사이클로, 카르노사이클을 능가하는 효율을 가진 열기관은 존재할 수 없음

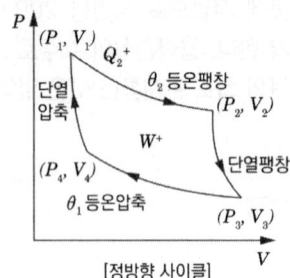

[정방향 사이클]

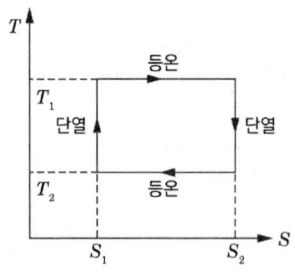

- 기체를 등온팽창(1 → 2) → 단열팽창(2 → 3) → 등온압축(3 → 4) → 단열압축(4 → 1) 순서로 변화시켜 처음의 상태로 복귀시키는 열역학적 사이클

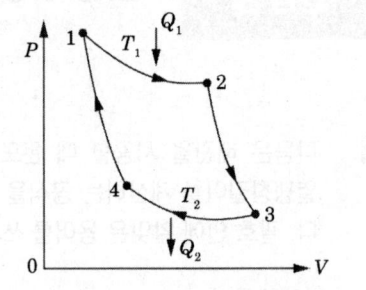

07 충전 용기에 각인하는 다음 각 기호에 대하여 단위를 포함하여 설명하시오.

| 1. V | 2. W |
| 3. TP | 4. FP |

정답
1. 내용적(L)
2. 밸브 및 부속품을 포함하지 않은 용기 질량 (kg)
3. 내압시험압력(MPa)
4. 압축가스 충전의 경우 최고충전압력(MPa)

08 스테인리스 배관을 용접할 때 용접용 가스로 Ar을 사용하는데 불활성 가스인 N_2를 사용하지 않는 이유가 무엇인지 서술하시오.

정답
용융금속 내부에 질소가스가 체류해서 기공(Blow Hole)이 발생하여 용접 불량이 발생하기 때문에

09 발열량이 10000 kcal/Sm³, 공급압력이 수주 280 mm, 가스 비중이 0.6일 때 사용하는 연소기구 노즐 지름이 1.38 mm이었다. 이 연소기구를 발열량이 20000 kcal/Sm³, 공급압력이 수주 200 mm, 가스 비중이 0.55인 가스를 사용하는 것으로 변경할 경우 노즐 지름은 몇 mm인가?

정답 노즐 지름 변경률 계산

$$\frac{D_2}{D_1} = \frac{\sqrt{WI_1}\sqrt{P_1}}{\sqrt{WI_2}\sqrt{P_2}}$$

$$D_2 = D_1 \times \frac{\sqrt{WI_1}\sqrt{P_1}}{\sqrt{WI_2}\sqrt{P_2}}$$

$$= 1.38 \times \frac{\sqrt{\frac{10000}{\sqrt{0.6}}} \times \sqrt{280}}{\sqrt{\frac{20000}{\sqrt{0.55}}} \times \sqrt{200}}$$

$$= 1.04 mm$$

∴ 1.04 mm

보충 웨버지수(WI)
- 가스의 연소성, 호환성을 판단하는 지수
- $WI = \frac{H_g}{\sqrt{d}}$
- H_g : 발열량, d : 비중

10 지름 20 mm, 표점거리 300 mm의 연강재 시험편을 인장시험한 결과 표점거리가 350 mm가 되었을 때 이 재료의 연신율(%)을 계산하시오.

정답
연신율
$$= \frac{\text{인장시험 결과 표점거리} - \text{표점거리}}{\text{표점거리}} \times 100$$
$$= \frac{350 - 300}{300} \times 100 = 16.67\%$$

∴ 16.67 %

11 메탄 1 Nm³를 완전연소시키는 데 필요한 공기량은 몇 Nm³인가? (단, 공기 중 산소 비율은 21 vol%, 과잉공기계수는 1.5이다)

정답
메탄의 완전연소 반응식
$CH_4 + 2O_2 \rightarrow CO + 2H_2O$
메탄 1몰의 완전연소 시 산소 2몰이 필요

공기비 $m = \frac{A}{A_0}$

$$\therefore A = m \times A_0 = m \times \frac{O_0}{0.21} = 1.5 \times \frac{2}{0.21}$$
$$= 14.29 Nm^3$$

∴ 14.29 Nm³

12 비열이 0.8 kcal/kg·℃ 인 어떤 액체 1000 kg을 0 ℃에서 100 ℃로 상승시키는 데 필요한 프로판 사용량(kg)은 얼마인가? (단, 프로판의 발열량은 12000 kcal/kg, 연소기 효율은 90 %이다)

정답

$$G_f = \frac{GC\Delta t}{H_l \times \eta} = \frac{1000 \times 0.8 \times (100-0)}{12000 \times 0.9}$$
$$= 7.41 kg$$

∴ 7.41 kg

13 릴리프식 안전장치가 내장된 조정기를 건축물 내에 설치하는 경우 실외의 안전한 장소에 설치하여야 하는 것은?

정답
가스방출구

14 원형관에 흐르는 유체의 마찰저항은 다음 중 어떤 것과 관계가 있는지 쓰시오.

① 비례한다.
② 제곱에 비례한다.
③ 반비례한다.
④ 무관하다.

정답
(1) 관의 길이
(2) 관의 안지름
(3) 유속
(4) 유체 압력
∴ (1) : ① (2) : ③ (3) : ② (4) ④

보충 달시 - 바이스바하 방정식

$$h_f = f \times \frac{L}{D} \times \frac{V^2}{2g}$$

15 25 ℃에서 충전 용기에 산소를 최고충전압력 120 kgf/cm²g으로 충전한 후 온도를 점차 상승시켰더니 안전밸브에서 가스가 분출되었다. 이때의 온도는 몇 ℃가 되겠는가?

정답
내압시험압력

$$TP = FP \times \frac{5}{3} = 120 \times \frac{5}{3} = 200 kg/cm^2$$

안전밸브 작동압력은 내압시험압력의 0.8배이므로, 안전밸브 작동압력

$= TP \times 0.8 = 200 \times 0.8 = 160 kg/cm^2$

보일 샤를의 법칙에 의해

$\frac{P_1 V_1}{T_1} = \frac{P_2 V_2}{T_2}$ 에서 같은 용기이므로 부피가 같기 때문에 V_1과 V_2는 약분한다.

$$T_2 = T_1 \times \frac{P_2}{P_1} = (273 + 25) \times \frac{(160 + 1.0332)}{(120 + 1.0332)}$$

$= 396.485 K$

$= 396.485 - 273 = 123.49 \,°C$

∴ 123.49 ℃

※ 보일 - 샤를의 법칙에는 절대압력과 절대온도가 들어가야 한다.

보충 시험압력
1. 내압시험
   ① 압축가스 및 액화가스 = 최고충전압력 (FP) × 5/3배
   ② 아세틸렌 용기 내압시험 = 최고충전압력 (FP) × 3배
   ③ 고압가스 설비 내압시험 = 상용압력 × 1.5배
2. 기밀시험
   ① 초저온 및 저온 용기 기밀시험 = 최고충전압력(FP) × 1.1배
   ② 아세틸렌 용기 기밀시험 = 최고충전압력 (FP) × 1.8배
   ③ 기타 용기 기밀시험 = 최고충전압력 이상

Part 03

동영상 기출문제

2024년 **1, 2, 3**회
2023년 **1, 2, 4**회
2022년 **1, 2, 4**회
2021년 **1, 2, 4**회
2020년 **1, 2, 3, 4**회

2019년 **1, 2, 4**회
2018년 **1, 2, 4**회
2017년 **1, 2, 4**회
2016년 **1, 2, 4**회
2015년 **1, 2, 4**회

가스산업기사 실기 동영상

2024년 1회

01 다음 동영상의 방폭구조 2가지를 쓰시오.
(Ex dib라고 적힌 명판)

※ 사진 출처 : 안전보건공단
(https://www.kosha.or.kr)

정답
1. 내압방폭구조
2. 본질안전방폭구조

보충 방폭구조의 종류
① 안전증방폭구조(e)
② 유입방폭구조(o)
③ 내압방폭구조(d)
④ 압력방폭구조 p)
⑤ 본질안전방폭구조(ia, ib)
⑥ 특수방폭구조(s)

02 액화가스 저장탱크가 설치된 장소 중 영상에서 지시하는 것의 기능과 이것의 평상시 개방 여부를 쓰시오.

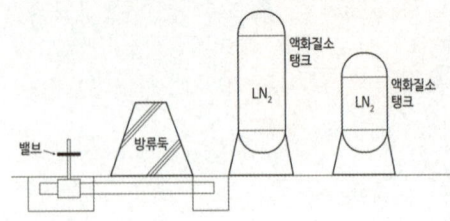

정답
1. 기능 : 방류둑 내부의 고인 물을 외부로 배출
2. 평상시 : 닫혀 있을 것

03 다음 동영상의 안전장치 이름을 쓰시오.

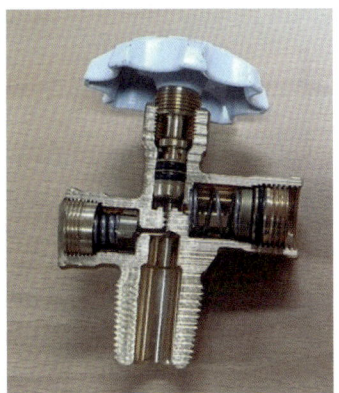

※ 사진 출처 : 가스신문
(https://www.gasnews.com)

정답
스프링식 안전밸브

04 LPG 저장탱크의 유리액면계 상하에 설치된 밸브는 어떤 형식인지 쓰시오.

※ 사진 출처 : 거봉한진
(https://gurbong.com)

정답
수동식 및 자동식

05 액화석유가스충전소의 사무실에는 긴급차단밸브가 설치되어 있다. 이 긴급차단장치의 조작기구와 LPG 저장탱크와의 이격거리 기준을 쓰시오.

※ 사진 출처 : 가스신문
(https://www.gasnews.com)

정답
5 m 이상

06 다음 물음에 답하시오.

※ 사진 출처 : 가스신문
(https://www.gasnews.com)

1. 용기보관실은 그 외면으로부터 화기를 취급하는 장소와 얼마 이상의 우회거리를 두어야 하는가?
2. 누출된 가스가 사무실로 유입되지 않기 위해 LPG 용기 보관실의 면적은 얼마 이상으로 해야 하는가?

> 정답
> 1. 2 m 이상
> 2. 19 m² 이상

07 도시가스를 사용하는 연소기구에서 공기량이 부족할 경우 불꽃의 끝이 적황색으로 되어 연소하는 현상은 무엇인가?

※ 사진 출처 : NC 한국인뉴스
(https://nchankookinnews.com)

> 정답
> 옐로 팁(Yellow Tip) 또는 황염

08 다음 동영상을 보고 각 물음에 답하시오.

※ 사진 출처 : 가스신문
(https://www.gasnews.com)

1. 고압인 가스공급시설은 통로·공지 등으로 구획된 안전구역 안에 설치하되 그 안전구역의 면적은 몇 m² 미만으로 하는가?
2. 안전구역 안의 고압인 가스공급시설(배관은 제외하나 고압인 가스공급시설과 같은 제조설비에 속하는 가스설비는 포함한다)은 그 외면으로부터 다른 안전구역 안에 있는 고압인 가스공급시설의 외면까지 몇 m 이상의 우회거리를 유지하는가?
3. 가스 도매사업 제조소 및 공급소의 지상에 노출하여 설치하는 배관은 학교, 유치원과 몇 m 이상의 수평거리를 유지하는가?
4. 제조소 및 공급소에 설치하는 가스(저압의 것으로서 지면에 체류할 우려가 없는 것은 제외한다)가 통하는 가스공급시설(배관은 제외한다)은 그 외면으로부터 화기(그 설비 안의 것은 제외한다)를 취급하는 장소까지 몇 m 이상의 우회거리를 유지하는가?

> 정답
> 1. 20000 m² 미만
> 2. 30 m 이상
> 3. 30 m 이상
> 4. 8 m 이상

09 LPG 자동차 충전기(Dispenser)에 대한 다음 물음에 답하시오.

※ 사진 출처 : 매일경제
(https://www.mk.co.kr)

1. 충전호스 끝부분에 설치되는 장치는 무엇인가?
2. 해당 부분의 기능을 쓰시오.

> 정답
1. 정전기 제거장치
2. 충전호스에 과도한 인장력이 작용하였을 때 분리

10 다음 동영상에서 보여주는 배관의 기능을 쓰시오.

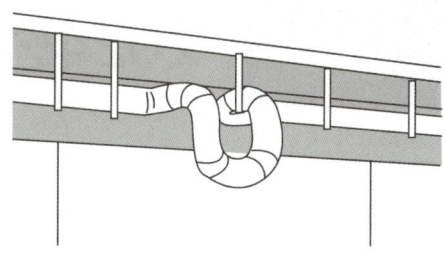

> 정답
온도 상승으로 인한 배관의 신축 흡수

2024년 2회

01 도시가스 정압기실에 대한 다음 물음에 답하시오.

※ 사진 출처 : 가스신문
(https://www.gasnews.com)

[필터]

※ 사진 출처 : 가스신문
(https://www.gasnews.com)

1. 2년에 1회 이상 분해점검을 하는 것을 쓰시오.
2. 가스 공급 개시 후 1년에 1회 이상 분해점검을 하는 것을 쓰시오

> 정답
> 1. 정압기
> 2. 정압기 필터

02 다음 동영상의 방폭구조 2가지를 쓰시오.
(Ex dib 라고 적힌 명판)

※ 사진 출처 : 안전보건공단
(https://www.kosha.or.kr)

> 정답
> 1. 내압방폭구조
> 2. 본질안전방폭구조
>
> 보충 방폭구조의 종류
> ① 안전증방폭구조(e)
> ② 유입방폭구조(o)
> ③ 내압방폭구조(d)
> ④ 압력방폭구조 p)
> ⑤ 본질안전방폭구조(ia, ib)
> ⑥ 특수방폭구조(s)

03 다음 동영상의 안전장치 이름과 용도를 쓰시오.

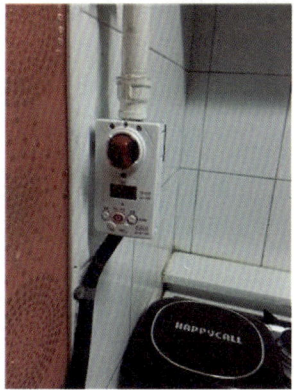

※ 사진 출처 : 세이프타임즈
(https://www.safetimes.co.kr)

> [정답]
> 타이머콕 – 설정 시간에 자동적으로 가스 차단

04 LPG 자동차 충전기(Dispenser)에 대한 다음 물음에 답하시오.

※ 사진 출처 : 매일경제
(https://www.mk.co.kr)

1. 충전호스 끝부분에 설치되는 장치는 무엇인가?
2. 해당 부분의 기능을 쓰시오.

> [정답]
> 1. 정전기 제거장치
> 2. 충전호스에 과도한 인장력이 작용하였을 때 분리

05 다음 동영상은 막식 계량기이다. 막식 계량기에 표시된 각각의 내용을 설명하시오.

 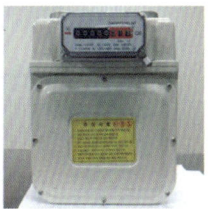

※ 사진 출처 : 가스신문
(https://www.gasnews.com)

1. MAX $3.1\ m^3/h$
2. 0.7 L/rev

> [정답]
> 1. 시간당 사용 최대유량 $3.1\ m^3/h$
> 2. 계량실 1주기 체적이 0.7 L

06 다음 동영상의 명칭과 동력원을 쓰시오.

※ 사진 출처 : 일간투데이
(https://www.dtoday.co.kr)

정답
1. 명칭 : 긴급차단밸브
2. 동력원 : 액압, 기압, 전기, 스프링

보충 교량 및 횡으로 설치하는 가스배관 호칭지름별 지지간격

호칭지름	지지간격
100 A	8 m
150 A	10 m
200 A	12 m
300 A	16 m
400 A	19 m
500 A	22 m
600 A	25 m

07 다음 동영상의 횡으로 설치된 도시가스 배관 호칭지름이 300 A일 경우 고정장치의 설치 간격을 쓰시오.

※ 사진 출처 : 가스신문
(https://www.gasnews.com)

정답
16 m

08 가스용 폴리에틸렌관을 맞대기 융착이음할 때 다음 각 물음에 답하시오.

※ 사진 출처 : 나노인스텍
(http://www.nanoist.co.kr)

1. 공칭외경은 몇 mm 이상에 적용해야 하는가?
2. 맞대기 융착의 시공이 불량한 경우 해당 이음부를 어떻게 처리하는가?

정답
1. 공칭외경 90 mm 이상
2. 절단 후 재시공

09 LPG 탱크의 내부에 장착된 다음 장치의 용도를 쓰시오.

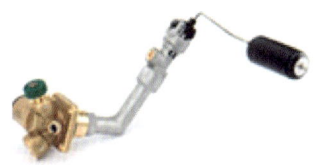

※ 사진 출처 : 주식회사 다임코
(http://dylpg.com/ko)

> [정답]
> 과충전 방지

10 다음 동영상의 LNG저장탱크 주변에는 방류둑을 설치해야 한다. 각 물음에 답하시오.

※ 사진 출처 : 가스신문
(https://www.gasnews.com)

1. 액화가스저장탱크의 저장능력 몇 톤 이상인 경우 방류둑을 설치하는가?
2. 방류둑의 외면으로부터 몇 m 이내에는 저장탱크의 부속시설 및 배관 외의 것을 설치하지 않는가?
3. 방류둑의 용량을 쓰시오.
4. 방류둑을 설치하지 않아도 되는 저장탱크를 쓰시오.

> [정답]
> 1. 500톤
> 2. 10 m
> 3. 저장능력에 상당하는 용적 이상일 것
> 4. 완전방호식 저장탱크

2024년 3회

01 다음 물음에 답하시오.

1 PURGE LEVER

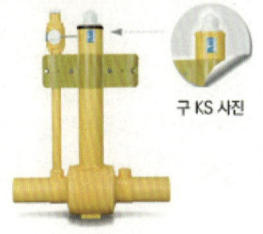
구 KS 사진

1. 위 밸브의 목적을 쓰시오.
2. 이 밸브에는 "이것"의 부착 여부에 따라 짧은 몸통형과 긴 몸통형으로 구분한다. "이것"의 명칭을 쓰시오.

※ 사진 출처 : 폴리텍
(http://polytec.co.kr)

정답
1. 개폐
2. 퍼지관

02 다음 동영상의 설비를 보고 괄호 안에 알맞은 말을 쓰시오.

※ 사진 출처 : 금정산업, 가스신문
(http://www.keumjung.co.kr)
(https://www.gasnews.com)

1. 퓨즈콕은 가스유로를 (ⓐ)로 개폐하고, (ⓑ)가 부착된 것으로서 배관과 호스, 호스와 호스, 배관과 배관 또는 배관과 커플러를 연결하는 구조로 한다.
2. 콕의 핸들 등을 회전하여 조작하는 것은 핸들의 회전 각도를 90°나 180°로 규제하는 (ⓐ)를 갖추어야 한다.
3. 완전히 열었을 때의 핸들의 방향은 유로의 방향과 (ⓐ)인 것으로 하고, 볼 또는 플러그의 구멍과 유로와는 어긋나지 않는 것으로 한다.
4. 콕은 닫힌 상태에서 (ⓐ)이 없이는 열리지 않는 구조로 한다. 다만 업무용 대형 연소기용 노즐콕은 그러지 않을 수 있다.

정답

1. ⓐ 볼, ⓑ 과류차단 안전기구
2. ⓐ 스토퍼
3. ⓐ 평행
4. ⓐ 예비적 동작

보충 KGS AA334

콕은 그 콕의 안전성·편리성 및 호환성을 확보하기 위하여 다음 기준에 따른 구조 및 치수를 가지는 것으로 한다.

3.4.1 콕의 표면은 매끈하고, 사용에 지장을 주는 부식·균열·주름 등이 없는 것으로 한다.

3.4.2 퓨즈콕은 가스 유로를 볼로 개폐하고, 과류차단안전기구가 부착된 것으로서, 배관과 호스, 호스와 호스, 배관과 배관 또는 배관과 커플러를 연결하는 구조로 한다.

3.4.3 상자콕은 가스 유로를 핸들, 누름, 당김 등의 조작으로 개폐하고, 과류차단안전기구가 부착된 것으로서, 배관과 커플러를 연결하는 구조로 한다. 〈개정 13.12.31., 17.8.7.〉

3.4.4 주물연소기용 노즐콕은 주물연소기 부품으로 사용하는 것으로서, 볼로 개폐하는 구조로 한다.

3.4.5 콕의 각 부분은 기계적·화학적 및 열적인 부하에 견디고, 사용에 지장을 주는 변형·파손 및 누출 등이 없으며 원활하게 작동하는 것으로 한다.

3.4.6 콕은 1개의 핸들 등으로 1개의 유로를 개폐하는 구조로 한다. 〈개정 13.12.31.〉

3.4.7 콕의 핸들 등을 회전하여 조작하는 것은 핸들의 회전 각도를 90°나 180°로 규제하는 스토퍼를 갖추어야 하며, 또한 핸들 등을 누름, 당김, 이동 등 조작을 하는 것은 조작 범위를 규제하는 스토퍼를 갖추어야 한다. 〈개정 13.12.31.〉

3.4.8 콕의 핸들 등은 개폐 상태를 눈으로 확인할 수 있는 구조로 하고, 핸들 등이 회전하는 구조의 것은 회전 각도가 90°의 것을 원칙으로 열림 방향은 시계 반대 방향인 구조로 한다. 다만 주물연소기용 노즐콕 및 업무용 대형 연소기용 노즐콕의 핸들 열림 방향은 그러지 않을 수 있다.

3.4.9 완전히 열었을 때의 핸들의 방향은 유로의 방향과 평행인 것으로 하고, 볼 또는 플러그의 구멍과 유로와는 어긋나지 않는 것으로 한다.

3.4.10 콕의 플러그 및 플러그와 접촉하는 몸통 부분 테이퍼는 1/5부터 1/15까지이고, 몸통과 플러그와의 표면은 밀착되도록 다듬질하며, 회전이 원활한 것으로 한다.

3.4.11 콕은 닫힌 상태에서 예비적 동작이 없이는 열리지 않는 구조로 한다. 다만 업무용 대형 연소기용 노즐콕은 그러지 않을 수 있다. 〈개정 15.4.14.〉

3.4.12 상자콕은 커플러를 연결하지 않으면 핸들 등을 열림 위치로 조작하지 못하는 구조로 하고, 핸들 등을 커플러가 빠지는 위치로 조작해야만 커플러가 빠지는 구조로 한다. 〈개정 13.12.31.〉

3.4.13 콕에 과류차단안전기구가 부착된 것은 과류가 차단되었을 때 간단하게 복원되도록 하는 기구를 부착한다.

3.4.14 콕의 몸통과 덮개는 나사에 금속 접착제를 사용하여 조립한다.

3.4.15 콕의 오링이 접촉하는 몸체 부분은 매끄럽고 윤이 나는 것으로 한다.
…이하 생략

03 다음 동영상의 안전장치 이름을 쓰시오.

※ 사진 출처 : 콘비스타
(http://ko.convistafc.com)

정답

스프링식 안전밸브

04 다음 용기를 보고 물음에 답하시오.

※ 사진 출처 : 가스신문
(https://www.gasnews.com)

1. 이 용기의 최고충전압력 정의를 쓰시오.
2. 이 용기의 기밀시험압력을 쓰시오.
3. 이 용기의 내압시험압력을 쓰시오.
4. 내력비의 정의를 쓰시오.

정답
1. 15℃에서 용기에 충전할 수 있는 가스의 압력 중 최고압력을 말한다
2. 최고충전압력의 1.8배의 압력을 말한다.
3. 최고충전압력수치의 3배의 압력을 말한다
4. 내력비란 내력과 인장강도의 비를 말한다.

보충 KGS AC214
1.4 용어 정의
이 기준에서 사용하는 용어의 뜻은 다음과 같다.
1.4.1 "비열처리재료"란 용기 제조에 사용되는 재료로서 오스테나이트계 스테인리스강·내식 알루미늄 합금판·내식 알루미늄 합금 단조품, 그 밖에 이와 유사한 열처리가 필요 없는 것을 말한다.
1.4.2 "열처리재료"란 용기 제조에 사용되는 재료로서, 비열처리재료 외의 것을 말한다.
1.4.3 "최고충전압력"이란 15℃에서 용기에 충전할 수 있는 가스의 압력 중 최고압력을 말한다.
1.4.4 "기밀시험압력"이란 최고충전압력의 1.8배의 압력을 말한다.
1.4.5 "내압시험압력"이란 최고충전압력수치의 3배의 압력을 말한다.
1.4.6 "내력비"란 내력과 인장강도의 비를 말한다.
1.4.7 "용접 용기"란 동판 및 경판을 각각 성형하고 용접으로 접합하여 제조한 용기를 말한다.
1.4.8 "상시품질검사"란 제품확인검사를 받고자 하는 제품 중 같은 생산 단위로 제조된 동일 제품을 1조로 하고 그 조에서 샘플을 채취하여 기본적인 성능을 확인하는 검사를 말한다.
1.4.9 "정기품질검사"란 생산공정검사를 받고자 하는 제품이 이 기준에 적합하게 제조되었는지를 확인하기 위하여 제조공정 또는 완성된 제품 중에서 시료를 채취하여 성능을 확인하는 것을 말한다.
1.4.10 "공정확인심사"란 생산공정검사를 받고자 하는 제품에 필요한 제조 및 자체검사 공정에 대하여 품질시스템 운용의 적합성을 확인하는 것을 말한다.
1.4.11 "수시품질검사"란 생산공정검사 또는 종합공정검사를 받은 제품이 이 기준에 적합하게 제조되었는지를 확인하기 위하여 양산된 제품에서 예고 없이 시료를 채취하여 확인하는 검사를 말한다.
1.4.12 "종합품질관리체계심사"란 제품의 설계·제조 및 자체검사 등 용기 제조 전 공정에 대한 품질시스템 운용의 적합성을 확인하는 것을 말한다.
1.4.13 "형식"이란 구조·재료·용량 및 성능 등에서 구별되는 제품의 단위를 말한다.
1.4.14 "공정검사"란 생산공정검사와 종합공정검사를 말한다.

05 배관의 부식 방지를 위한 전위 상태는 다음 중 어느 하나의 기준에 적합하게 설치·유지한다. 다음 각 질문에 답하시오.

1. 배관의 부식 방지를 위한 전위 상태의 방식전위 하한값은 전기철도 등의 간섭 영향을 받는 곳을 제외하고는 포화황산동 기준전극으로 얼마 이상이 되도록 하는가?
2. 황산염환원박테리아가 번식하는 토양에서는 얼마 이하여야 하는가?

정답
1. -2.5 V
2. -0.95 V

보충 KGS GC202
2.3 전기방식 기준
가스시설로부터 가능한 한 가까운 위치에서 기준전극으로 측정한 전위가 다음 기준에 적합하도록 한다.
2.3.1 고압가스시설
고압가스시설의 부식 방지를 위한 전위 상태는 다음 중 어느 하나에 따라 설치한다.
2.3.1.1 방식전류가 흐르는 상태에서 토양 중에 있는 고압가스시설의 방식전위는 포화황산동 기준전극으로 -5 V 이상, <u>-0.85 V 이하(황산염환원 박테리아가 번식하는 토양에서는 -0.95 V 이하)</u>로 한다.
2.3.1.2 방식전류가 흐르는 상태에서 자연전위와의 전위 변화가 최소한 -300 mV 이하로 한다. 다만 다른 금속과 접촉하는 고압가스시설은 제외한다.
2.3.2 액화석유가스시설
액화석유가스시설의 부식 방지를 위한 전위 상태는 다음 중 어느 하나에 따라 설치한다.
2.3.2.1 방식전류가 흐르는 상태에서 토양 중에 있는 액화석유가스시설의 방식전위는 포화황산동 기준전극으로 -0.85 V 이하로 하고 황산염환원 박테리아가 번식하는 토양에서는 -0.95 V 이하로 한다.
2.3.2.2 방식전류가 흐르는 상태에서 자연전위와의 전위 변화가 최소한 -300 mV 이하로 한다. 다만 다른 금속과 접촉하는 액화석유가스시설은 제외한다.
2.3.3 도시가스시설 〈개정 15.12.10.〉
배관의 부식 방지를 위한 전위 상태는 다음 중 어느 하나에 적합하도록 하고, 방식전위 하한값은 전기철도 등의 간섭 영향을 받는 곳을 제외하고는 포화황산동 기준전극으로 -2.5 V 이상이 되도록 한다.
2.3.3.1 방식전류가 흐르는 상태에서 토양 중에 있는 배관의 방식전위 상한값은 포화황산동 기준전극으로 -0.85 V 이하(황산염환원 박테리아가 번식하는 토양에서는 -0.95 V 이하)로 한다.
2.3.3.2 방식전류가 흐르는 상태에서 자연전위와의 전위 변화가 최소한 -300 mV 이하로 한다. 다만 다른 금속과 접촉하는 배관은 제외한다.
2.3.3.3 토양 중에 있는 배관의 방식전위 상한값은 방식전류가 일순간 동안 흐르지 않는 상태(Instant-off)에서 포화황산동 기준전극으로 -0.85 V(황산염환원 박테리아가 번식하는 토양에서는 -0.95 V) 이하로 한다.
2.3.4 수소시설 〈신설 24.7.23〉
수소시설의 부식 방지를 위한 전위 상태는 다음 중 어느 하나에 적합하도록 한다.
2.3.4.1 방식전류가 흐르는 상태에서 토양 중에 있는 수소시설의 방식전위가 포화황산동 기준전극으로 -5 V 이상, -0.85 V 이하(황산염환원 박테리아가 번식하는 토양에서는 -0.95 V 이하)가 되도록 한다.
2.3.4.2 방식전류가 흐르는 상태에서 자연전위와의 전위변화가 최소한 -300 mV 이하가 되도록 한다. 다만 다른 금속과 접촉하는 수소시설은 제외한다

06 다음은 가스 PE관이다. PE관 융착이음 방법 3가지를 쓰시오.

※ 사진 출처 : 가스신문
(https://www.gasnews.com)

정답
1. 새들
2. 맞대기
3. 소켓

07 다음은 가스용 PE밸브이다. PE밸브의 상당 압력등급(SDR)값에 따른 최고사용압력을 쓰시오.

1 PURGE LEVER

구 KS 사진

※ 사진 출처 : 폴리텍(http://polytec.co.kr)

1. 상당 SDR 11 이하
2. 상당 SDR 17 이하
3. 상당 SDR 21 이하

정답

1. 0.4 MPa
2. 0.25 MPa
3. 0.2 MPa

보충 KGS AA333

3.4.5 PE밸브의 상당압력등급(SDR)값에 따른 최고사용압력은 표 3.4.5와 같이 한다.

상당 SDR	압력(MPa)
11 이하	0.4
17 이하	0.25
21 이하	0.2

[비고]
표 3.4.5에서 상당 SDR값은 다음 식에 따라 구한다.
$SDR = D/t$
　　D : PE밸브에 연결되는 배관의 표준 외경(mm)
　　t : PE밸브에 연결되는 배관으로서 PE밸브 이음매 재질의 강도와 같고, 표준외경 D에서 SDR값이 최소인 배관의 두께(mm)

08 다음 동영상을 보고 각 물음에 답하시오.

※ 사진 출처 : 매일경제 (https://www.mk.co.kr)

1. LPG충전소에 설치된 충전기의 호스 끝에 설치하는 장치의 목적을 쓰시오.
2. 지시하는 부분의 기능을 쓰시오.

정답

1. 정전기 제거
2. 과도한 인장력이 작용하였을 때 분리되도록

09 다음 동영상에서 보여주는 설비 명칭과 설치 위치를 쓰시오.

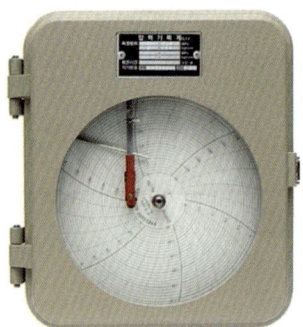

※ 사진 출처 : 아이에스테크
(https://is77.co.kr)

> 정답
1. 자기압력기록계
2. 정압기 출구에 설치

> 보충 자기압력기록계의 목적
1. 가스 누출시험(기밀시험용)
2. 가스의 이상압력 상태 확인

10 다음 동영상의 방폭구조 종류와 정의를 각각 쓰시오.

※ 사진 출처 : 보영전기
(http://www.bye21.co.kr)

> 정답
1. 종류 : 압력방폭구조
2. 용기 내부에 보호가스를 압입하여 내부압력을 유지함으로써 가연성 가스가 용기 내부로 유입되지 않도록 한 구조

2023년 1회

01 다음 동영상은 매설된 도시가스 배관의 누설을 탐지하는 차량으로 이곳에서 사용하는 가스누출검지기의 원리를 쓰시오.

※ 사진 출처 : 이투뉴스
(https://www.e2news.com)

> [정답]
> 운반체 가스 내의 유기화합물을 수소불꽃에너지로 이온화하여 이온전류를 측정
> (수소불꽃이온화검출기 - FID)

02 도시가스 정압기실에서 정압기 전단 및 후단에 설치되는 안전장치 명칭을 쓰시오.

> [정답]
> 1. 전단 : 긴급차단장치
> 2. 후단 : 정압기 안전밸브

03 도시가스 배관에서 관지름 20 mm 배관의 길이가 200 m일 때 배관 고정장치는 몇 개를 설치하여야 하는가?

※ 사진 출처 : 가스신문
(https://www.gasnews.com)

> [정답]
> 20 mm 배관일 경우 2 m마다 설치하므로
> $\frac{200}{2} = 100$개
>
> [보충] 배관 관경에 따른 고정
>
> | 관지름 13 mm 미만 | 1 m마다 |
> |---|---|
> | 관지름 13 mm 이상 33 mm 미만 | 2 m마다 |
> | 관지름 33 mm 이상 | 3 m마다 |

보충 호칭지름이 100 m 이상인 경우

호칭지름	지지간격
100 A	8 m
150 A	10 m
200 A	12 m
300 A	16 m
400 A	19 m
500 A	22 m
600 A	25 m

04 다음은 공업용 용기이다. 각 용기에 충전하는 가스 명칭을 순서대로 쓰시오.

 (1)   (2)   (3)   (4)

※ 사진 출처 : 가스신문
(https://www.gasnews.com)

정답
(1) 아세틸렌
(2) 산소
(3) 이산화탄소
(4) 수소

보충 용기

1. 용기도색

탄산가스	산소	아세틸렌	암모니아	수소	염소	기타
청색	녹색	황색	백색	주황색	갈색	회색

2. 가스명칭

아세틸렌	암모니아	LPG	기타
흑색	흑색	적색	백색

05 다음 동영상에서, 수소 충전소 지붕이 V자 형태인 이유를 쓰시오.

※ 사진 출처 : 가스신문
(https://www.gasnews.com)

정답
수소는 공기보다 가볍기 때문에 누출 시 지붕에 체류하므로, V자 형태로 하여 수소가 체류하지 않도록 하기 위해

06 도시가스 매설배관의 전기방식 중 희생양극법 및 외부전원법의 경우 전위측정용 터미널(TB) 설치 간격은 얼마인가?

※ 사진 출처 : ROPLANT
(https://www.roplant.com)

정답
1. 희생양극법 : 300 m 이내
2. 외부전원법 : 500 m 이내

보충 전기방식법
1. 선택배류법 : 300 m 이내
2. 희생양극법(유전양극법) : 300 m 이내
3. 외부전원법 : 500 m 이내

압 선희 300, 그밖 500

07 다음 동영상의 가스배관 매설 시 최고사용압력에 따른 보호포 색상을 각각 쓰시오.

※ 사진 출처 : 가스신문
(https://www.gasnews.com)

정답
1. 저압 : 황색
2. 중압이상 : 적색

08 다음 동영상은 압축도시가스 자동차 충전소이다. 괄호 안에 알맞은 숫자를 쓰시오.

※ 사진 출처 : 뉴스인
(https://www.newsin.co.kr)

충전설비는 고압전선까지의 수평거리 (①) m, 저압전선까지 (②) m 이상의 거리를 유지한다.

정답
① 5   ② 1

09 다음 동영상을 보고, LPG 안전공급계약서에 기재해야 하는 내용 3가지를 쓰시오.

정답

1. 가스의 전달 방법
2. 가스의 계량 방법과 가스요금
3. 공급설비와 소비설비에 대한 비용부담 등
4. 계약기간
5. 계약의 해지
6. 공급설비와 소비설비의 관리 방법

10 다음 동영상을 보고, 맞대기 융착이음 시 PE관의 두께가 30 mm일 때 비드폭의 최소치와 최대치를 각각 구하시오.

※ 사진 출처 : 나노인스텍
(http://www.nanoist.co.kr)

정답

1. $B_{\min} = 3 + 0.5t = 3 + 0.5 \times 30 = 18 mm$
2. $B_{\max} = 5 + 0.75t = 5 + 0.75 \times 30$
   $= 27.5 mm$

∴ 최소치 : 18 mm, 최대치 : 27.5 mm

보충 KGS CODE FU551

(1) 열 융착이음 방법은 맞대기 융착, 소켓 융착 또는 새들 융착으로 구분하여 다음 기준과 같이 한다.

(1-1) 맞대기 융착(Butt Fusion)은 공칭 외경 90 mm 이상의 직관과 이음관 연결에 적용하되, 다음 기준에 적합하게 한다.

(1-1-1) 비드(Bead)는 좌·우 대칭형으로 둥글고 균일하게 형성되도록 한다.

(1-1-2) 비드의 표면은 매끄럽고 청결하게 한다.

(1-1-3) 접합면의 비드와 비드 사이의 경계 부위는 배관의 외면보다 높게 형성되도록 한다.

(1-1-4) 이음부의 연결오차(v)는 배관 두께의 10 % 이하로 한다.

(1-1-5) 공칭 외경별 비드 폭은 원칙적으로 다음 식에 따라 산출한 최소치 이상 최대치 이하이고, 산출 예는 다음과 같다.

최소 = 3 + 0.5t, 최대 = 5 + 0.75t
(여기서 t = 배관 두께)

(1-1-6) 접합하는 PE배관은 KS M 3515(가스용 폴리에틸렌관의 이음관 - 조합형 전기 융착이음관) 부속서E에서 규정하는 동일한 호수의 관 종류를 사용한다.

(1-1-7) 시공이 불량한 융착이음부는 절단하여 제거하고 재시공한다.

가스산업기사 실기 동영상

2023년 2회

01 제시해주는 용기의 물음에 답하시오.

※ 사진 출처 : 가스신문
(https://www.gasnews.com)

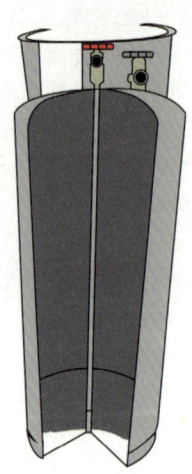

1. 용기 명칭을 쓰시오.
2. 일반 가정용으로 사용하는 용기와 비교해서 이 용기의 특징을 설명하시오.

> **정답**
>
> 1. 사이펀 용기
> 2. 기화장치가 설치되어 있는 시설에서 사용하며, 기화장치의 고장에 의해 액화석유가스를 공급하지 못하는 경우 회색 핸들(기체용 밸브)를 개방하여 기체를 일시적으로 공급

02 다음 동영상을 보고 가스도매사업자의 가스공급시설 명칭과 이 시설에서 방출된 가스의 착지농도에 따른 설비 높이 기준을 쓰고, 이때 액화가스가 함께 방출되거나 급랭될 우려가 있는 설비에 연결된 가스공급시설에서 가장 가까운 곳에 설치해야 하는 설비에 대해 각각 쓰시오.

※ 사진 출처 : 에너지신문
(https://www.energy-news.co.kr)

> **정답**
>
> 1. 명칭 : 벤트스택
> 2. 높이 : 폭발하한값 미만
> 3. 급랭될 우려가 있는 설비에서 가까운 곳에 설치해야 하는 설비 : 기액분리기

03 다음 동영상에서 보여주는 전기방식법의 이름과 전위측정용 터미널 설치 간격에 대해서 각각 쓰시오.

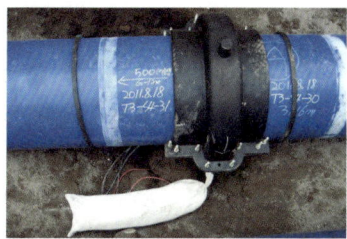

※ 사진 출처 : ROPLANT
(https://www.roplant.com)

> [정답]
> 1. 명칭 : 희생양극법
> 2. 간격 : 300 m 이내

04 LPG 자동차 충전기(Dispenser)에 대한 다음 물음에 답하시오.

※ 사진 출처 : 가스신문
(https://www.gasnews.com)

> 1. 충전호스 끝부분에 설치되는 장치는 무엇인가?
> 2. 충전호스에 과도한 인장력이 작용하였을 때 분리되는 안전장치의 명칭은 무엇인가?
> 3. 충전호스의 길이는 몇 m 이내여야 하는지 쓰시오.

> [정답]
> 1. 정전기 제거장치
> 2. 세이프티 커플링
> 3. 5 m 이내

05 다음 동영상에서 보여주는 가스 용기를 보고 각 물음에 답하시오.

(1)　　(2)　　(3)　　(4)

※ 사진 출처 : KGS Code
(https://kgscode.tistory.com)

> 1. 가연성 가스 번호를 쓰시오.
> 2. 조연성 가스 번호를 쓰시오.
> 3. 불연성 가스 번호를 쓰시오.

> [정답]
> 1. (2), (4)
> 2. (1)
> 3. (3)

보충 용기

1. 용기도색

탄산가스	산소	아세틸렌	암모니아	수소	염소	기타
청색	녹색	황색	백색	주황색	갈색	회색

2. 가스명칭

아세틸렌	암모니아	LPG	기타
흑색	흑색	적색	백색

06 다음 동영상에서 단독경보형감지기의 탐지부(가스누설 검지기)를 설치할 수 없는 장소 2가지를 쓰시오.

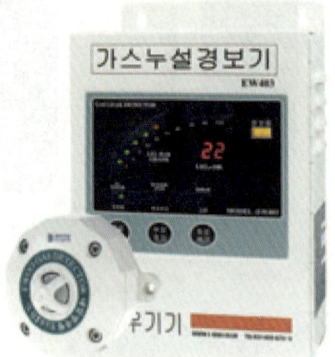

※ 사진 출처 : 유한테크
(https://www.yoohannet.com)

[정답]
1. 환기구 등 공기가 들어오는 곳으로부터 1.5 m 이내
2. 연소기의 폐가스가 접촉하기 쉬운 곳
3. 출입구 부근 등으로서 외부의 기류가 통하는 곳

07 다음 동영상에서 보여주는 설비의 명칭과 이 설비에 사용되는 종류(금속재 제외) 2가지를 쓰시오.

※ 사진 출처 : 가스신문
(https://www.gasnews.com)

[정답]
1. 명칭 : 라인마크
2. 사용되는 종류 : 스티커형 라인마크, 네일형 라인마크

08 LNG 저장설비와 처리시설은 그 외면으로부터 사업소 경계까지 유지해야 하는 최소 이격거리를 쓰시오.

※ 사진 출처 : 가스신문
(https://www.gasnews.com)

[정답]
50 m 이상

09 다음 동영상을 보고, 관지름이 20 mm인 가스배관을 설치할 때 관의 고정장치 설치 기준을 쓰고, 배관과 배관 지지물 사이에 해야 하는 조치를 쓰시오.

※ 사진 출처 : 오마이뉴스
(https://www.ohmynews.com)

정답

1. 배관 고정장치 : 2 m마다 설치
2. 조치 : 절연조치

보충 배관 관경에 따른 고정

관지름 13 mm 미만	1 m마다
관지름 13 mm 이상 33 mm 미만	2 m마다
관지름 33 mm 이상	3 m마다

10 다음 동영상을 보고 LPG를 이입, 충전할 때 사용하는 압축기에서 정전기를 제거하기 위한 것으로 지시하는 것의 방법은 무엇인가? (전선이 땅과 연결되어 있는 부분을 클로즈업해준다)

※ 사진 출처 : https://sale.alibaba.com

정답

대상물을 접지

2023년 4회

01 다음 지시하는 부분의 명칭과 기능을 각각 쓰시오.

※ 사진 출처 : 가스신문
(https://www.gasnews.com)

> [정답]
> 1. 명칭 : 스프링식 안전밸브
> 2. 기능 : 압력 이상 상승 시 압력을 외부로 배출

02 다음 동영상의 명칭과 설치위치를 각각 쓰시오.

※ 사진 출처 : 아이에스테크
(https://is77.co.kr)

> [정답]
> 1. 명칭 : 자기압력기록계
> 2. 설치위치 : 정압기 출구

[보충] 자기압력기록계의 용도
(1) 가스 누출시험(기밀시험용)
(2) 가스의 이상압력 상태 확인

03 다음은 가스충전소이다.

※ 사진 출처 : 가스신문
(https://www.gasnews.com)

1. 경계책의 높이를 쓰시오.
2. 화기엄금의 경계표지 수량을 쓰시오.

> [정답]
> 1. 1.5 m 이상
> 2. 3개 이상

04 LPG 자동차 충전소에 대한 다음 물음에 답하시오.

※ 사진 출처 : 가스신문
(https://www.gasnews.com)

1. 충전호스 길이는 얼마인가?
2. 충전호스에 부착하는 가스주입기는 무슨 형태로 하는가?
3. 충전호스에 과도한 (   )이 작용하였을 때 분리될 수 있도록 세이프티 커플링을 설치한다. 이때 괄호 안에 들어갈 알맞은 말을 쓰시오.

정답

1. 5 m 이내
2. 원터치형
3. 인장력

05 다음은 고압가스설비에 설치하는 압력계에 대한 기준이다. 괄호 안에 들어갈 알맞은 말을 쓰시오.

※ 사진 출처 : KC안전기술
(http://www.yuyangtech.co.kr/web)

1. 고압가스 설비에 설치하는 압력계는 상용압력의 (①)배 이상 (②)배 이하의 최고눈금이 있는 것으로 한다.
2. 충전용 주관의 압력계는 (①) 이상, 그 밖의 압력계는 (②) 이상 표준이 되는 압력계로 그 기능을 검사한다.

정답

1. ① 1.5 ② 2
2. ① 매월 1회 ② 3월에 1회

06 다음 용기에 각인된 TP250, FP150의 의미를 각각 쓰시오.

※ 사진 출처 : 안산특수가스
(https://globalgas.co.kr)

정답

1. TP : 내압시험압력 250 kgf/cm^2
2. FP : 압축가스의 최고충전압력 150 kgf/cm^2

07 다음 동영상의 보일러 급배기 방식을 쓰시오.

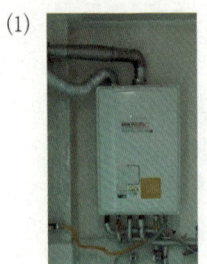 

※ 사진 출처 : 투데이에너지, 송파보일러
(https://www.todayenergy.kr)
(http://송파보일러.com)

(1) 연소용 공기는 옥외에서 취하고 폐가스도 옥외로 배출
(2) 하부에 급기구, 상부에 배기통이 설치되어 있는 형식으로 연소용 공기는 실내에서 취하고, 폐가스는 옥외로 배출

정답
(1) 강제급배기식 밀폐형(FF)
(2) 강제배기식 반밀폐형(FE)

08 다음 동영상을 보고 공기액화분리장치에서 즉시 운전을 중지하여 액화산소를 방출하여야 하는 경우 2가지를 쓰시오.

※ 사진 출처 : https://sale.alibaba.com

정답
1. 액화산소 5 L 중 아세틸렌 질량이 5 mg 이상일 때
2. 액화산소 5 L 중 탄화수소 중의 탄소 질량이 500 mg 이상일 때

보충 공기액화분리장치 순서
여과기 - 압축기 - 냉각기 - 건조기 - 열교환기 - 정류탑 - 펌프 - 충전기
(원료공기 흡입 후 위의 순서대로 진행)

09 다음 동영상을 보고, 각각의 안전밸브 형식을 쓰시오.

(1)

(2)

(3)

※ 사진 출처 : 가스신문
(https://www.gasnews.com)

> **정답**
> (1) 스프링식
> (2) 가용전식(LG)
> (3) 파열판식(PG)

10 다음 동영상을 보고 물음에 답하시오.

※ 사진 출처 : 투데이에너지
(https://www.todayenergy.kr)

> 1. 해당 설비의 명칭을 쓰시오.
> 2. 사용압력(MPa) 기준을 쓰시오.
> 3. 사용온도 기준을 쓰시오.
> 4. SDR이 13일 경우 최고압력을 쓰시오.
> 5. 개폐용 핸들의 열림 방향을 쓰시오.
> 6. 사용 방식을 쓰시오.

> **정답**
> 1. 가스용PE밸브
> 2. 0.4 MPa 이하
> 3. -29 ℃ 이상 38 ℃ 이하
> 4. 0.25 MPa
> 5. 시계 반대 방향
> 6. 지하에 매몰하여 사용
>   ① SDR 11 이하(1호관) : 0.4 MPa 이하
>   ② SDR 17 이하(2호관) : 0.25 MPa 이하
>   ③ SDR 21 이하(3호관) : 0.2 MPa 이하

2022년 1회

01 다음 동영상의 비파괴 검사법을 영문으로 쓰고, 이 방법의 검사 원리를 쓰시오.

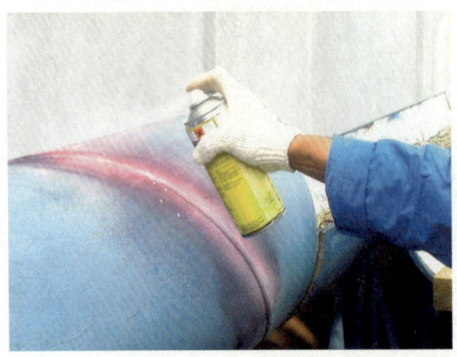

※ 사진 출처 : KC안전기술
(http://www.yuyangtech.co.kr/web)

[정답]
1. PT
2. 시험편 표면에 침투액을 적용시켜 균열부에 침투액을 침투시킨 후 시간이 경과한 뒤에 침투제를 제거하고 현상제를 도포하여 침투된 침투액의 불연속부분을 식별하여 결함을 검출

[보충] 비파괴 검사법 종류
1. 침투탐상검사(PT)
2. 자분탐상검사(MT)
3. 초음파탐상검사(UT)
4. 방사선투과검사(RT)

02 제시해주는 용기의 물음에 답하시오.

※ 사진 출처 : 가스신문
(https://www.gasnews.com)

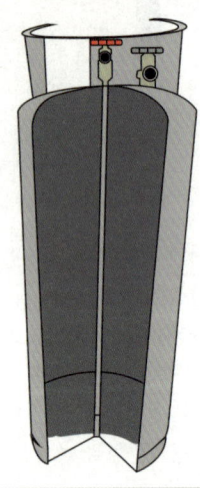

1. 용기 명칭을 쓰시오.
2. 일반 가정용으로 사용하는 용기와 비교해서 이 용기의 특징을 설명하시오.

[정답]
1. 사이펀 용기
2. 기화장치가 설치되어 있는 시설에서 사용하며, 기화장치의 고장에 의해 액화석유가스를 공급하지 못하는 경우 회색 핸들(기체용 밸브)를 개방하여 기체를 일시적으로 공급

03 액화천연가스의 저장설비와 처리설비는 그 외면으로부터 사업소경계까지 다음 계산식에 따라 얻은 거리 이상을 유지해야 한다. 다음 계산식에서 기호 W가 의미하는 것은 무엇인지 그 단위까지 포함하여 쓰시오.

$$L = C \times \sqrt[3]{143000\,W}$$

정답

W : 저장탱크는 저장능력(톤)의 제곱근, 그 밖의 것은 그 시설 안의 액화천연가스의 질량(톤)

---

04 다음은 가스시설의 이상사태 발생 시 이·충전되는 가스를 정지시키는 장치이다. 이 장치의 명칭과 작동 동력을 각각 쓰시오.

※ 사진 출처 : 거봉한진
(https://gurbong.com)

정답
1. 긴급차단장치
2. 액압, 기압, 전기식, 스프링식

---

05 방폭전기기기에 표시된 각 내용에 대해 설명하시오.

※ 사진 출처 : 아성테크
(https://www.a-sungtech.com)

| 1. Ex | 2. d |
| 3. ⅡB | 4. T4 |

정답
1. 방폭구조
2. 내압방폭구조
3. 내압 방폭전기기기의 폭발등급(최대안전틈새범위 0.5 mm 초과 0.9 mm 미만)
4. 방폭전기기기의 온도등급(가연성 가스의 발화도(℃) 범위 : 135 ℃ 초과 200 ℃ 이하)

보충 방폭구조의 종류
① 안전증방폭구조(e)
② 유입방폭구조(o)
③ 내압방폭구조(d)
④ 압력방폭구조(p)
⑤ 본질안전방폭구조(ia, ib)
⑥ 특수방폭구조(s)

보충 방폭전기기기 온도 등급에 따른 발화도 범위
T1 : 450 ℃ 초과
T2 : 300 ℃ 초과 450 ℃ 이하
T3 : 200 ℃ 초과 300 ℃ 이하
T4 : 135 ℃ 초과 200 ℃ 이하
T5 : 100 ℃ 초과 135 ℃ 이하
T6 : 85 ℃ 초과 100 ℃ 이하

보충 폭발등급
① ⅡA : 최대안전틈새범위 0.9 mm 이상
② ⅡB : 최대안전틈새범위 0.5 mm 초과 0.9 mm 미만
③ ⅡC : 최대안전틈새범위 0.5 mm 이하

06 퓨즈콕의 표시유량이 1.2 m³/h일 때 다음 물음에 답하시오.

※ 사진 출처 : 대방에너지

1. 표시유량 이상의 가스량이 통과되었을 경우 가스유로를 차단하는 내부 장치를 쓰시오.
2. 반 개방 상태에서도 가스유로가 열리지 않는 것을 쓰시오.

정답
1. 과류차단장치
2. 온 - 오프 장치

07 액화천연가스 시설에서 내진설계 대상에서 제외되는 경우 2가지를 쓰시오.

※ 사진 출처 : 동양보일러
(http://동양보일러.kr)

정답
1. 지하에 설치되는 시설
2. 저장능력이 3톤(압축가스의 경우 300 m³) 미만인 저장탱크 또는 가스홀더

08 회전식 압축기의 단면으로 이 압축기의 명칭을 쓰시오.

※ 사진 출처 : ERCH2014
(https://ko.erch2014.com)

정답
나사 압축기(스크류 압축기)

09 다음 동영상은 LPG 충전기의 보호대를 나타낸 것이다. 다음 물음에 답하시오.

※ 사진 출처 : 이투뉴스
(https://www.e2news.com)

1. 탄소강 외에 추가로 사용할 수 있는 보호대의 종류와 기준을 쓰시오.
2. 신규로 설치하는 보호대의 높이 기준을 쓰시오.

> **정답**
> 1. 두께 12 cm 이상의 철근콘크리트
> 2. 80 cm 이상의 높이
>
> **보충** 보호대
> 1. 재질 : 두께 12 cm 이상의 철근콘크리트 또는 강관
> 2. 높이 : 80 cm 이상(차량 범퍼 높이 이상)
> 3. 두께 : 철근콘크리트 구조 12 cm 이상
> 4. 지름 : 강관제 호칭지름 100 A 이상

10 액화석유가스의 저장설비의 바닥 면적이 5 m² 일 때 환기구 면적은 얼마 이상인지 쓰시오.

※ 사진 출처 : 가스신문
(https://www.gasnews.com)

> **정답**
> 1500 cm² 이상
>
> **보충** 환기구 면적
> 바닥면적 1 m²마다 300 cm²의 비율로 계산한 면적 이상으로 할 것

2022년 2회

01 다음 그림은 탱크 내부의 폭발모습으로 방폭 전기기기의 용기 내부에서 가연성 가스의 폭발이 발생할 경우 그 용기가 폭발압력에 견디고 접합면, 개구부 등을 통하여 외부의 가연성 가스에 인화되지 아니하도록 한 구조의 명칭과 기호를 쓰시오.

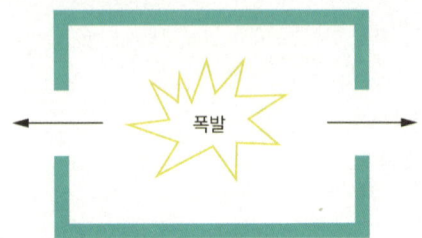

정답
1. 명칭 : 내압방폭구조
2. 기호 : d

보충 방폭구조의 종류
① 안전증방폭구조(e)
② 유입방폭구조(o)
③ 내압방폭구조(d)
④ 압력방폭구조(p)
⑤ 본질안전방폭구조(ia, ib)
⑥ 특수방폭구조(s)

보충 방폭전기기기 온도 등급에 따른 발화도 범위
T1 : 450 ℃ 초과
T2 : 300 ℃ 초과 450 ℃ 이하
T3 : 200 ℃ 초과 300 ℃ 이하
T4 : 135 ℃ 초과 200 ℃ 이하
T5 : 100 ℃ 초과 135 ℃ 이하
T6 : 85 ℃ 초과 100 ℃ 이하

보충 폭발등급
① ⅡA : 최대안전틈새범위 0.9 mm 이상
② ⅡB : 최대안전틈새범위 0.5 mm 초과 0.9 mm 미만
③ ⅡC : 최대안전틈새범위 0.5 mm 이하

02 도시가스 사용시설에서 사용되는 가스 용품으로 각각의 명칭을 쓰시오.

(1)
※ 사진 출처 : 대방에너지

(2)
※ 사진 출처 : 가스신문
(https://www.gasnews.com)

정답
(1) 퓨즈콕
(2) 상자콕

03 다음 동영상은 로딩암이다. 로딩암 두 라인의 명칭을 쓰시오.

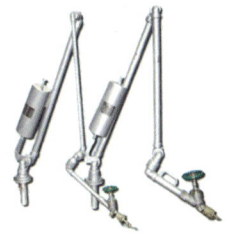

※ 사진 출처 : 백진산업, 가스신문
(https://baekjin.koreasme.com)
(https://www.gasnews.com)

정답
(1) 굵은 배관 : 액체라인
(2) 가는 배관 : 기체라인

04 다음 동영상은 메탄과 같은 유기화합물을 검출하는 검출기로 불꽃이온화검출기(FID)라 불리며, 이것은 특정 가스와의 반응을 이용한 것으로 이 가스는 무엇인가?

※ 사진 출처 : 이투뉴스
(https://www.e2news.com)

정답
수소

05 도시가스 정압기 입구압력이 0.5 MPa일 때 다음 물음에 답하시오.

※ 사진 출처 : ulsansafety
(https://ulsansafety.tistory.com)

1. 정압기 설계유량이 900 Nm^3/h일 때 안전밸브 방출관 크기는 얼마인가?
2. 상용압력이 2.5 kPa인 경우 안전밸브 설정 압력은 얼마인가?

정답
1. 50 A
2. 4.0 kPa 이하

보충 정압기 안전밸브 방출관 크기
〈정압기 입구 측 압력〉
1. 0.5 MPa 이상 : 50 A 이상
2. 0.5 MPa 미만
　① 정압기 설계유량 1000 Nm^3/h 이상
　　: 50 A 이상
　② 정압기 설계유량 1000 Nm^3/h 미만
　　: 25 A 이상

06 다음 동영상을 보고 물음에 답하시오.

※ 사진 출처 : 가스신문
(https://www.gasnews.com)

1. 배관을 지하에 매설하는 경우 폭 8 m 이상의 도로에서 매설깊이를 쓰시오.
2. 배관의 매설심도를 확보할 수 없는 경우 조치 방법을 쓰시오.

> 정답
1. 1.2 m 이상
2. 보호관 또는 보호판으로 보호조치를 하되, 보호관이나 보호판 외면이 지면 또는 노면과 0.3 m 이상의 깊이를 유지한다.

보충 배관을 지하에 매설하는 경우 매설깊이
1. 폭 8 m 이상 : 1.2 m 이상
2. 폭 4 m 이상 8 m 미만 : 1 m 이상
3. 폭 4 m 미만 : 0.8 m 이상

07 다음 동영상을 보고 물음에 답하시오.

※ 사진 출처 : 나노인스텍
(http://www.nanoist.co.kr)

1. 이 동영상의 폴리에틸렌관 이음법을 쓰시오.
2. 이음 시 최소 관지름을 쓰시오.

> 정답
1. 맞대기 융착이음
2. 공칭외경 90 mm

08 액화천연가스의 저장설비와 처리설비는 그 외면으로부터 사업소경계까지 유지하여야 하는 최소거리는 얼마인가?

※ 사진 출처 : 경향신문
(https://www.khan.co.kr)

> 정답
50 m

보충 사업소 경계와의 거리

액화천연가스(기화된 천연가스를 포함)의 저장설비와 처리설비는 그 외면으로부터 사업소 경계까지 다음 계산식에서 얻은 거리(그 거리가 50 m 미만의 경우에는 50 m) 이상을 유지

$$L = C \times \sqrt[3]{143000\,W}$$

L : 유지하여야 하는 거리(m)
C : 저압저하식 탱크는 0.24, 그 밖의 가스저장설비 및 처리설비는 0.576
W : 저장탱크는 저장능력(톤)의 제곱근, 그 밖의 것은 그 시설 안의 액화천연가스의 질량(톤)

09 LPG 자동차 충전기(Dispenser)에 대한 다음 물음에 답하시오.

※ 사진 출처 : 가스신문
(https://www.gasnews.com)

1. 충전호스 끝부분에 설치되는 장치를 쓰고 간단히 설명하시오.
2. 충전호스에 과도한 인장력이 작용하였을 때 분리되는 안전장치의 명칭은 무엇인가?

정답
1. 정전기 제거장치 : 정전기 제거
2. 세이프티 커플링

10 다음 동영상을 보고 물음에 답하시오.

※ 사진 출처 : 가스신문
(https://www.gasnews.com)

1. 다음에서 지시하는 부분의 명칭을 쓰시오.
2. 저장탱크에 설치한 안전밸브의 경우 가스 방출구의 방출관은 (①) 또는 그 저장탱크의 (②) 높이 중 더 높은 위치에 설치한다.

정답
1. 스프링안전밸브
2. ① 지면으로부터 5 m 이상
   ② 정상부로부터 2 m 이상

2022년 4회

01 자석의 S극과 N극을 이용하여 검사하는 비파괴검사의 명칭은 무엇인가?

※ 사진 출처 : 김재노
(https://jae-no.tistory.com)

정답

자분탐상검사(MT)

보충 비파괴검사 종류
1. 침투탐상검사(PT)
2. 자분탐상검사(MT)
3. 초음파탐상검사(UT)
4. 방사선투과검사(RT)

02 다음 동영상은 LPG 충전기의 보호대를 나타낸 것이다. 이 보호대의 높이와 두께의 기준을 쓰시오.

※ 사진 출처 : 이투뉴스
(https://www.e2news.com)

정답

1. 높이 80 cm 이상
2. 두께 12 cm 이상의 철근콘크리트

보충 보호대
1. 재질 : 두께 12 cm 이상의 철근콘크리트 또는 강관
2. 높이 : 80 cm 이상(차량 범퍼 높이 이상)
3. 두께 : 철근콘크리트 구조 12 cm 이상
4. 지름 : 강관제 호칭지름 100 A 이상

03 LNG 저장설비 외면으로부터 사업소 경계까지 유지하여야 할 계산식은 [보기]와 같다. 여기서 "W"의 의미를 단위까지 포함하여 쓰시오.

※ 사진 출처 : 경향신문
(https://www.khan.co.kr)

$$L = C \times \sqrt[3]{143000\,W}$$

정답

저장탱크는 저장능력(톤)의 제곱근, 그 밖의 것은 그 시설 안의 액화천연가스의 질량(톤)

보충 사업소 경계까지의 거리

액화천연가스(기화된 천연가스를 포함)의 저장설비와 처리설비는 그 외면으로부터 사업소 경계까지 다음 계산식에서 얻은 거리(그 거리가 50 m 미만의 경우에는 50 m) 이상을 유지

$L = C \times \sqrt[3]{143000\,W}$

L : 유지하여야 하는 거리(m)

C : 저압저하식 탱크는 0.24, 그 밖의 가스저장설비 및 처리설비는 0.576

W : 저장탱크는 저장능력(톤)의 제곱근, 그 밖의 것은 그 시설 안의 액화천연가스의 질량(톤)

04 회전식 압축기의 단면으로 이 압축기의 명칭을 쓰시오.

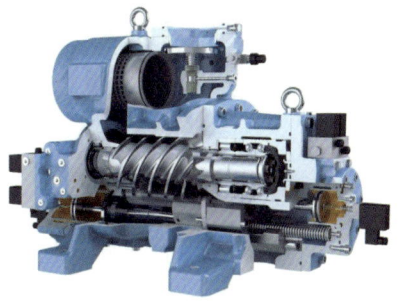

※ 사진 출처 : ERCH2014
(https://ko.erch2014.com)

정답

나사 압축기

05 가스도매사업소의 제조소 및 공급소에서 내진설계 대상에서 제외되는 LNG 저장탱크는 저장능력 ( )톤 미만인 경우이다. 괄호 안에 알맞은 내용을 쓰시오.

※ 사진 출처 : 페로타임즈
(https://www.ferrotimes.com)

정답

3

06 다음은 LPG 저장시설에 설치된 기기이다. 이 기기의 명칭과 작동하기 위한 동력원 4가지를 쓰시오.

※ 사진 출처 : 거봉한진
(https://gurbong.com)

> **정답**
> 1. 명칭 : 긴급차단장치
> 2. 동력원 : 액압, 기압, 전기식, 스프링식

07 밀폐식 보일러를 사람이 거처하는 곳에 부득이하게 설치할 때 바닥면적이 5 m²이면 통풍구 면적은 최소 몇 cm²인가?

※ 사진 출처 : 가스신문
(https://www.gasnews.com)

> **정답**
> 통풍구 면적 : 1 m²당 300 cm² 이상이므로,
> 5 × 300 = 1500 cm²
> ∴ 1500 cm²

08 방폭전기기기에 표시된 각 내용에 대해 설명하시오.

※ 사진 출처 : 아성테크
(https://www.a-sungtech.com)

| 1. Ex | 2. d |
| 3. ⅡB | 4. T4 |

> **정답**
> 1. 방폭구조
> 2. 내압방폭구조
> 3. 내압 방폭전기기기의 폭발등급(최대안전틈새범위 0.5 mm 초과 0.9 mm 미만)
> 4. 방폭전기기기의 온도등급(가연성 가스의 발화도 ℃ 범위 135 ℃ 초과 200 ℃ 이하)
>
> **보충** 방폭구조의 종류
> ① 안전증방폭구조(e)
> ② 유입방폭구조(o)
> ③ 내압방폭구조(d)
> ④ 압력방폭구조(p)
> ⑤ 본질안전방폭구조(ia, ib)
> ⑥ 특수방폭구조(s)
>
> **보충** 방폭전기기기 온도 등급에 따른 발화도 범위
> T1 : 450 ℃ 초과
> T2 : 300 ℃ 초과 450 ℃ 이하
> T3 : 200 ℃ 초과 300 ℃ 이하
> T4 : 135 ℃ 초과 200 ℃ 이하
> T5 : 100 ℃ 초과 135 ℃ 이하
> T6 : 85 ℃ 초과 100 ℃ 이하

보충 폭발등급
① ⅡA : 최대안전틈새범위 0.9 mm 이상
② ⅡB : 최대안전틈새범위 0.5 mm 초과 0.9 mm 미만
③ ⅡC : 최대안전틈새범위 0.5 mm 이하

10 제시해주는 용기의 물음에 답하시오.

※ 사진 출처 : 가스신문
(https://www.gasnews.com)

09 다음은 퓨즈콕이다. 각 물음에 답하시오.

※ 사진 출처 : 대방에너지

1. 이 가스용품 내부에 설치된 안전기구 명칭을 쓰시오.
2. 핸들 등이 반개방 상태에서도 가스 유로가 열리지 않는 장치의 명칭을 쓰시오.

정답
1. 과류차단 안전기구
2. ON-OFF 장치

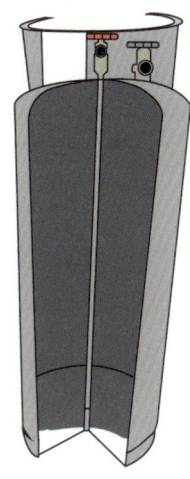

1. 용기 명칭을 쓰시오.
2. 일반 가정용으로 사용하는 용기와 비교해서 이 용기의 특징을 설명하시오.

정답
1. 사이펀 용기
2. 기화장치가 설치되어 있는 시설에서 사용하며, 기화장치의 고장에 의해 액화석유가스를 공급하지 못하는 경우 회색 핸들(기체용 밸브)를 개방하여 기체를 일시적으로 공급

2021년 1회

01 용기 내부에 절연유를 주입하여 불꽃, 아크 또는 고온 발생 부분이 기름 속에 잠기게 함으로써 기름면 위에 존재하는 가연성 가스에 인화되지 아니하도록 한 구조로 탄광에서 처음으로 사용한 방폭구조의 명칭과 기호를 각각 쓰시오.

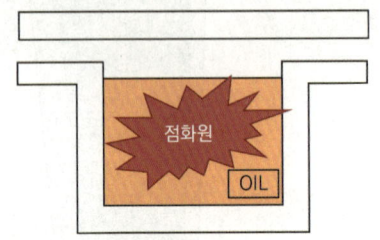

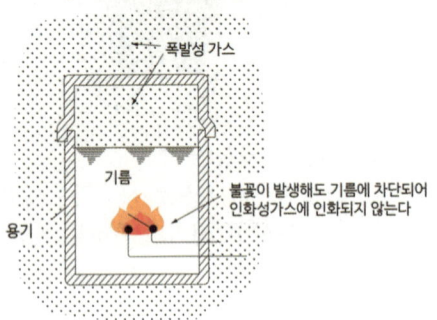

[정답]
1. 명칭 : 유입방폭구조
2. 기호 : O

02 가스용 폴리에틸렌관의 열 융착이음 종류 2가지를 쓰시오.

※ 사진 출처 : 나노인스텍
(http://www.nanoist.co.kr)

[정답]
1. 맞대기 융착이음
2. 소켓 융착이음
3. 새들 융착이음

03 도로폭이 20 m인 곳에 도시가스 배관을 매설할 때 매설깊이는 얼마인가?

※ 사진 출처 : 가스신문
(https://www.gasnews.com)

정답

1.2 m 이상

보충 배관 매설깊이
1. 공동주택 부지 내 : 0.6 m 이상
2. 폭 4 m 이상 8 m 미만의 도로 : 1 m 이상
3. 폭 8 m 이상의 도로 : 1.2 m 이상
4. 위에 해당하지 않는 곳 : 0.8 m 이상

04 다음은 LPG 충전사업소이다. 지하에 설치된 저장탱크 저장능력이 30톤일 경우 사업소 경계와의 거리는 얼마인가?

※ 사진 출처 : 가스신문
(https://www.gasnews.com)

정답

21 m 이상

05 다음과 같이 횡으로 설치된 도시가스 배관의 호칭지름이 150 A일 때 고정장치 설치거리 (지지간격)는 얼마인가?

※ 사진 출처 : 가스신문
(https://www.gasnews.com)

정답

10 m

보충 교량 및 횡으로 설치하는 가스배관 호칭지름별 지지간격

호칭지름	지지간격
100 A	8 m
150 A	10 m
200 A	12 m
300 A	16 m
400 A	19 m
500 A	22 m
600 A	25 m

06 다음 충전 용기 어깨부분에 각인된 TP250, FP150 기호의 의미를 각각 쓰시오.

※ 사진 출처 : 안산특수가스
(https://globalgas.co.kr)

정답
1. TP : 내압시험압력 250 kgf/cm²
2. FP : 압축가스 충전의 경우 최고충전압력 150 kgf/cm²

07 다음과 같이 지상에 설치된 LPG 저장탱크의 지름이 각각 30 m, 34 m일 때 저장탱크 상호 간 유지해야 할 안전거리를 쓰시오. (단, 물분무장치가 설치되지 않은 경우)

※ 사진 출처 : 국립중앙도서관
(www.nl.go.kr)

정답
저장탱크 상호 간 유지해야 하는 안전거리는 두 저장탱크 최대지름을 합한 길이의 4분의 1 이상이므로 $L = \dfrac{30+34}{4} = 16\,m$

∴ 16 m 이상

08 액화가스 저장탱크가 설치된 장소의 방류둑 단면으로 지시하는 것의 기능과 이것이 평상시에 닫혀 있는지, 열려 있는지 쓰시오.

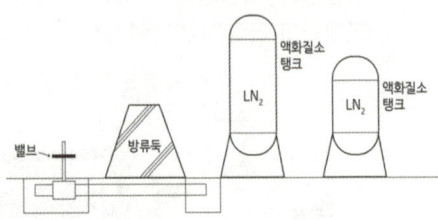

정답
1. 기능 : 방류둑 내부의 고인 물을 외부로 배출하는 배수밸브
2. 평상시 : 닫혀 있을 것

09 다음 영상은 초저온 용기이다. 초저온 용기에 충전하는 가스의 최고온도는 얼마인가?

※ 사진 출처 : 가스신문
(https://www.gasnews.com)

> [정답]
> -50 ℃
>
> [보충] 초저온 용기
> 1. 영하 50 ℃ 이하인 액화가스를 충전하기 위한 용기로서, 단열재로 피복하여 용기 내 가스온도가 상용의 온도를 초과하지 않도록 한 용기
> 2. 사용되는 시험용 가스 : 액화질소(-196 ℃), 액화아르곤(-186 ℃), 액화산소(-183 ℃)

10 주거용 가스보일러 설치기준에 대한 내용 중 괄호 안에 알맞은 용어를 쓰시오.

※ 사진 출처 : 가스신문
(https://www.gasnews.com)

1. 배기통 및 연돌의 터미널에는 새, 쥐 등 직경 ( ) mm 이상인 물체가 통과할 수 없는 방조망을 설치한다.
2. 전용 보일러실에는 대기압보다 낮은 압력인 음압 형성의 원인이 되는 ( )을 설치하지 않는다.
3. 가스보일러는 ( )에 설치하지 않는다.
4. 위의 조건에도 불구하고 가스보일러를 설치할 수 있는 경우를 쓰시오.

> [정답]
> 1. 16
> 2. 환기팬
> 3. 지하실 또는 반지하실
> 4. 밀폐식 가스보일러 및 급배기시설을 갖춘 전용보일러실에 설치하는 반밀폐식 가스보일러의 경우
>
> 〈KGS CODE GC208〉

2021년 2회

01 시험편에 일정한 충격을 가해 파괴시켜 금속재료를 시험하는 장치의 명칭과 시험목적을 쓰시오.

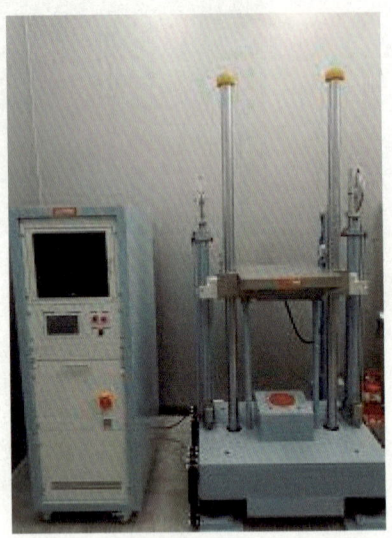

※ 사진 출처 : 한국신뢰성기술센터
(http://krtc.re.kr)

정답
1. 명칭 : 충격시험기
2. 목적 : 금속재료의 인성(재료의 질긴 정도)과 취성 확인

02 다음 영상은 초저온 용기이다. 초저온 용기에 충전하는 가스의 최고온도는 얼마인가?

※ 사진 출처 : 가스신문
(https://www.gasnews.com)

정답
-50 ℃

보충 초저온 용기
1. 영하 50 ℃ 이하인 액화가스를 충전하기 위한 용기로서, 단열재로 피복하여 용기 내 가스온도가 상용의 온도를 초과하지 않도록 한 용기
2. 사용되는 시험용 가스 : 액화질소(-196 ℃), 액화아르곤(-186 ℃), 액화산소(-183 ℃)

03
가스용 폴리에틸렌관을 맞대기 융착이음할 때 이음부 연결오차는 배관 두께의 얼마인가?

※ 사진 출처 : 나노인스텍
(http://www.nanoist.co.kr)

정답

10 % 이하

04
고압가스설비에 설치하는 압력계에 대한 기준 중 괄호 안에 알맞은 내용을 쓰시오.

※ 사진 출처 : KC안전기술
(http://www.yuyangtech.co.kr/web)

1. 고압가스 설비에 설치하는 압력계는 상용압력의 (①)배 이상 (②)배 이하의 최고눈금이 있는 것으로 한다.
2. 충전용 주관의 압력계는 (①) 이상, 그 밖의 압력계는 (②) 이상 표준이 되는 압력계로 그 기능을 검사한다.

정답

1. ① 1.5 ② 2
2. ① 매월 1회 ② 3월에 1회

05
다음과 같은 구조를 갖는 내압방폭구조를 설명하시오.

정답

방폭전기기기의 용기 내부에서 가연성 가스의 폭발이 발생할 경우 그 용기가 폭발 압력에 견디고, 접합면, 개구부 등을 통해 외부의 가연성 가스에 인화되지 않도록 한 구조를 말한다.

보충 KGS CODE GC201 용어 정의

1.3.1 "내압(耐壓)방폭구조"란 방폭전기기기의 용기(이하 "용기"라 한다) 내부에서 가연성 가스의 폭발이 발생할 경우 그 용기가 폭발 압력에 견디고, 접합면, 개구부 등을 통해 외부의 가연성 가스에 인화되지 않도록 한 구조를 말한다.

1.3.2 "유입(油入)방폭구조"란 용기 내부에 절연유를 주입하여 불꽃·아크 또는 고온 발생 부분이 기름 속에 잠기게 함으로써 기름면 위에 존재하는 가연성 가스에 인화되지 않도록 한 구조를 말한다.

1.3.3 "압력(壓力)방폭구조"란 용기 내부에 보호가스(신선한 공기 또는 불활성 가스)를 압입하여 내부 압력을 유지함으로써 가연성 가스가 용기 내부로 유입되지 않도록 한 구조를 말한다.

1.3.4 "안전증방폭구조"란 정상운전 중에 가연성 가스의 점화원이 될 전기불꽃·아크 또는 고온 부분 등의 발생을 방지하기 위해 기계적·전기적 구조상 또는 온도 상승에 대해 특히 안전도를 증가시킨 구조를 말한다.

1.3.5 "본질안전방폭구조"란 정상 시 및 사고(단선, 단락, 지락 등) 시에 발생하는 전기불꽃·아크 또는 고온부로 인하여 가연성 가스가 점화되지 않는 것이 점화시험 및 그 밖의 방법으로 확인된 구조를 말한다.

1.3.6 "특수방폭구조"란 1.3.1부터 1.3.5까지 구조 이외의 방폭구조로서 가연성 가스에 점화를 방지할 수 있다는 것이 시험 및 그 밖의 방법으로 확인된 구조를 말한다.

06 액화천연가스 시설에서 내진설계 대상에서 제외되는 경우 2가지를 쓰시오.

※ 사진 출처 : 동양보일러
(http://동양보일러.kr)

> **정답**
> 1. 지하에 설치되는 시설
> 2. 저장능력이 3톤(압축가스의 경우 300 m^3) 미만인 저장탱크 또는 가스홀더

07 도시가스 정압기 설계유량이 1000 Nm^3/h 미만일 때 다음 물음에 답하시오.

※ 사진 출처 : ulsansafety
(https://ulsansafety.tistory.com)

1. 안전밸브 방출관 크기는 얼마인가?
2. 상용압력이 2.5 kPa인 경우 안전밸브 설정 압력은 얼마인가?

> **정답**
> 1. 25 A
> 2. 4.0 kPa 이하
>
> **보충** 정압기 안전밸브 방출관 크기
> 정압기 입구 측 압력
> 1. 0.5 MPa 이상 : 50 A 이상
> 2. 0.5 MPa 미만
>   ① 정압기 설계유량 1000 Nm^3/h 이상 : 50 A 이상
>   ② 정압기 설계유량 1000 Nm^3/h 미만 : 25 A 이상

08 매설된 도시가스 배관의 전기방식법 중 외부전원법에 대해 설명하시오.

※ 사진 출처 : 왕도방식
(http://www.wangdo.com)

정답

방식대상물의 외부에 직류전원장치를 사용하여 외부직류전원장치의 양극(+)은 매설배관이 설치되어 있는 토양이나 수중에 설치한 외부전원용 전극에 접속하고 음극(-)은 매설배관에 접속시켜 전기적 부식을 방지하는 방법을 말한다.

보충 전기방식 조치

전기방식 : 배관 외면에 전류를 유입시켜 양극반응을 저지함으로써 부식을 방지
- 희생양극법 : 지중 또는 수중에 설치된 양극 금속과 매설배관을 전선으로 연결하여 양극 금속과 매설배관 사이의 전지작용에 의하여 전기적 부식을 방지하는 방법을 말한다.
- 외부전원법 : 방식대상물의 외부에 직류전원장치를 사용하여 외부직류전원장치의 양극(+)은 매설배관이 설치되어 있는 토양이나 수중에 설치한 외부전원용 전극에 접속하고 음극(-)은 매설배관에 접속시켜 전기적 부식을 방지하는 방법을 말한다.

(한국가스공사 발췌)

- 배류법 : 매설배관 전위가 주위 다른 금속구조물 보다 높은 장소에서 전기적 접속시켜 유입된 누출전류를 복귀시키며 전기적 부식 방지
※ 외부전원법과 선택배류법을 조합하여 레일의 전위가 높아도 방식전류를 흐르게 할 수가 있는 방식 : 강제배류법

09 정압기실에 설치되는 가스누출검지 통보장치의 검지부에 대한 다음 물음에 답하시오.

※ 사진 출처 : 도시가스시공 전문 블로그
(https://blog.naver.com/bpland2002)

1. 검지부 설치 수 기준을 쓰시오.
2. 작동상황 점검 주기를 쓰시오.

정답

1. 정압기실 바닥면 둘레 20 m에 대해 1개 이상
2. 1주일에 1회 이상

10 지상에 저장탱크를 설치한 곳의 방류둑에 대한 물음에 답하시오. (LNG 명칭 표시)

※ 사진 출처 : https://sale.alibaba.com

1. 이 시설 내측 및 그 외면으로부터 일정 거리에는 그 저장탱크의 부속설비 외의 것을 설치하지 않아야 한다. 이때 외면으로부터 거리는 얼마인가?
2. 방류둑을 설치해야 할 저장탱크 저장능력은 얼마인가?
3. 방류둑 용량은 얼마인가?

정답
1. 10 m 이내
2. 500톤 이상
3. 저장능력 상당용적 이상

보충 방류둑을 설치해야 할 저장탱크 저장능력 기준

1. 고압가스 특정제조
   ① 독성 가스 : 5톤 이상
   ② 가연성 가스 : 500톤 이상
   ③ 액화산소 : 1000톤 이상
2. 고압가스 일반제조
   ① 독성 가스 : 5톤 이상
   ② 가연성 가스, 액화산소 : 1000톤 이상
3. 냉동제조시설(독성 가스 냉매 사용) : 수액기 내용적 1만 L 이상
4. 액화석유가스 : 1000톤 이상
5. 도시가스
   ① 가스도매사업 : 500톤 이상
   ② 일반도시가스사업 : 1000톤 이상
   ※ LNG 저장탱크는 가스도매사업에 해당

2021년 4회

01 가스용 폴리에틸렌관의 융착이음 3가지와 다음 동영상에서 보여주는 융착이음 명칭을 쓰시오.

※ 사진 출처 : 나노인스텍
(http://www.nanoist.co.kr)

정답
1. 맞대기 융착이음, 소켓 융착이음, 새들 융착이음
2. 맞대기 융착이음

02 LNG에 대한 물음에 답하시오.

※ 사진 출처 : 국제신문
(https://www.kookje.co.kr)

1. LNG 주성분인 물질의 완전연소 반응식을 완성하시오.
2. 다음 동영상의 장미는 LNG(비점 -162℃)에 넣었다 뺀 것으로 꽃잎이 쉽게 부스러진다. 100 % 메탄과 염소를 반응시키면 염화수소와 냉매로 사용되는 물질이 생성되는데 이 물질의 명칭을 쓰시오.

정답
1. $CH_4 + 2O_2 \rightarrow CO_2 + 2H_2O$
2. 염화메틸(CH_3Cl)

03 다음은 도시가스 지하 정압기실에 설치된 강제통풍장치이다. ① 배기구 관지름(mm) 크기와 ② 방출구는 지면에서 몇 m 이상의 높이에 설치해야 하는지 각각 쓰시오.

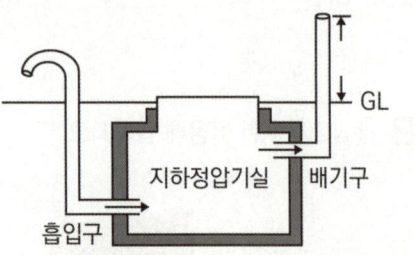

※ 사진 출처 : KGS Code

정답
① 배기구 관지름 : 100 mm 이상
② 방출구 : 지면에서 3 m 이상

04 다음 그림은 탱크 내부의 폭발모습으로 방폭 전기기기의 용기 내부에서 가연성 가스의 폭발이 발생할 경우 그 용기가 폭발압력에 견디고 접합면, 개구부 등을 통하여 외부의 가연성 가스에 인화되지 아니하도록 한 구조의 명칭과 기호를 쓰시오.

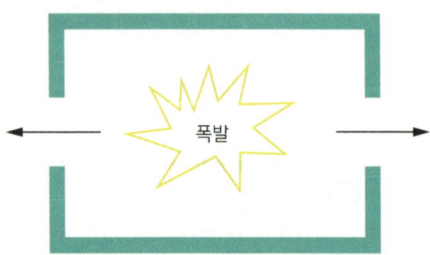

정답
1. 명칭 : 내압방폭구조
2. 기호 : d

05 LNG 저장탱크는 저장능력이 몇 톤 이상일 때 방류둑을 설치하는가?

※ 사진 출처 : 통영신문
(https://www.tynewspaper.co.kr)

정답
500톤 이상일 때 설치

보충 방류둑
1. 설치
  (1) 저장탱크 내 액화가스가 액체상태로 유출되는 것을 방지하기 위해 설치
  (2) 저장탱크 저부가 지하에 있으며 주위피트상 구조로인 것으로 그 용량 이상일 것
2. 설치 적용 범위
  (1) 고압가스 특정제조
    ① 독성 가스 : 5톤 이상
    ② 가연성 가스 : 500톤 이상
    ③ 액화산소 : 1000톤 이상
  (2) 고압가스 일반제조
    ① 독성 가스 : 5톤 이상
    ② 가연성 가스, 액화산소 : 1000톤 이상
  (3) 냉동제조시설(독성 가스 냉매 사용) : 수액기 내용적 1만 L 이상
  (4) 액화석유가스 : 1000톤 이상
  (5) 도시가스
    ① 가스도매사업 : 500톤 이상
    ② 일반도시가스사업 : 1000톤 이상
  ※ LNG 저장탱크는 가스도매사업에 해당
3. 용량
  (1) 저장탱크 저장능력에 상당하는 용적 이상으로 할 것
  (2) 액화산소는 저장능력의 상당 용량의 60% 이상으로 할 것

4. 방류둑 구조 및 기준
   (1) 재료 : 철근콘크리트, 금속, 흙 또는 이를 혼합한 액밀한 구조
   (2) 액체류 표면적 : 가능한 한 적게
   (3) 배관관통부 틈새로부터 누설방지 및 방식조치
   (4) 금속재료 : 부식되지 않게 방식 및 방청조치
   (5) 방류둑 내 고인 물을 배출하기 위한 배수조치
   (6) 가연성과 독성, 가연성과 조연성 액화가스 방류둑은 혼합배치하지 말 것
   (7) 방류둑 내면과 외면으로부터 10 m 이내 : 저장 탱크 부속설비 이외의 것은 설치 금지
   (8) 성토 : 수평에 대해 45° 이하 구배를 가지고 성토 정상부 폭은 30 cm 이상
   (9) 방류둑 계단 및 사다리 : 출입구 둘레 50 m마다 1개 이상 설치
      → 둘레 50 m 미만 : 2개소 이상 분산 설치

06 압축가스 및 액화가스를 충전하는 용기를 용접 유무에 의해 구분할 때 명칭을 쓰시오.

※ 사진 출처 : 헬륨가스 특수가스 의료용 가스
(https://blog.naver.comrookie1005)

정답
이음매 없는 용기

07 도시가스 배관의 신축흡수조치에 대한 내용 중 괄호 안에 알맞은 용어를 쓰시오.

※ 사진 출처 : 원일공조
(https://wonyl.co.kr)

매설되어 있는 배관 외의 배관에 신축흡수조치를 할 때 (①)을(를) 사용하거나 (②)이나 (③) 등의 신축이음매를 사용할 수 있다. 건축물 내에 설치된 수직 배관은 길이가 (④)을(를) 초과하는 경우에는 신축흡수조치를 한다.

정답
① 곡관
② 벨로스형
③ 슬라이드형
④ 60 m

08 도시가스 사용시설에 호칭지름 43 mm인 배관을 노출하여 설치할 때 물음에 답하시오.

※ 사진 출처 : 오마이뉴스
(https://www.ohmynews.com)

1. 고정장치 설치간격은 얼마인가?
2. 배관 외부에 표시할 사항 2가지를 쓰시오.

정답

1. 3 m마다
2. 사용가스명, 가스의 흐름방향, 최고사용압력

보충 배관 관경에 따른 고정

관지름 13 mm 미만	1 m마다
관지름 13 mm 이상 33 mm 미만	2 m마다
관지름 33 mm 이상	3 m마다

09 도로폭이 6 m인 곳에 도시가스 배관을 매설할 때 매설깊이는 얼마인가?

※ 사진 출처 : 가스신문
(https://www.gasnews.com)

정답

1 m 이상

보충 배관 매설깊이

1. 공동주택 부지 내 : 0.6 m 이상
2. 폭 4 m 이상 8 m 미만의 도로 : 1 m 이상
3. 폭 8 m 이상의 도로 : 1.2 m 이상
4. 위에 해당하지 않는 곳 : 0.8 m 이상

10 용기보관실에서 가스 누출 시 화재 확산 예방법에 대해 2가지를 쓰시오.

※ 사진 출처 : 가스신문
(https://www.gasnews.com)

정답

1. 용기보관실은 그 바깥 면으로부터 화기를 취급하는 장소까지 2 m 이상의 우회거리를 두거나, 용기보관실과 화기를 취급하는 장소의 사이에는 그 용기보관실로부터 누출된 가스가 유동하는 것을 방지하기 위한 적절한 조치를 할 것
2. 용기보관실은 불연성재료를 사용하고, 그 지붕은 불연성재료를 사용한 가벼운 지붕을 설치할 것
3. 용기보관실에는 가스가 누출될 경우 이를 신속히 검지(檢知)하여 효과적으로 대응할 수 있도록 하기 위하여 분리형 가스누출경보기를 설치할 것
4. 용기보관실에 설치된 전기설비가 누출된 가스의 점화원이 되는 것을 방지하기 위하여 그 용기보관실에 설치된 전기설비는 방폭구조로 된 것이어야 하고, 그 용기보관실 안에 전기스위치를 설치하지 않는 등의 적절한 조치를 할 것
5. 용기보관실에는 누출된 가스가 머물지 않도록 하기 위하여 그 구조에 따라 환기구를 갖추고 환기가 잘되지 않는 곳에는 강제통풍 시설을 설치할 것

〈액화석유가스의 안전관리 및 사업법 시행규칙 [별표 6] 액화석유가스 판매와 액화석유가스 충전사업자의 영업소에 설치하는 용기저장소의 시설·기술·검사 기준〉

2020년 1회

01 다음은 공업용 용기이다. 각 용기에 충전하는 가스 명칭을 순서대로 쓰시오.

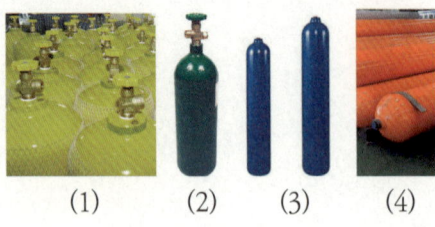

(1)　　(2)　　(3)　　(4)

※ 사진 출처 : 가스신문
(https://www.gasnews.com)

[정답]
(1) 아세틸렌
(2) 산소
(3) 이산화탄소
(4) 수소

[보충] 용기
1. 용기도색

탄산가스	산소	아세틸렌	암모니아	수소	염소	기타
청색	녹색	황색	백색	주황색	갈색	회색

2. 가스명칭

아세틸렌	암모니아	LPG	기타
흑색	흑색	적색	백색

02 다음 충전 용기 밸브의 종류를 쓰시오.

※ 사진 출처 : 가스신문
(https://www.gasnews.com)

[정답]
가용전식

03 다음 동영상은 아세틸렌가스 용기이다. 이 용기에 각인된 "TW"에 대해 설명하시오.

※ 사진 출처 : 가스신문
(https://www.gasnews.com)

정답

용기의 질량에 용기의 다공물질·용제 및 밸브의 질량을 합한 질량(기호 : TW, 단위 : kg)

보충 아세틸렌가스 충전 용기

KGS AC214
1. 내용적(기호 : V, 단위 : L)
2. 밸브 및 부속품(분리할 수 있는 것으로 한정한다)을 포함하지 않은 용기의 질량(기호 : W, 단위 : kg)
3. 용기의 질량에 용기의 다공물질·용제 및 밸브의 질량을 합한 질량(기호 : TW, 단위 : kg)
4. 내압시험에 합격한 연월
5. 내압시험 압력(기호 : TP, 단위 : MPa)
6. 압축가스 충전의 경우 최고충전 압력(기호 : FP, 단위 : MPa)
7. 내용적이 500 L를 초과하는 용기의 경우 동판의 두께(기호 : t, 단위 : mm)

정답
1. 액유출방지장치
2. ① 폭발의 위험
   ② 피부 노출 시 저온으로 인한 동상
   ③ 산소 부족으로 인한 질식

05 지하에 매설된 도시가스 배관을 전기방식 조치를 하기 위하여 설치된 정류기로 이 전기방식법의 전위측정용 터미널 설치간격은 얼마인가?

※ 사진 출처 : 왕도방식
(http://www.wangdo.com)

정답

500 m 이내
※ 정류기 : 외부전원법

04 실내에 설치된 기화장치에 대한 다음 물음에 각각 답하시오.

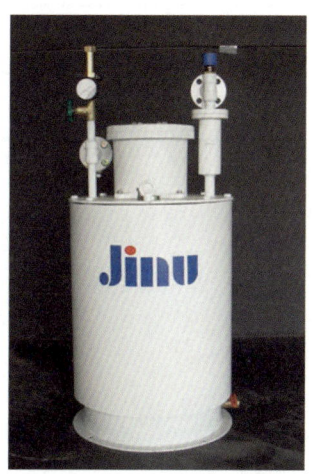

※ 사진 출처 : 가스신문
(https://www.gasnews.com)

1. 액체 상태로 열교환기 밖으로 유출을 방지하는 장치의 명칭은 무엇인가?
2. 액 유출 시 나타나는 현상 2가지를 쓰시오.

06 장미를 LNG(비점 -162 ℃)에 넣었다 빼면 꽃잎이 쉽게 부스러진다. 100 % CH_4를 Cl_2와 반응시키면 HCl과 냉매로 사용되는 물질이 생성되는데 이 물질의 명칭은 무엇인가?

※ 사진 출처 : 국제신문
(https://www.kookje.co.kr)

정답
염화메틸(CH_3Cl)(= 염화메탄)

07 도시가스 배관의 용접부에 비파괴 검사를 하는 것으로 이 검사법의 명칭을 영문약자로 쓰시오.

※ 사진 출처 : 가스신문
(https://www.gasnews.com)

정답
RT

보충 비파괴 검사
1. 침투탐상검사(PT)
2. 자분탐상검사(MT)
3. 초음파탐상검사(UT)
4. 방사선투과검사(RT)

08 액화석유가스의 저장설비, 가스설비, 용기보관실 등에 설치된 자연환기설비의 환기구의 통풍가능면적 합계 기준을 쓰시오.

※ 사진 출처 : 가스신문
(https://www.gasnews.com)

정답
바닥면적 1 m^2마다 300 cm^2의 비율로 계산한 면적 이상으로 할 것

09 가스용 폴리에틸렌관을 맞대기 융착이음할 때 최소 관지름은 몇 mm인가?

※ 사진 출처 : 나노인스텍
(http://www.nanoist.co.kr)

정답
공칭외경 90

10 다음 동영상은 다기능 가스안전계량기이다. 다기능 가스 안전계량기의 작동 성능 4가지를 쓰시오.

※ 사진 출처 : 가스신문
(https://www.gasnews.com)

정답
1. 원격검침
2. 유량차단
3. 가스누설감지기 차단
4. 압력차단
5. 누설검사
6. 지진 감지 및 차단
7. 일산화탄소 감지 및 차단

2020년 2회

01 가스용 폴리에틸렌관(PE관)을 지하에 매설할 때 사용하는 이 설비 명칭을 쓰시오.

※ 사진 출처 : 투데이에너지
(https://www.todayenergy.kr)

정답
가스용 PE밸브

02 자석의 S극과 N극을 이용하여 검사하는 비파괴검사의 명칭은 무엇인가?

※ 사진 출처 : 김재노
(https://jae-no.tistory.com)

정답
자분탐상검사(MT)

보충 비파괴검사 종류
1. 침투탐상검사(PT)
2. 자분탐상검사(MT)
3. 초음파탐상검사(UT)
4. 방사선투과검사(RT)

03 가스용 폴리에틸렌관의 열 융착이음 종류 2가지를 쓰시오.

※ 사진 출처 : 나노인스텍
(http://www.nanoist.co.kr)

정답

1. 맞대기 융착이음
2. 소켓 융착이음
3. 새들 융착이음

04 다음 동영상에서 보여주는 설비의 명칭을 쓰시오.

※ 사진 출처 : 가스신문
(https://www.gasnews.com)

정답

라인마크

보충 라인마크
지하 매설된 가스배관의 위치를 표시

05 다음은 공업용 용기이다. 각 용기에 충전하는 가스 명칭을 순서대로 쓰시오.

(1)　　(2)　　(3)　　(4)

※ 사진 출처 : 가스신문
(https://www.gasnews.com)

정답

(1) 아세틸렌
(2) 산소
(3) 이산화탄소
(4) 수소

보충 용기

1. 용기도색

탄산가스	산소	아세틸렌	암모니아	수소	염소	기타
청색	녹색	황색	백색	주황색	갈색	회색

2. 가스명칭

아세틸렌	암모니아	LPG	기타
흑색	흑색	적색	백색

06 다음은 LPG 저장시설에 설치된 기기이다. 각 기기의 명칭을 쓰시오.

①  ②

※ 사진 출처 : ① 퍼펙트 밸브, ② 거봉한진
(https://perfect-valve.com/ko)
(https://gurbong.com)

정답
① 체크밸브
② 긴급차단장치

정답
1. 저장능력 : 1000톤 이상
2. 저장탱크 저장능력 : 저장능력 상당용적의 60 % 이상

보충 방류둑
1. 설치
   (1) 저장탱크 내 액화가스가 액체상태로 유출되는 것을 방지하기 위해 설치
   (2) 저장탱크 저부가 지하에 있으며 주위피트상 구조로인 것으로 그 용량 이상일 것
2. 설치 적용 범위
   (1) 고압가스 특정제조
      ① 독성 가스 : 5톤 이상
      ② 가연성 가스 : 500톤 이상
      ③ 액화산소 : 1000톤 이상
   (2) 고압가스 일반제조
      ① 독성 가스 : 5톤 이상
      ② 가연성 가스, 액화산소 : 1000톤 이상
   (3) 냉동제조시설(독성 가스 냉매 사용) : 수액기 내용적 1만 L 이상
   (4) 액화석유가스 : 1000톤 이상
   (5) 도시가스
      ① 가스도매사업 : 500톤 이상
      ② 일반도시가스사업 : 1000톤 이상
   ※ LNG 저장탱크는 가스도매사업에 해당
3. 용량
   (1) 저장탱크 저장능력에 상당하는 용적 이상으로 할 것
   (2) 액화산소는 저장능력의 상당 용량의 60 % 이상으로 할 것
4. 방류둑 구조 및 기준
   (1) 재료 : 철근콘크리트, 금속, 흙 또는 이를 혼합한 액밀한 구조
   (2) 액 체류 표면적 : 가능한 한 적게
   (3) 배관관통부 틈새로부터 누설방지 및 방식조치
   (4) 금속재료 : 부식되지 않게 방식 및 방청조치
   (5) 방류둑 내 고인 물을 배출하기 위한 배수조치
   (6) 가연성과 독성, 가연성과 조연성 액화가스 방류둑은 혼합배치하지 말 것

07 다음 동영상을 보고 LPG를 이입, 충전할 때 사용하는 압축기에서 정전기를 제거하기 위한 것으로 지시하는 것의 방법은 무엇인가?

※ 사진 출처 : https://sale.alibaba.com

정답
대상물을 접지

08 액화산소 저장탱크가 설치된 곳에 방류둑을 설치하여야 할 저장능력과 방류둑 용량은 얼마인가?

※ 사진 출처 : 가스신문
(https://www.gasnews.com)

(7) 방류둑 내면과 외면으로부터 10 m 이내 : 저장 탱크 부속설비 이외의 것은 설치 금지
(8) 성토 : 수평에 대해 45° 이하 구배를 가지고 성토 정상부 폭은 30 cm 이상
(9) 방류둑 계단 및 사다리 : 출입구 둘레 50 m마다 1개 이상 설치
→ 둘레 50 m 미만 : 2개소 이상 분산 설치

09 고압가스를 충전하는 용기에 대한 다음 물음에 답하시오.

① ②

※ 사진 출처 : 가스신문, 신소재경제신문
(https://www.gasnews.com)

1. ① 충전 용기는 충전 후 15 ℃에서 압력이 얼마로 될 때까지 정치하여야 하는가?
2. ② 충전 용기에 충전하는 가스의 품질검사 순도는 얼마인가?

정답

1. 1.5 MPa 이하
2. 98.5 % 이상

보충 순도 유지 기준
1. 산소 : 99.5 %
2. 아세틸렌 : 98 %
3. 수소 : 98.5 %

암 산구구오, 아구팔, 쓰구팔어

10 주거용 가스보일러와 연통을 접합하는 방법 2가지를 쓰시오.

※ 사진 출처 : 가스신문
(https://www.gasnews.com)

정답

1. 나사식
2. 플랜지식
3. 리브식

2020년 3회

01 다음 동영상은 아세틸렌 용기이다. 아세틸렌 용기의 안전밸브 종류를 쓰시오.

※ 사진 출처 : 가스신문
(https://www.gasnews.com)

정답 아세틸렌 용기 안전밸브
가용전식 안전밸브

보충 용기용 안전밸브의 종류
1. 스프링식 밸브 : LPG
2. 가용전식 밸브 : 아세틸렌, 염소
3. 파열판식 밸브 : 산소, 수소, 질소

02 다음은 LPG용 차량에 고정된 탱크가 정차하는 위치에 설치된 것으로 이것의 명칭과 저장탱크 표면적 1 m²당 물분무능력(L/min)은 얼마인지 각각 쓰시오.

※ 사진 출처 : 대명에너지
(https://www.daemyoung-eng.com)

정답
1. 명칭 : 냉각살수장치
2. 물분무능력 : 5 L/min 이상

03 도시가스 매설배관의 전기방식 중 희생양극법 및 외부전원법의 경우 전위측정용 터미널(TB) 설치 간격은 얼마인가?

※ 사진 출처 : ROPLANT
(https://www.roplant.com)

정답
1. 희생양극법 : 300 m 이내
2. 외부전원법 : 500 m 이내

보충 전기방식법
1. 선택배류법 : 300 m 이내
2. 희생양극법(유전양극법) : 300 m 이내
3. 외부전원법 : 500 m 이내

암 선희 300, 그밖 500

04 액화천연가스(LNG)를 이용한 실험장면에서 −161이라는 숫자가 의미하는 것은 무엇인가?

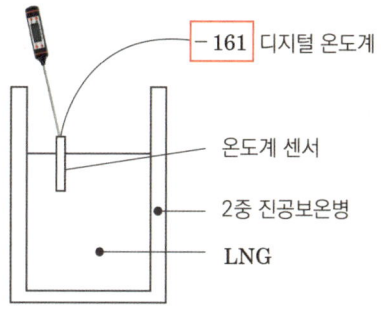

정답
LNG 주성분인 메탄 비점이 −161 ℃라는 의미

05 도시가스 사용시설 배관에 대한 다음 물음에 답하시오.

※ 사진 출처 : 가스신문
(https://www.gasnews.com)

1. 배관 이음부와 절연조치를 하지 않은 전선과의 유지거리는 얼마인가?
2. 가스계량기와 절연조치를 하지 않은 전선과의 유지거리는 얼마인가?

정답
1. 15 cm 이상
2. 15 cm 이상

보충 이격거리

1. 가스계량기와의 거리

전기계량기 및 전기개폐기	60 cm 이상
굴뚝·전기점멸기 및 전기 접속기	30 cm 이상
절연조치를 하지 않은 전선	15 cm 이상

2. 배관 이음매와의 거리

배관의 이음매	60 cm	전기계량기 및 전기개폐기
	30 cm	전기점멸기 및 전기접속기 (사용시설은 15 cm 이상)
	10 cm	절연전선
	15 cm	절연조치를 하지 않은 전선 및 단열조치를 하지 않은 굴뚝

06 동영상에서 사용된 방폭구조의 명칭 2가지를 쓰고 설명하시오. (Ex d ib Ⅱ B T6가 각인된 방폭전기기기의 명판을 보여준다)

※ 사진 출처 : 아성테크
(https://www.a-sungtech.com)

정답
1. 내압방폭구조 : 방폭전기기기의 용기(이하 "용기"라 한다) 내부에서 가연성 가스의 폭발이 발생할 경우 그 용기가 폭발 압력에 견디고, 접합면, 개구부 등을 통해 외부의 가연성 가스에 인화되지 않도록 한 구조를 말한다.

2. 본질안전방폭구조 : 정상 시 및 사고(단선, 단락, 지락 등) 시에 발생하는 전기불꽃·아크 또는 고온부로 인하여 가연성 가스가 점화되지 않는 것이 점화시험 및 그 밖의 방법으로 확인된 구조를 말한다.

보충 방폭구조의 종류
① 안전증방폭구조(e)
② 유입방폭구조(o)
③ 내압방폭구조(d)
④ 압력방폭구조(p)
⑤ 본질안전방폭구조(ia, ib)
⑥ 특수방폭구조(s)

보충 방폭전기기기 온도 등급에 따른 발화도 범위
T1 : 450 ℃ 초과
T2 : 300 ℃ 초과 450 ℃ 이하
T3 : 200 ℃ 초과 300 ℃ 이하
T4 : 135 ℃ 초과 200 ℃ 이하
T5 : 100 ℃ 초과 135 ℃ 이하
T6 : 85 ℃ 초과 100 ℃ 이하

보충 폭발등급
① ⅡA : 최대안전틈새범위 0.9 mm 이상
② ⅡB : 최대안전틈새범위 0.5 mm 초과 0.9 mm 미만
③ ⅡC : 최대안전틈새범위 0.5 mm 이하

보충 KGS CODE GC201 용어 정의
1.3.1 "내압(耐壓)방폭구조"란 방폭전기기기의 용기(이하 "용기"라 한다) 내부에서 가연성 가스의 폭발이 발생할 경우 그 용기가 폭발 압력에 견디고, 접합면, 개구부 등을 통해 외부의 가연성 가스에 인화되지 않도록 한 구조를 말한다.
1.3.2 "유입(油入)방폭구조"란 용기 내부에 절연유를 주입하여 불꽃·아크 또는 고온 발생부분이 기름 속에 잠기게 함으로써 기름면 위에 존재하는 가연성 가스에 인화되지 않도록 한 구조를 말한다.
1.3.3 "압력(壓力)방폭구조"란 용기 내부에 보호가스(신선한 공기 또는 불활성 가스)를 압입하여 내부 압력을 유지함으로써 가연성 가스가 용기 내부로 유입되지 않도록 한 구조를 말한다.

1.3.4 "안전증방폭구조"란 정상운전 중에 가연성 가스의 점화원이 될 전기불꽃·아크 또는 고온 부분 등의 발생을 방지하기 위해 기계적·전기적 구조상 또는 온도 상승에 대해 특히 안전도를 증가시킨 구조를 말한다.
1.3.5 "본질안전방폭구조"란 정상 시 및 사고(단선, 단락, 지락 등) 시에 발생하는 전기불꽃·아크 또는 고온부로 인하여 가연성 가스가 점화되지 않는 것이 점화시험 및 그 밖의 방법으로 확인된 구조를 말한다.
1.3.6 "특수방폭구조"란 1.3.1부터 1.3.5까지 구조 이외의 방폭구조로서 가연성 가스에 점화를 방지할 수 있다는 것이 시험 및 그 밖의 방법으로 확인된 구조를 말한다.

07 아세틸렌 충전작업에 대한 다음 물음에 답하시오.

※ 사진 출처 : 가스신문
(https://www.gasnews.com)

1. 2.5 MPa 압력으로 압축하는 때에 첨가하는 희석제 종류 2가지를 쓰시오.
2. 용기에 충전하는 때에 미리 용기에 침윤시키는 것 2가지는 무엇인가?

정답
1. 질소, 메탄, 일산화탄소, 에틸렌
2. 아세톤, 디메틸포름아미드

08 LPG 저장설비 및 가스설비실의 환기구의 통풍구조에 대한 다음 물음에 답하시오.

※ 사진 출처 : 가스신문
(https://www.gasnews.com)

1. 환기구의 통풍가능면적 합계는 바닥면적 1 m² 당 얼마인가?
2. 환기구 1개의 면적은 얼마인가?

[정답]
1. 300 cm² 이상
2. 2400 cm² 이하

09 제시되는 정압기의 2차 압력이 상승 시 작동상태를 쓰시오.

※ 사진 출처 : 세종AMC
(http://www.sjamc.co.kr)

[정답]
2차 압력이 상승하면 파일럿에서 흐르는 가스양이 감소하고 Restrictor 입구압력과 제어압력이 증가하여 슬리브가 닫힌다.

10 다음은 공업용 용기이다. 용기에 대한 물음에 답하시오.

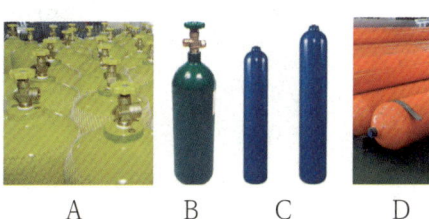

A B C D

※ 사진 출처 : 가스신문
(https://www.gasnews.com)

1. 가연성 가스가 충전되는 용기를 기호로 모두 적으시오.
2. D 용기에 충전하는 가스의 임계온도 및 임계압력을 쓰시오.
3. 용기에 가스를 충전할 때 압축기와 충전용 지관 사이에 수취기를 설치하는 것을 쓰시오.
4. 누설 시 바닥에 체류하는 가스가 충전되는 용기를 기호로 모두 적으시오.

[정답]
1. A, D
2. 임계온도 : -239.9 ℃, 임계압력 : 1.28 MPa
3. B
4. B, C

[보충] 가스명칭
A : 아세틸렌
B : 산소
C : 이산화탄소
D : 수소

2020년 4회

01 다음 동영상은 막식 계량기이다. 막식 계량기에 표시된 각각의 내용을 설명하시오.

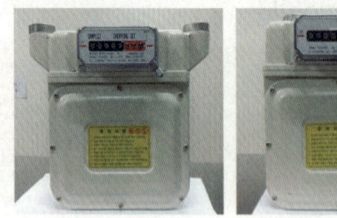

※ 사진 출처 : 가스신문
(https://www.gasnews.com)

1. MAX 3.1 m³/h
2. 0.7 L/rev

정답
1. 사용 최대유량이 시간당 3.1 m³/h
2. 계량실 1주기 체적이 0.7 L

02 LPG 자동차 충전기(Dispenser)에 대한 다음 물음에 답하시오.

※ 사진 출처 : 가스신문
(https://www.gasnews.com)

1. 충전호스 끝부분에 설치되는 장치는 무엇인가?
2. 충전호스에 과도한 인장력이 작용하였을 때 분리되는 안전장치의 명칭은 무엇인가?

정답
1. 정전기 제거장치
2. 세이프티 커플링

03 다음 동영상을 보고 LPG를 이입, 충전할 때 사용하는 압축기에서 정전기를 제거하기 위한 것으로 지시하는 것의 방법은 무엇인가?

※ 사진 출처 : https://sale.alibaba.com

정답
대상물을 접지

04 고압가스 제조설비가 누출된 가스가 체류할 우려가 있는 장소에 설치될 때 바닥면 둘레가 55 m이면 가스누출 검지경보장치의 검출부 설치 수는 몇 개인가?

※ 사진 출처 : 가스신문
(https://www.gasnews.com)

정답

55/20 = 2.75
∴ 3개

보충 가스누출 검지경보장치 검출부

1. 건축물 안에 고압가스 설비가 설치 : 바닥면 둘레 10 m당 1개 이상
2. 건축물 밖에 고압가스 설비가 설치 : 바닥면 둘레 20 m당 1개 이상
3. 특수반응설비가 설치된 장소 : 바닥면 둘레 10 m당 1개 이상
4. 발화원이 있는 장소 : 바닥면 둘레 20 m 당 1개 이상

05 동영상에서 사용된 방폭구조의 명칭 2가지를 쓰시오. (Ex d ib Ⅱ B T6가 각인된 방폭전기기기의 명판을 보여준다)

※ 사진 출처 : 아성테크
(https://www.a-sungtech.com)

정답

1. d : 내압방폭구조
2. ib : 본질안전방폭구조

보충 방폭구조의 종류

① 안전증방폭구조(e)
② 유입방폭구조(o)
③ 내압방폭구조(d)
④ 압력방폭구조(p)
⑤ 본질안전방폭구조(ia, ib)
⑥ 특수방폭구조(s)

보충 방폭전기기기 온도 등급에 따른 발화도 범위

T1 : 450 ℃ 초과
T2 : 300 ℃ 초과 450 ℃ 이하
T3 : 200 ℃ 초과 300 ℃ 이하
T4 : 135 ℃ 초과 200 ℃ 이하
T5 : 100 ℃ 초과 135 ℃ 이하
T6 : 85 ℃ 초과 100 ℃ 이하

보충 폭발등급

① Ⅱ A : 최대안전틈새범위 0.9 mm 이상
② Ⅱ B : 최대안전틈새범위 0.5 mm 초과 0.9 mm 미만
③ Ⅱ C : 최대안전틈새범위 0.5 mm 이하

06 제시해주는 용기의 물음에 답하시오.

※ 사진 출처 : 가스신문
(https://www.gasnews.com)

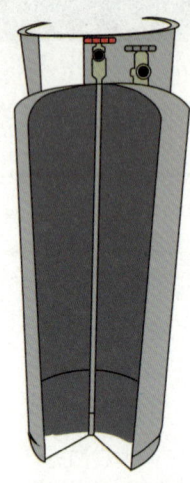

1. 용기 명칭을 쓰시오.
2. 일반 가정용으로 사용하는 용기와 비교해서 이 용기의 특징을 설명하시오.

> 정답
> 1. 사이펀 용기
> 2. 기화장치가 설치되어 있는 시설에서 사용하며, 기화장치의 고장에 의해 액화석유가스를 공급하지 못하는 경우 회색 핸들(기체용 밸브)를 개방하여 기체를 일시적으로 공급

07 고압가스 설비에 설치하는 압력계는 상용압력의 (①)배 이상 (②)배 이하의 최고눈금이 있는 것으로 하고, 처리할 수 있는 가스의 용적이 1일 100 m³ 이상인 사업소에는 「국가표준기본법」에 의한 제품인증을 받은 압력계를 (③)개 이상 비치하여야 한다. 괄호 안에 알맞은 숫자를 넣으시오.

※ 사진 출처 : KC안전기술
(http://www.yuyangtech.co.kr/web)

> 정답
> ① 1.5
> ② 2
> ③ 2

08 다음 동영상은 LPG 충전기의 보호대를 나타낸 것이다. 이 보호대의 높이는 몇 cm인가?

※ 사진 출처 : 이투뉴스
(https://www.e2news.com)

정답

80 cm 이상

보충 보호대
1. 재질 : 두께 12 cm 이상의 철근콘크리트 또는 강관
2. 높이 : 80 cm 이상(차량 범퍼 높이 이상)
3. 두께 : 철근콘크리트 구조 12 cm 이상,
4. 지름 : 강관제 호칭지름 100 A 이상

09 액화산소 저장탱크가 설치된 곳에 방류둑을 설치하여야 할 저장능력과 방류둑 용량은 얼마인가?

※ 사진 출처 : 가스신문
(https://www.gasnews.com)

정답

1. 저장능력 : 1000톤 이상
2. 저장탱크 저장능력 : 상당용적의 60 % 이상

10 고정식 압축도시가스(CNG) 자동차 충전시설 기준에 대한 물음에 답하시오.

※ 사진 출처 : 뉴스인
(https://www.newsin.co.kr)

1. 압축가스설비 외면으로부터 사업소 경계까지의 안전거리를 쓰시오.
2. 처리설비, 압축가스설비로부터 몇 m 이내에 보호시설이 있는 경우 방호벽을 설치하는가?
3. 충전설비는 도로의 경계와 유지하여야 할 거리는 얼마인가?
4. 처리설비, 압축가스설비 및 충전설비는 철도까지 유지해야 할 거리는 얼마인가?

정답

1. 10 m 이상
2. 30 m 이내
3. 5 m 이상
4. 30 m 이상

2019년 1회

01 다음 동영상은 메탄과 같은 유기화합물을 검출하는 검출기로 불꽃이온화검출기(FID)라 불리며, 이것은 특정 가스와의 반응을 이용한 것으로 이 가스는 무엇인가?

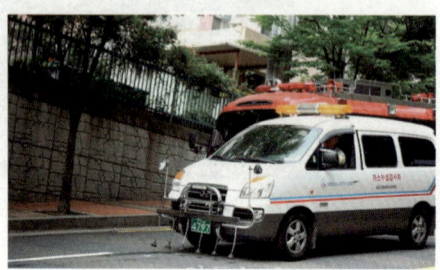

※ 사진 출처 : 이투뉴스
(https://www.e2news.com)

정답
수소

02 방폭전기기기 결합부의 나사류를 외부에서 쉽게 조작함으로써 방폭성능을 손상시킬 우려가 있는 것은 드라이버, 스패너, 플라이어 등의 일반공구로 조작할 수 없도록 한 구조의 명칭과 ⅡB에 대하여 설명하시오.

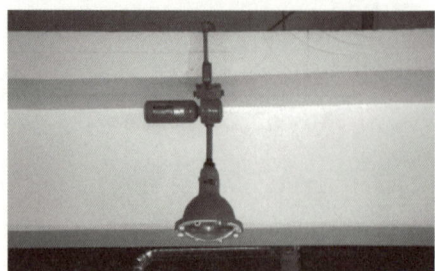

※ 사진 출처 : 다음카페 소방#위험물 정보세상***
(https://m.cafe.daum.net/standby119)

정답
1. 자물쇠식 죄임 구조
2. ⅡB : 방폭전기기의 폭발등급(최대안전틈새범위 0.5 mm 초과 0.9 mm 미만)

03 다음은 공업용 용기이다. 각 용기에 충전하는 가스 명칭을 순서대로 쓰시오.

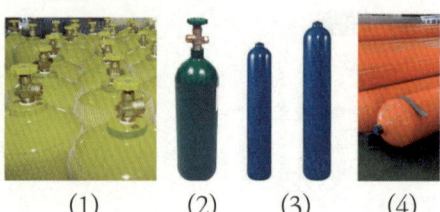

(1)   (2)   (3)   (4)

※ 사진 출처 : 가스신문
(https://www.gasnews.com)

정답
(1) 아세틸렌
(2) 산소
(3) 이산화탄소
(4) 수소

보충 용기
1. 용기도색

탄산가스	산소	아세틸렌	암모니아	수소	염소	기타
청색	녹색	황색	백색	주황색	갈색	회색

2. 가스명칭

아세틸렌	암모니아	LPG	기타
흑색	흑색	적색	백색

04 다음은 LPG용 차량에 고정된 탱크가 정차하는 위치에 설치된 것으로 이것의 명칭과 저장탱크 표면적 1 m² 당 물분무능력(L/min)은 얼마인지 각각 쓰시오.

※ 사진 출처 : 대명에너지
(https://www.daemyoung-eng.com)

> **정답**
> 1. 명칭 : 냉각살수장치
> 2. 물분무능력 : 5 L/min 이상

05 다음 동영상에서 보여주는 설비의 명칭과 직선배관일 대 설치간격 기준을 쓰시오.

※ 사진 출처 : 가스신문
(https://www.gasnews.com)

> **정답**
> 1. 라인마크
> 2. 배관길이 50 m마다 1개 이상 설치

06 도시가스 매설배관의 전기방식 중 배류법 및 외부전원법의 경우 전위측정용 터미널(TB) 설치 간격은 얼마인가?

※ 사진 출처 : ROPLANT
(https://www.roplant.com)

> **정답**
> 1. 배류법 : 300 m 이내
> 2. 외부전원법 : 500 m 이내
>
> **보충** 전기방식법
> 1. 선택배류법 : 300 m 이내
> 2. 희생양극법(유전양극법) : 300 m 이내
> 3. 외부전원법 : 500 m 이내
>
> 암 선희 300, 그밖 500

07 도시가스 사용시설에서 호스가 파손되는 것 등에 의해 가스가 누출할 때의 이상 과다 유량을 감지하여 가스유로를 차단하는 것의 명칭을 쓰시오.

※ 사진 출처 : 대방에너지

> **정답**
> 퓨즈콕

08 가스용 폴리에틸렌관을 맞대기 융착이음할 때 최소 관지름은 몇 mm인가?

※ 사진 출처 : 나노인스텍
(http://www.nanoist.co.kr)

[정답]
공칭외경 90

09 액화석유가스의 저장설비, 가스설비, 용기보관실 등에 설치된 자연환기설비의 환기구의 통풍가능면적 합계 기준을 쓰시오.

※ 사진 출처 : 가스신문
(https://www.gasnews.com)

[정답]
바닥면적 $1\,m^2$마다 $300\,cm^2$의 비율로 계산한 면적 이상으로 할 것

10 공정에 존재하는 위험요소들과 공정의 효율을 떨어뜨릴 수 있는 운전상의 문제점을 찾아내어 그 원인을 제거하는 위험성 평가기법의 명칭을 쓰시오.

[정답] 위험과 운전 분석기법(HAZOP)

종류	영문약자	특징
체크 리스트	-	공정 및 설비 오류, 결함상태, 위험상황을 목록화한 형태로 작성하여 경험적 비교로 위험성을 정성적으로 파악하는 기법
결함수 분석	FTA	사고를 일으키는 장치 이상이나 운전사 실수 조합을 연역적으로 분석하는 기법
이상 위험도 분석	FMECA	공정 및 설비 고장 형태 및 영향, 고장형태별 위험도 순위를 결정하는 기법
위험과 운전 분석	HAZOP	공정에 존재하는 위험 요소와 공정 효율을 떨어뜨릴 수 있는 운전상의 문제점을 찾아 원인 제거 기법
사건수 분석	ETA	초기사건으로 알려진 특정 장치 이상이나 운전자 실수로부터 발생하는 잠재적 사고결과 평가기법
원인 결과 분석	CCA	잠재된 사고 결과와 근본적 원인을 찾아내고 결과와 원인의 상호관계를 예측·평가하는 기법
작업자 실수 분석	HEA	설비 운원원, 정비보수원, 기술자 등의 작업에 영향을 미칠 요소를 평가하여 실수 원인을 파악 및 추적으로 상대적 순위를 결정하는 기법
사고 예상 질문 분석	WHAT - IF	공정에 잠재하며 원하지 않는 나쁜 결과를 초래할 수 있는 사고에 대해 예상질문을 통해 사전 확인함으로써 위험을 줄이는 방법을 제시하는 기법
예비 위험 분석	PHA	공정 또는 설비에 관한 상세 정보를 얻을 수 없는 상황에서 위험물질과 공정 요소에 초점을 두어 초기위험을 확인하는 기법

종류	영문약자	특징
공정위험분석	PHR	기존설비 또는 안전성향상계획서를 제출·심사 받은 설비에 대하여 설비 설계·건설·운전 및 정비 경험을 바탕으로 위험성 분석하는 방법
상대위험순위결정	-	설비 존재 위험에 대해 수치적으로 상대위험순위를 지표화하여 피해 정도를 나타내는 상대적 위험 순위를 정하는 안전성평가기법

2019년 2회

01 다음을 보고 가연성 가스 또는 독성 가스 설비에서 이상 상태가 발생하는 경우 그 설비 내의 내용물을 설비 밖으로 긴급하고 안전하게 이송하는 설비이다. 다음 물음에 답하시오.

※ 사진 출처 : 에너지신문
(https://www.energy-news.co.kr)

1. 착지농도 기준으로 이 설비의 높이는 얼마인가?
2. 이 설비의 방출구 위치는 작업원이 정상작업을 하는 장소 및 항시 통행하는 장소로부터 얼마 이상 떨어져 설치해야 하는가?

> **정답**
> 1. 폭발하한계값 미만
> 2. ① 긴급용 벤트스택 : 10 m 이상
>   ② 그 밖의 벤트스택 : 5 m 이상

02 다음은 LPG용 차량에 고정된 탱크가 정차하는 위치에 설치된 것으로 이것의 명칭과 저장탱크 표면적 1 m²당 물분무능력(L/min)은 얼마인지 각각 쓰시오.

※ 사진 출처 : 대명에너지
(https://www.daemyoung-eng.com)

> **정답**
> 1. 명칭 : 냉각살수장치
> 2. 물분무능력 : 5 L/min 이상

03 다음 충전 용기 밸브의 종류를 각각 쓰시오.

(1)

(2)

(3)

※ 사진 출처 : 가스신문
(https://www.gasnews.com)

정답
(1) 파열판식
(2) 가용전식
(3) 스프링식

04 파일럿 버너 또는 메인 버너의 불꽃이 꺼지거나 연소기구 사용 중 가스 공급이 중단 또는 불꽃 검지부에 고장이 생겼을 때 자동으로 가스 밸브를 닫히게 하여 불이 꺼졌을 때 가스가 유출되는 것을 방지하는 안전장치로 종류에는 열전대식, UV-cell 방식 등이 있는 이 장치의 명칭은 무엇인가?

※ 사진 출처 : 가스신문
(https://www.gasnews.com)

정답
소화안전장치

05 다음 그림은 탱크 내부의 폭발모습으로 방폭전기기기의 용기 내부에서 가연성 가스의 폭발이 발생할 경우 그 용기가 폭발압력에 견디고 접합면, 개구부 등을 통하여 외부의 가연성 가스에 인화되지 아니하도록 한 구조의 명칭과 기호를 쓰시오.

정답
1. 명칭 : 내압방폭구조
2. 기호 : d

06 LNG의 주성분인 CH₄의 임계압력 및 임계온도를 각각 쓰시오.

※ 사진 출처 : 가스신문
(https://www.gasnews.com)

> 정답
> 1. 임계압력 : 45.8 atm
> 2. 임계온도 : -82.1 ℃

07 전기 방식법 중 외부전원법의 장점 3가지를 쓰시오.

※ 사진 출처 : 왕도방식
(http://www.wangdo.com)

> 정답
> 1. 전압과 전류를 자유롭게 조절 가능
> 2. 부식조건의 변화에도 대응이 용이
> 3. 반영구적으로 사용 가능
> 4. 유지관리가 용이

> 보충 외부전원법 단점
> 1. 조절시간이 길음
> 2. 양극의 불용성 또는 강도가 충분치 못할 경우 방식이 이루어지지 않을 수 있음
> 3. 초기 설비비가 많음

08 다음과 같이 횡으로 설치된 도시가스 배관의 호칭지름이 100 A일 때 고정장치 설치거리(지지간격)는 얼마인가?

※ 사진 출처 : 가스신문
(https://www.gasnews.com)

> 정답
> 8 m

> 보충 교량 및 횡으로 설치하는 가스배관 호칭지름별 지지간격
>
> | 호칭지름 | 지지간격 |
> |---|---|
> | 100 A | 8 m |
> | 150 A | 10 m |
> | 200 A | 12 m |
> | 300 A | 16 m |
> | 400 A | 19 m |
> | 500 A | 22 m |
> | 600 A | 25 m |

09 도시가스 매설배관 표지판에 대한 다음 물음에 답하시오.

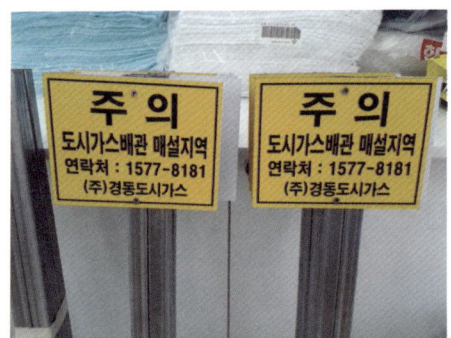

※ 사진 출처 : 보라매판촉물
(https://usgift.tistory.com)

1. 표지판 설치간격을 쓰시오.
2. 표지판 재질에 대해 쓰시오.

정답

1. 200 m 이내
2. 일반 구조용 압연강재

보충 매설배관 표지판 설치간격
1. 가스도매사업자 배관 : 500 m 이내
2. 일반도시가스 사업자 배관 : 200 m 이내
3. 고압가스 배관
   ① 지하에 설치된 배관 : 500 m 이하
   ② 지상에 설치된 배관 : 1000 m 이하

10 액화천연가스의 저장설비와 처리설비는 그 외면으로부터 사업소경계까지 유지하여야 하는 최소거리는 얼마인가?

※ 사진 출처 : 경향신문
(https://www.khan.co.kr)

정답

50 m

보충 사업소 경계와의 거리
액화천연가스(기화된 천연가스를 포함)의 저장설비와 처리설비는 그 외면으로부터 사업소 경계까지 다음 계산식에서 얻은 거리(그 거리가 50 m 미만의 경우에는 50 m) 이상을 유지

$L = C \times \sqrt[3]{143000\,W}$

L : 유지하여야 하는 거리(m)
C : 저압저하식 탱크는 0.24, 그 밖의 가스저장설비 및 처리설비는 0.576
W : 저장탱크는 저장능력(톤)의 제곱근, 그 밖의 것은 그 시설 안의 액화천연가스의 질량(톤)

2019년 4회

01 다음은 LPG 자동차 충전소의 폭발사고 모습으로 LPG가 누설되어 가연성 액체 저장탱크 주변에서 화재가 발생하여 기상부의 탱크가 국부적으로 가열되면 그 부분이 강도가 약해져 탱크가 파열된다. 이때 내부의 액화가스가 급격히 유출 팽창되어 화구(Fire Ball)를 형성하여 폭발하는 형태를 무엇이라 하는지 영문 약자로 쓰시오.

※ 사진 출처 : MDPI
(https://www.mdpi.com)

[정답]
BLEVE

02 방폭전기기기에 대한 다음의 설명과 제시된 그림을 보고 방폭구조의 명칭과 기호를 각각 쓰시오.

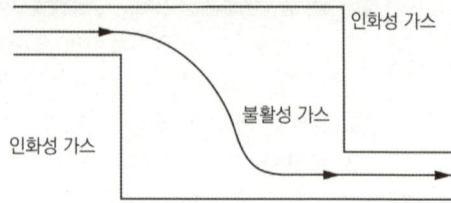

용기 내부에 보호가스(신선한 공기 또는 불활성 가스)를 압입하여 내부압력을 유지함으로써 가연성 가스가 용기 내부로 유입되지 않도록 한 구조

[정답]
1. 명칭 : 압력방폭구조
2. 기호 : P

03 도시가스 정압기실에서 정압기 전단 및 후단에 설치되는 안전장치 명칭을 쓰시오.

정답
1. 전단 : 긴급차단장치
2. 후단 : 정압기 안전밸브

04 맞대기 융착이음을 하는 가스용 폴리에틸렌관의 두께가 20 mm일 때 비드 폭의 최소치(B_{min})와 최대치(B_{max})를 각각 계산하시오.

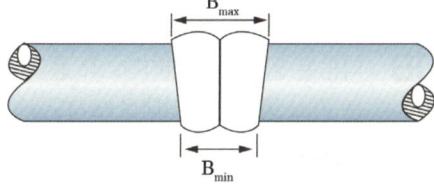

정답
1. $B_{min} = 3 + 0.5t = 3 + 0.5 \times 20 = 13mm$
2. $B_{max} = 5 + 0.75t = 5 + 0.75 \times 20 = 20mm$
∴ 최소치 : 13 mm, 최대치 : 20 mm

보충 KGS CODE FU551
(1) 열 융착이음 방법은 맞대기 융착, 소켓 융착 또는 새들 융착으로 구분하여 다음 기준과 같이 한다.

(1-1) 맞대기 융착(Butt Fusion)은 공칭 외경 90 mm 이상의 직관과 이음관 연결에 적용하되, 다음 기준에 적합하게 한다.
(1-1-1) 비드(Bead)는 좌·우 대칭형으로 둥글고 균일하게 형성되도록 한다.
(1-1-2) 비드의 표면은 매끄럽고 청결하게 한다.
(1-1-3) 접합면의 비드와 비드 사이의 경계 부위는 배관의 외면보다 높게 형성되도록 한다.
(1-1-4) 이음부의 연결오차(v)는 배관 두께의 10 % 이하로 한다.
(1-1-5) 공칭 외경별 비드 폭은 원칙적으로 다음 식에 따라 산출한 최소치 이상 최대치 이하이고, 산출 예는 다음과 같다.
최소 = 3 + 0.5t, 최대 = 5 + 0.75t
(여기에서, t = 배관 두께)
(1-1-6) 접합하는 PE배관은 KS M 3515(가스용 폴리에틸렌관의 이음관 - 조합형 전기 융착이음관) 부속서E에서 규정하는 동일한 호수의 관 종류를 사용한다.
(1-1-7) 시공이 불량한 융착이음부는 절단하여 제거하고 재시공한다.

05 도시가스 매설배관의 전기방식 중 배류법 및 외부전원법의 경우 전위측정용 터미널(TB) 설치 간격은 얼마인가?

※ 사진 출처 : ROPLANT
(https://www.roplant.com)

정답
1. 배류법 : 300 m 이내
2. 외부전원법 : 500 m 이내

보충 전기방식
1. 선택배류법 : 300 m 이내
2. 희생양극법(유전양극법) : 300 m 이내
3. 외부전원법 : 500 m 이내

암기 선희 300, 그밖 500

06 도시가스 배관을 지하에 매설할 때 다음 물음에 답하시오.

※ 사진 출처 : 가스신문
(https://www.gasnews.com)

1. 도시가스 배관과 상수도관 등 다른 시설물과의 이격거리는 얼마인가?
2. 도시가스 배관 매설 시 보호판을 설치하는 이유를 2가지 쓰시오.

정답
1. 0.3 m 이상
2. ① 도로 밑에 최고사용압력이 중압이상인 배관을 매설하는 경우
   ② 배관을 지하에 매설할 때 타 시설물과 이격거리를 유지하지 못하는 경우
   ③ 배관의 매설깊이를 확보할 수 없는 경우

07 도시가스를 사용하는 연소기구에서 1차 공기량이 부족할 경우, 연소반응이 충분한 속도로 진행되지 않을 때 불꽃의 끝이 적황색으로 되어 연소하는 현상은 무엇인가?

※ 사진 출처 : NC 한국인뉴스
(https://nchankookinnews.com)

정답
옐로 팁(Yellow Tip) 또는 황염

08 다음은 공업용 용기이다. 각 용기에 충전하는 가스 명칭을 순서대로 쓰시오.

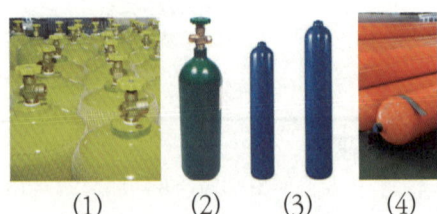

(1)   (2)   (3)   (4)

※ 사진 출처 : 가스신문
(https://www.gasnews.com)

정답
(1) 아세틸렌
(2) 산소
(3) 이산화탄소
(4) 수소

보충 용기

1. 용기도색

탄산가스	산소	아세틸렌	암모니아	수소	염소	기타
청색	녹색	황색	백색	주황색	갈색	회색

2. 가스명칭

아세틸렌	암모니아	LPG	기타
흑색	흑색	적색	백색

09 다음 영상의 LPG 충전 용기 내부에 부착되는 안전장치 명칭을 쓰시오.

※ 사진 출처 : 가스신문
(https://www.gasnews.com)

정답

스프링식 안전밸브

보충 용기용 안전밸브의 종류
1. 스프링식 밸브 : LPG
2. 가용전식 밸브 : 아세틸렌, 염소
3. 파열판식 밸브 : 산소, 수소, 질소

10 LNG의 주성분인 CH₄의 밀도와 비중을 각각 구하시오. (단, 소수점 아래 셋째 자리까지 구하시오)

※ 사진 출처 : 가스신문
(https://www.gasnews.com)

정답

1. 밀도 $\rho = \dfrac{분자량}{22.4} = \dfrac{16}{22.4} = 0.714 kg/m^3$

2. 비중 $s = \dfrac{분자량}{29} = \dfrac{16}{29} = 0.551$

※ 비중은 공기분자량에 비해 얼마나 무거운지 나타내는 수치다.

2018년 1회

01 도시가스 도매사업의 1일 처리능력이 25만 m³인 압축기와 액화천연가스 저장탱크 외면과 유지하여야 하는 거리는 얼마인가?

※ 사진 출처 : 가스신문
(https://www.gasnews.com)

정답
30 m 이상

02 다음 동영상은 다기능 가스안전계량기이다. 다기능 가스 안전계량기의 작동 성능 4가지를 쓰시오.

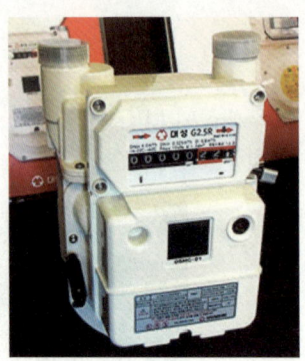

※ 사진 출처 : 가스신문
(https://www.gasnews.com)

정답
1. 원격검침
2. 유량차단
3. 가스누설감지기 차단
4. 압력차단
5. 누설검사
6. 지진 감지 및 차단
7. 일산화탄소 감지 및 차단

03 다음 충전 용기 밸브의 종류를 각각 쓰시오.

(1)

(2)
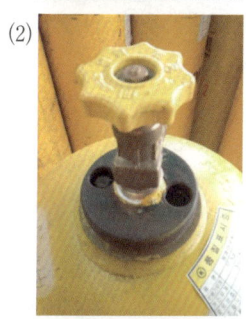

(3)

※ 사진 출처 : 가스신문
(https://www.gasnews.com)

> [정답]
> (1) 파열판식
> (2) 가용전식
> (3) 스프링식

04 다음을 보고 도시가스 정압기실에 설치된 장치의 명칭과 기능 2가지를 쓰시오.

※ 사진 출처 : 이투뉴스
(https://www.e2news.com)

> [정답]
> 1. 명칭 : RTU 장치
> 2. 기능
>   ① 정전 시 비상전력 공급
>   ② 정압기실의 감시제어 데이터(온도, 가스 누출여부 등)을 상황실로 전송

05 다음은 LPG 자동차 충전소의 폭발사고 모습으로 LPG가 누설되어 가연성 액체 저장탱크 주변에서 화재가 발생하여 기상부의 탱크가 국부적으로 가열되면 그 부분이 강도가 약해져 탱크가 파열된다. 이때 내부의 액화가스가 급격히 유출 팽창되어 화구(Fire Ball)를 형성하여 폭발하는 형태를 무엇이라 하는지 영문 약자로 쓰시오.

※ 사진 출처 : MDPI
(https://www.mdpi.com)

정답

BLEVE

정답

1. 30 mm 배관 : 2 m마다 고정장치 설치

$$\frac{500}{2} = 250개$$

2. 150 mm 배관 : 10 m마다 고정장치 설치

$$\frac{3000}{10} = 300개$$

∴ 합계 : 250 + 300 = 550개

보충 배관 관경에 따른 고정

관지름 13 mm 미만	1 m마다
관지름 13 mm 이상 33 mm 미만	2 m마다
관지름 33 mm 이상	3 m마다

보충 호칭지름이 100 m 이상인 경우

호칭지름	지지간격
100 A	8 m
150 A	10 m
200 A	12 m
300 A	16 m
400 A	19 m
500 A	22 m
600 A	25 m

06 도시가스 배관에서 관지름 30 mm 배관의 길이가 500 m이고, 150 mm 배관의 길이가 3000 m일 때 배관 고정장치는 몇 개를 설치하여야 하는가?

※ 사진 출처 : 오마이뉴스
(https://www.ohmynews.com)

07 다음 영상에서 용기부속품(충전 용기 밸브)에 각인된 기호 W, TP에 대해 쓰시오.

※ 사진 출처 : 가스신문
(https://www.gasnews.com)

정답

1. W : 질량(kg)
2. TP : 내압시험압력(MPa)

보충 기호

1. V : 내용적(L)
2. FP : 압축가스 충전의 경우 최고충전압력 (MPa)

08 방폭전기기기에 표시된 내용에 대해 설명하시오.

보충 방폭전기기기 온도 등급에 따른 발화도 범위
T1 : 450 ℃ 초과
T2 : 300 ℃ 초과 450 ℃ 이하
T3 : 200 ℃ 초과 300 ℃ 이하
T4 : 135 ℃ 초과 200 ℃ 이하
T5 : 100 ℃ 초과 135 ℃ 이하
T6 : 85 ℃ 초과 100 ℃ 이하

보충 폭발등급
① ⅡA : 최대안전틈새범위 0.9 mm 이상
② ⅡB : 최대안전틈새범위 0.5 mm 초과 0.9 mm 미만
③ ⅡC : 최대안전틈새범위 0.5 mm 이하

※ 사진 출처 : 아성테크
(https://www.a-sungtech.com)

1. Ex
2. d
3. ⅡB
4. T6

09 조리개 전후에 연결된 액주계의 압력차를 이용하여 유량을 측정하는 차압식 유량계는 무슨 원리를 응용한 것인가?

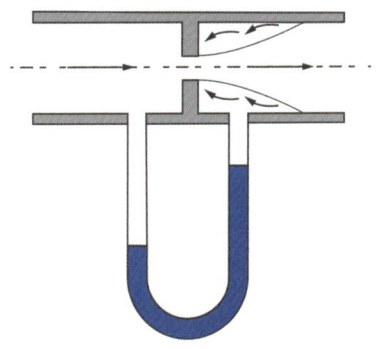

정답
베르누이 정리

정답

1. 방폭구조
2. 내압방폭구조
3. 내압 방폭전기기기의 폭발등급(최대안전틈새범위 0.5 mm 초과 0.9 mm 미만)
4. 방폭전기기기의 온도등급(가연성 가스의 발화도(℃) 범위 : 85 ℃ 초과 100 ℃ 이하)

보충 방폭구조의 종류
① 안전증방폭구조(e)
② 유입방폭구조(o)
③ 내압방폭구조(d)
④ 압력방폭구조(p)
⑤ 본질안전방폭구조(ia, ib)
⑥ 특수방폭구조(s)

10 도시가스 정압기 입구압력이 0.5 MPa일 때 다음 물음에 답하시오.

※ 사진 출처 : ulsansafety
(https://ulsansafety.tistory.com)

1. 정압기 설계유량이 900 Nm³/h일 때 안전밸브 방출관 크기는 얼마인가?
2. 상용압력이 2.5 kPa인 경우 안전밸브 설정 압력은 얼마인가?

정답

1. 50 A 이상
2. 4.0 kPa 이하

보충 정압기 안전밸브 방출관 크기
정압기 입구 측 압력
1. 0.5 MPa 이상 : 50 A 이상
2. 0.5 MPa 미만
   ① 정압기 설계유량 1000 Nm³/h 이상
   : 50 A 이상
   ② 정압기 설계유량 1000 Nm³/h 미만
   : 25 A 이상

2018년 2회

01 가스용 폴리에틸렌관의 열 융착이음 종류 2가지를 쓰시오.

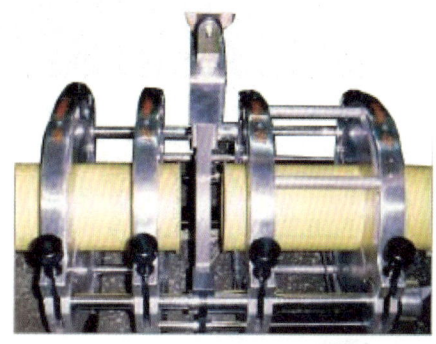

※ 사진 출처 : 나노인스텍
(http://www.nanoist.co.kr)

정답
1. 맞대기 융착이음
2. 소켓 융착이음
3. 새들 융착이음

02 액화천연가스(LNG)를 이용한 실험장면에서 -161이라는 숫자가 의미하는 것은 무엇인가?

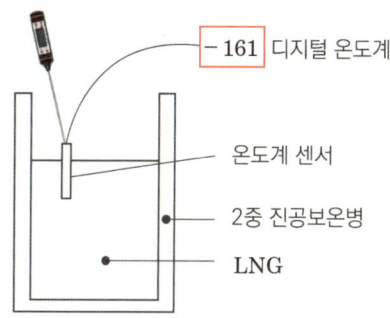

정답
LNG 중성분인 메탄 비점 -161℃라는 의미

03 방폭전기기기의 방폭구조 종류 6가지를 쓰시오.

※ 사진 출처 : 아성테크
(https://www.a-sungtech.com)

정답
1. 안전증방폭구조(e)
2. 유입방폭구조(o)
3. 내압방폭구조(d)
4. 압력방폭구조(p)
5. 본질안전방폭구조(ia, ib)
6. 특수방폭구조(s)

04 도시가스 도매사업의 1일 처리능력이 25만 m³인 압축기와 액화천연가스 저장탱크 외면과 유지하여야 하는 거리는 얼마인가?

※ 사진 출처 : 가스신문
(https://www.gasnews.com)

> **정답**
> 30 m 이상

05 다음 동영상은 매설된 도시가스 배관의 누설을 탐지하는 차량으로 이곳에서 사용하는 가스누출검지기의 명칭을 영문 약자로 쓰시오.

※ 사진 출처 : 이투뉴스
(https://www.e2news.com)

> **정답**
> FID(수소불꽃이온화검출기)

06 방폭전기기기에 표시된 각 내용에 대해 설명하시오.

※ 사진 출처 : 아성테크
(https://www.a-sungtech.com)

| 1. Ex | 2. d |
| 3. II B | 4. T4 |

> **정답**
> 1. 방폭구조
> 2. 내압방폭구조
> 3. 내압 방폭전기기기의 폭발등급(최대안전틈새범위 0.5 mm 초과 0.9 mm 미만)
> 4. 방폭전기기기의 온도등급(가연성 가스의 발화도 ℃ 범위 135 ℃ 초과 200 ℃ 이하)

07 다음은 공업용 용기이다. 각 용기에 충전하는 가스 명칭을 순서대로 쓰시오.

(1)   (2)   (3)   (4)

※ 사진 출처 : 가스신문
(https://www.gasnews.com)

정답

(1) 아세틸렌
(2) 산소
(3) 이산화탄소
(4) 수소

보충 용기

1. 용기도색

탄산가스	산소	아세틸렌	암모니아	수소	염소	기타
청색	녹색	황색	백색	주황색	갈색	회색

2. 가스명칭

아세틸렌	암모니아	LPG	기타
흑색	흑색	적색	백색

09 밀폐식 보일러를 사람이 거처하는 곳에 부득이하게 설치할 때 바닥면적이 5 m²이면 통풍구 면적은 최소 몇 cm²인가?

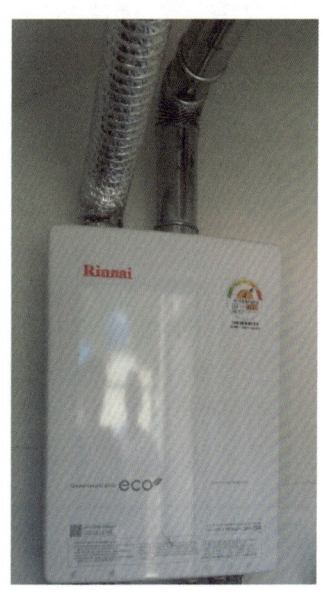

※ 사진 출처 : 가스신문
(https://www.gasnews.com)

정답

통풍구 면적 : 1 m²당 300 cm² 이상이므로,
5 × 300 = 1500 cm²
∴ 1500 cm²

08 LPG 자동차 충전기(Dispenser)에 대한 다음 물음에 답하시오.

※ 사진 출처 : 가스신문
(https://www.gasnews.com)

1. 충전호스 길이는 얼마인가?
2. 충전호스에 부착하는 가스주입기는 무엇으로 하는가?

정답

1. 5 m 이내
2. 원터치형

10 도시가스 사용시설 배관에 대한 다음 물음에 답하시오.

※ 사진 출처 : 가스신문
(https://www.gasnews.com)

1. 배관 이음부와 절연조치를 하지 않은 전선과의 유지거리는 얼마인가?
2. 가스계량기와 절연조치를 하지 않은 전선과의 유지거리는 얼마인가?

정답
1. 15 cm 이상
2. 15 cm 이상

보충 이격거리

1. 가스계량기와의 거리

전기계량기 및 전기개폐기	60 cm 이상
굴뚝·전기점멸기 및 전기접속기	30 cm 이상
절연조치를 하지 않은 전선	15 cm 이상

2. 배관 이음매와의 거리

배관의 이음매	60 cm	전기계량기 및 전기개폐기
	30 cm	전기점멸기 및 전기접속기 (사용시설은 15 cm 이상)
	10 cm	절연전선
	15 cm	절연조치를 하지 않은 전선 및 단열조치를 하지 않은 굴뚝

2018년 4회

01 LPG 자동차 충전소에 설치된 고정식 충전설비(Dispenser)에서 지시하는 부분의 명칭을 쓰시오.

※ 사진 출처 : 매일경제
(https://www.mk.co.kr)

[정답]
(1) 가스 주입기
(2) 세이프티 커플링

02 용기 내부에 절연유를 주입하여 불꽃, 아크 또는 고온 발생 부분이 기름 속에 잠기게 함으로써 기름면 위에 존재하는 가연성 가스에 인화되지 아니하도록 한 구조로 탄광에서 처음으로 사용한 방폭구조의 명칭과 기호를 각각 쓰시오.

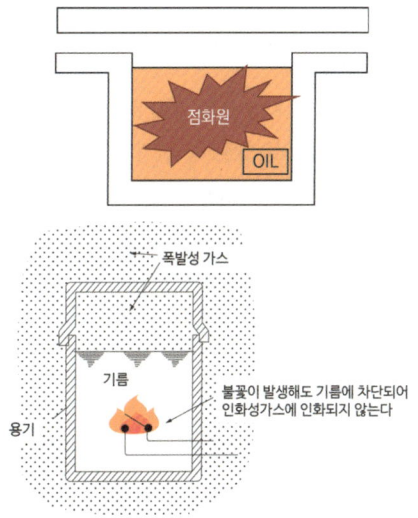

[정답]
1. 명칭 : 유입방폭구조
2. 기호 : o

03 다음 동영상은 아세틸렌가스 용기이다. 이 용기에 각인된 "TW"에 대해 설명하시오.

※ 사진 출처 : 가스신문
(https://www.gasnews.com)

정답

용기의 질량에 용기의 다공물질·용제 및 밸브의 질량을 합한 질량(기호 : TW, 단위 : kg)

보충 아세틸렌가스 충전 용기
KGS AC214
1. 내용적(기호 : V, 단위 : L)
2. 밸브 및 부속품(분리할 수 있는 것으로 한정한다)을 포함하지 않은 용기의 질량(기호 : W, 단위 : kg)
3. 용기의 질량에 용기의 다공물질·용제 및 밸브의 질량을 합한 질량(기호 : TW, 단위 : kg)
4. 내압시험에 합격한 연월
5. 내압시험 압력(기호 : TP, 단위 : MPa)
6. 압축가스 충전의 경우 최고충전 압력(기호 : FP, 단위 : MPa)
7. 내용적이 500 L를 초과하는 용기의 경우 동판의 두께(기호 : t, 단위 : mm)

04 다음 동영상은 LPG를 이입, 충전할 때 사용하는 압축기에 접지선을 연결한 것이다. 이 방법 외에 정전기 제거 방법 4가지를 쓰시오.

※ 사진 출처 : https://sale.alibaba.com

정답

1. 상대습도 70 % 이상을 유지한다.
2. 공기를 이온화한다.
3. 대전방지제를 사용한다.
4. 정전의, 정전화를 착용한다.
5. 제전기를 사용한다.

05 도시가스 정압기실 실내의 조명도는 몇 룩스 이상인가?

※ 사진 출처 : ulsansafety
(https://ulsansafety.tistory.com)

정답

150 Lux 이상

06 다음 동영상의 LNG를 도시가스로 공급하는 정압기실에서 지시하는 정압기 안전밸브 방출관이다. 각 물음에 답하시오.

※ 사진 출처 : ulsansafety
(https://ulsansafety.tistory.com)

1. 방출관 높이는 지면으로부터 얼마인가?
2. 방출관이 전기시설물과의 접촉 등으로 인한 사고의 우려가 있는 장소일 때는 지면으로부터 얼마인가?

정답
1. 5 m 이상
2. 3 m 이상

07 다음 동영상은 막식 계량기이다. 막식 계량기에 표시된 각각의 내용을 설명하시오.

※ 사진 출처 : 가스신문
(https://www.gasnews.com)

1. MAX 3.1 m^3/h
2. 0.7 L/rev

정답
1. 사용 최대유량이 시간당 3.1 m^3/h
2. 계량실 1주기 체적이 0.7 L

08 얇은 평판 또는 돔 모양의 원판 주위를 고정하여 용기나 설비에 설치하는 것으로, 구조가 간단하며 취급, 점검이 용이한 안전밸브 명칭을 쓰시오.

정답
파열판식 안전밸브

09 도시가스 매설배관에서 저압과 고압 배관의 배관색을 다르게 하는 이유를 쓰시오.

※ 사진 출처 : 가스신문
(https://www.gasnews.com)

정답
황색은 저압 배관, 적색은 중압 및 고압 배관으로서 색으로 구별하여 유지관리와 굴착공사 시 배관 파손을 방지하기 위해

10 고압가스 설비에서 이상 상태가 발생하는 경우 그 설비 내의 내용물을 설비 밖으로 긴급하고 안전하게 이송하는 벤트스택의 설치기준을 쓰시오.

※ 사진 출처 : 에너지신문
(https://www.energy-news.co.kr)

> **정답**
> 1. 벤트스택의 높이는 방출된 가스의 착지농도가 폭발하한계값 미만이 되도록 충분한 높이로 하고, 독성 가스인 경우에는 TLV - TWA 기준농도 값 미만이 되도록 충분한 높이로 한다
> 2. 벤트스택 방출구의 위치는 작업원이 정상작업을 하는데 필요한 장소 및 작업원이 항시 통행하는 장소로부터 긴급용은 10 m 이상, 그 밖의 벤트스택은 5 m 이상 떨어진 곳에 설치한다.
> 3. 벤트스택에는 정전기 또는 낙뢰 등으로 인한 착화를 방지하는 조치를 강구하고 만일 착화된 경우에는 즉시 소화할 수 있는 조치를 강구한다.
> 4. 벤트스택 또는 그 벤트스택에 연결된 배관에는 응축액의 고임을 제거 또는 방지하기 위한 조치를 강구한다
> 5. 액화가스가 함께 방출되거나 또는 급냉될 우려가 있는 벤트스택에는 그 벤트스택과 연결된 가스공급시설의 가장 가까운 곳에 기액분리기를 설치한다.
> 〈KGS CODE FP111〉

가스산업기사 실기 동영상

2017년 1회

01 LPG 충전사업소에서 폭발사고가 발생하였을 때 사업자가 한국가스안전공사에 제출하여야 하는 사고보고서 중 기술하여야 할 내용을 5가지 쓰시오.

정답
1. 통보자의 소속, 직위, 성명 및 연락처
2. 사고 발생 장소
3. 사고 내용
4. 사고 발생 일시
5. 피해 현황(인명 및 재산)
6. 시설 현황

02 LNG의 주성분인 CH_4의 대기압 상태에서 비점과 분자량을 각각 쓰시오.

※ 사진 출처 : 가스신문
(https://www.gasnews.com)

정답
1. 비점 : -161.5 ℃
2. 분자량 : 16

03 다음 동영상은 매설된 도시가스 배관의 누설을 탐지하는 차량으로 이곳에서 사용하는 가스누출검지기의 명칭을 쓰시오.

※ 사진 출처 : 이투뉴스
(https://www.e2news.com)

정답
수소불꽃이온화검출기(FID)

04 이음매 없는 용기의 신규검사 항목 중 재질검사 항목 3가지를 쓰시오.

※ 사진 출처 : 가스신문
(https://www.gasnews.com)

> 정답
> 1. 인장시험
> 2. 압궤시험
> 3. 충격시험

05 방폭전기기기의 방폭구조 종류 6가지를 쓰시오.

※ 사진 출처 : 아성테크
(https://www.a-sungtech.com)

> 정답
> 1. 안전증방폭구조(e)
> 2. 유입방폭구조(o)
> 3. 내압방폭구조(d)
> 4. 압력방폭구조(p)
> 5. 본질안전방폭구조(ia, ib)
> 6. 특수방폭구조(s)

06 가스용 폴리에틸렌관의 융착이음 3가지와 다음 동영상에서 보여주는 융착이음 명칭을 쓰시오.

※ 사진 출처 : 나노인스텍
(http://www.nanoist.co.kr)

> 정답
> 1. 맞대기 융착이음, 소켓 융착이음, 새들 융착이음
> 2. 맞대기 융착이음

07 가스용 폴리에틸렌관을 소켓 융착이음할 때 기준 4가지를 쓰시오.

※ 사진 출처 : SJ산업
(https://www.sjpipe.net)

정답

1. 용융된 비드는 접합부 전면에 고르게 형성되고 관 내부로 밀려나오지 않도록 한다.
2. 배관 및 이음관의 접합은 일직선을 유지한다.
3. 비드 높이(h)는 이음관의 높이(H) 이하로 한다.
4. 융착작업은 홀더(holder) 등을 사용하고 관의 용융 부위는 소켓 내부 경계턱까지 완전히 삽입되도록 한다.
5. 시공이 불량한 융착이음부는 절단하여 제거하고 재시공한다.

보충 KGS CODE FU551

(1-2) 소켓 융착(Socket Fusion)은 다음 기준에 적합하게 한다.
(1-2-1) 용융된 비드는 접합부 전면에 고르게 형성되고 관 내부로 밀려나오지 않도록 한다.
(1-2-2) 배관 및 이음관의 접합은 일직선을 유지한다.
(1-2-3) 비드 높이(h)는 이음관의 높이(H) 이하로 한다.
(1-2-4) 융착작업은 홀더(Holder) 등을 사용하고 관의 용융 부위는 소켓 내부 경계턱까지 완전히 삽입되도록 한다.
(1-2-5) 시공이 불량한 융착이음부는 절단하여 제거하고 재시공한다.
(1-3) 새들 융착(Saddle Fusion)은 다음 기준에 적합하게 한다.
(1-3-1) 접합부 전면에는 대칭형의 둥근 형상 이중비드가 고르게 형성되어 있도록 한다.
(1-3-2) 비드의 표면은 매끄럽고 청결하게 한다.
(1-3-3) 접합된 새들의 중심선과 배관의 중심선이 직각을 유지한다.
(1-3-4) 비드의 높이(h)는 이음관 높이(H) 이하로 한다.
(1-3-5) 시공이 불량한 융착이음부는 절단하여 제거하고 재시공한다.

08 고정식 압축도시가스(CNG) 자동차 충전시설 내에 설치된 압축가스설비의 밸브 및 배관 주위에 안전한 작업을 위하여 확보하는 공간은 얼마인가?

※ 사진 출처 : 가스신문
(https://www.gasnews.com)

정답
1 m 이상

09 직류전철 등에 의한 누출전류의 영향을 받지 않는 도시가스 매설배관에 부식을 방지하는 방법 2가지를 쓰시오.

※ 사진 출처 : 왕도방식
(http://www.wangdo.com)

정답
희생양극법, 외부전원법

10 LPG 자동차 충전소에 설치된 고정식 충전설비(Dispenser)에서 지시하는 부분의 명칭을 쓰시오.

※ 사진 출처 : 매일경제
(https://www.mk.co.kr)

> **정답**
> 1. 가스 주입기
> 2. 세이프티 커플링

2017년 2회

01 액화가스 저장탱크가 설치된 장소의 방류둑 단면으로 지시하는 것의 기능과 이것이 평상시에 닫혀 있는지, 열려 있는지 쓰시오.

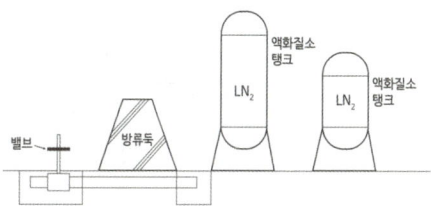

정답
1. 기능 : 방류둑 내부의 고인 물을 외부로 배출하는 배수밸브
2. 평상시 : 닫혀 있을 것

02 다음 동영상은 메탄과 같은 유기화합물을 검출하는 검출기로 불꽃이온화검출기(FID)라 불리며, 이것은 특정 가스와의 반응을 이용한 것으로 이 가스는 무엇인가?

※ 사진 출처 : 이투뉴스
(https://www.e2news.com)

정답
수소

03 다음은 LPG용 차량에 고정된 탱크가 정차하는 위치에 설치된 것으로 이것의 명칭과 저장탱크 표면적 $1\ m^2$당 물분무능력(L/min)은 얼마인지 각각 쓰시오.

※ 사진 출처 : 대명에너지
(https://www.daemyoung-eng.com)

정답
1. 명칭 : 냉각살수장치
2. 물분무능력 : 5 L/min 이상

04 다음 그림은 탱크 내부의 폭발모습으로 방폭전기기기의 용기 내부에서 가연성 가스의 폭발이 발생할 경우 그 용기가 폭발압력에 견디고 접합면, 개구부 등을 통하여 외부의 가연성 가스에 인화되지 아니하도록 한 구조의 명칭과 기호를 쓰시오.

> [정답]
> 1. 명칭 : 내압방폭구조
> 2. 기호 : d

> [정답]
> 대상물을 접지

05 다음 동영상에서 보여주는 설비의 명칭을 쓰시오.

※ 사진 출처 : 가스신문
(https://www.gasnews.com)

> [정답]
> 라인마크
>
> [보충] 라인마크
> 지하 가스배관의 위치를 표시

06 다음 동영상을 보고 LPG를 이입, 충전할 때 사용하는 압축기에서 정전기를 제거하기 위한 것으로 지시하는 것의 방법은 무엇인가?

※ 사진 출처 : https://sale.alibaba.com

07 다음을 보고 가연성 가스 또는 독성 가스 설비에서 이상 상태가 발생하는 경우 그 설비 내의 내용물을 설비 밖으로 긴급하고 안전하게 이송하는 설비이다. 다음 물음에 답하시오.

※ 사진 출처 : 에너지신문
(https://www.energy-news.co.kr)

> 1. 이 설비의 명칭은 무엇인가?
> 2. 이 설비의 방출구 위치는 작업원이 정상작업을 하는 장소 및 항시 통행하는 장소로부터 얼마 이상 떨어져 설치해야 하는가?

> [정답]
> 1. 벤트스택
> 2. ① 긴급용 벤트스택 : 10 m 이상
>   ② 그 밖의 벤트스택 : 5 m 이상

08 다음 동영상은 아세틸렌 용기이다. 아세틸렌 용기의 안전밸브 종류를 쓰시오.

※ 사진 출처 : 가스신문
(https://www.gasnews.com)

정답 아세틸렌 용기 안전밸브
가용전식 안전밸브

보충 용기용 안전밸브의 종류
1. 스프링식 밸브 : LPG
2. 가용전식 밸브 : 아세틸렌, 염소
3. 파열판식 밸브 : 산소, 수소, 질소

09 공동주택에서 공급압력이 중압 이상일 때 압력조정기를 설치하는 경우 가스 공급 세대수를 쓰시오.

※ 사진 출처 : 가스신문
(https://www.gasnews.com)

정답 공동주택 압력조정기
150세대 미만

보충 압력조정기
공동주택 압력조정기 공급압력이 저압일 때 세대수 : 250세대 미만

10 건축물 내부에 호칭지름 20 mm 배관을 200 m 설치하였을 때 배관 고정장치는 몇 개를 설치하여야 하는가?

※ 사진 출처 : 삼정가스공업
(https://sjgas.co.kr)

정답
호칭지름이 20 mm : 고정장치 2 m마다 설치
∴ 200 ÷ 2 = 100
∴ 100개

보충 배관 관경에 따른 고정

관지름 13 mm 미만	1 m마다
관지름 13 mm 이상 33 mm 미만	2 m마다
관지름 33 mm 이상	3 m마다

2017년 4회

01 장미를 LNG(비점 -162 ℃)에 넣었다 빼면 꽃잎이 쉽게 부스러진다. 100 % CH_4를 Cl_2와 반응시키면 HCl과 냉매로 사용되는 물질이 생성되는데 이 물질의 명칭은 무엇인가?

※ 사진 출처 : 국제신문
(https://www.kookje.co.kr)

정답
염화메틸(CH_3Cl) = 염화메탄

02 액화산소 저장탱크가 설치된 곳에 설치되는 방류둑 성토의 기울기는 수평에 대하여 몇 도 이하로 하는가?

※ 사진 출처 : 가스신문
(https://www.gasnews.com)

정답
45°

보충 방류둑

1. 설치
   (1) 저장탱크 내 액화가스가 액체상태로 유출되는 것을 방지하기 위해 설치
   (2) 저장탱크 저부가 지하에 있으며 주위피트상 구조로인 것으로 그 용량 이상일 것
2. 설치 적용 범위
   (1) 고압가스 특정제조
      ① 독성 가스 : 5톤 이상
      ② 가연성 가스 : 500톤 이상
      ③ 액화산소 : 1000톤 이상
   (2) 고압가스 일반제조
      ① 독성 가스 : 5톤 이상
      ② 가연성 가스, 액화산소 : 1000톤 이상
   (3) 냉동제조시설(독성 가스 냉매 사용) : 수액기 내용적 1만 L 이상
   (4) 액화석유가스 : 1000톤 이상
   (5) 도시가스
      ① 가스도매사업 : 500톤 이상
      ② 일반도시가스사업 : 1000톤 이상
   ※ LNG 저장탱크는 가스도매사업에 해당
3. 용량
   (1) 저장탱크 저장능력에 상당하는 용적 이상으로 할 것
   (2) 액화산소는 저장능력의 상당 용량의 60 % 이상으로 할 것
4. 방류둑 구조 및 기준
   (1) 재료 : 철근콘크리트, 금속, 흙 또는 이를 혼합한 액밀한 구조
   (2) 액체류 표면적 : 가능한 한 적게
   (3) 배관관통부 틈새로부터 누설방지 및 방식조치
   (4) 금속재료 : 부식되지 않게 방식 및 방청조치

(5) 방류둑 내 고인 물을 배출하기 위한 배수 조치
(6) 가연성과 독성, 가연성과 조연성 액화가스 방류둑은 혼합배치하지 말 것
(7) 방류둑 내면과 외면으로부터 10 m 이내 : 저장 탱크 부속설비 이외의 것은 설치 금지
(8) 성토 : 수평에 대해 45° 이하 구배를 가지고 성토 정상부 폭은 30 cm 이상
(9) 방류둑 계단 및 사다리 : 출입구 둘레 50 m마다 1개 이상 설치
  → 둘레 50 m 미만 : 2개소 이상 분산 설치

03 방폭전기기기 결합부의 나사류를 외부에서 쉽게 조작함으로써 방폭성능을 손상시킬 우려가 있는 것은 드라이버, 스패너, 플라이어 등의 일반공구로 조작할 수 없도록 한 구조의 명칭과 ⅡB에 대하여 설명하시오.

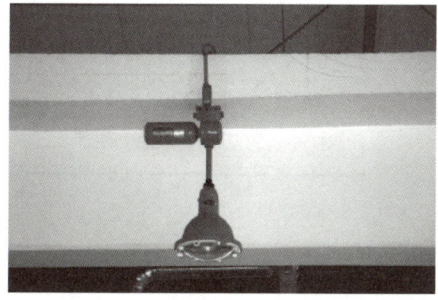

※ 사진 출처 : 다음카페 소방#위험물 정보세상***
(https://m.cafe.daum.net/standby119)

정답
1. 자물쇠식 죄임 구조
2. ⅡB : 방폭전기기의 폭발등급(최대안전틈새범위 0.5 mm 초과 0.9 mm 미만)

04 고압가스 설비에 설치하는 압력계는 상용압력의 (①)배 이상 (②)배 이하의 최고눈금이 있는 것으로 하고, 처리할 수 있는 가스의 용적이 1일 100 m^3 이상인 사업소에는 「국가표준기본법」에 의한 제품인증을 받은 압력계를 (③)개 이상 비치하여야 한다. 괄호 안에 알맞은 숫자를 넣으시오.

※ 사진 출처 : KC안전기술
(http://www.yuyangtech.co.kr/web)

정답
① 1.5   ② 2   ③ 2

05 도시가스 정압기실에 대한 다음 물음에 답하시오.

[필터]

※ 사진 출처 : 가스신문
(https://www.gasnews.com)

1. 2년에 1회 이상 분해점검을 하는 것의 명칭을 쓰시오.
2. 가스 공급 개시 후 매년 1회 이상 분해점검을 하는 것의 명칭을 쓰시오

정답
1. 정압기
2. 정압기 필터

보충 정압기
1. 도시가스 정압기는 2년에 1회 이상 분해점검을 실시할 것
2. 필터는 가스 공급 개시 후 1개월 이내 및 가스 공급 개시 후 매년 1회 이상 분해점검을 실시하고 1주일에 1회 이상 작동상황을 점검할 것

06 다음은 공업용 용기이다. 각 용기에 충전하는 가스 명칭을 순서대로 쓰시오.

(1) (2) (3) (4)

※ 사진 출처 : 가스신문
(https://www.gasnews.com)

정답
(1) 아세틸렌
(2) 산소
(3) 이산화탄소
(4) 수소

보충 용기
1. 용기도색

탄산가스	산소	아세틸렌	암모니아	수소	염소	기타
청색	녹색	황색	백색	주황색	갈색	회색

2. 가스명칭

아세틸렌	암모니아	LPG	기타
흑색	흑색	적색	백색

07 방폭전기기기에 대한 다음의 설명과 제시된 그림을 보고 방폭구조의 명칭과 기호를 각각 쓰시오.

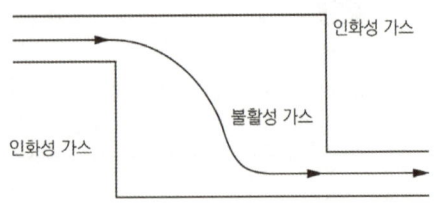

용기 내부에 보호가스(신선한 공기 또는 불활성 가스)를 압입하여 내부압력을 유지함으로써 가연성 가스가 용기 내부로 유입되지 않도록 한 구조

정답
1. 명칭 : 압력방폭구조
2. 기호 : P

09 최고사용압력이 고압 또는 중압인 배관에서 (①)에 합격된 배관은 통과하는 가스를 시험가스로 사용할 때 가스 농도가 (②) % 이하에서 작동하는 가스검지기를 사용한다. 괄호 안에 알맞은 용어 및 숫자를 넣으시오.

※ 사진 출처 : 가스신문
(https://www.gasnews.com)

08 도시가스를 사용하는 연소기에서 황염이 발생하는 이유 2가지를 쓰시오.

※ 사진 출처 : NC 한국인뉴스
(https://nchankookinnews.com)

정답
① 방사선투과시험
② 0.2

정답
1. 충분한 속도로 연소가 진행되지 않을 때
2. 불꽃 온도가 낮아졌을 때(저온 물체에 접촉)
3. 1차 공기량이 부족하여 불완전연소 시

10 단독·반밀폐식·강제배기식 가스보일러 설치 방법에 대한 다음 물음에 답하시오.

※ 사진 출처 : 송파보일러
(http://송파보일러.com)

1. 방열판이 설치되지 않은 터미널의 상·하·주위와 가연성 구조물과는 몇 cm 이상 떨어져야 하는가?
2. 터미널 개구부로부터 배기가스가 실내로 유입할 우려가 있는 개구부는 몇 cm 이상 떨어져야 하는가?

> 정답
1. 60
2. 60

2016년 1회

01 도시가스 사용시설에서 사용되는 가스 용품으로 각각의 명칭을 쓰시오.

(1)
※ 사진 출처 : 대방에너지

(2)
※ 사진 출처 : 가스신문
(https://www.gasnews.com)

[정답]
1. 퓨즈콕
2. 상자콕

02 다음 동영상은 메탄과 같은 유기화합물을 검출하는 검출기로 불꽃이온화검출기(FID)라 불리며, 이것은 특정 가스와의 반응을 이용한 것으로 이 가스는 무엇인가?

※ 사진 출처 : 이투뉴스
(https://www.e2news.com)

[정답]
수소

03 원심펌프에서 발생할 수 있는 이상 현상 4가지를 쓰시오.

※ 사진 출처 : 한일전기
(https://www.hanilelec.co.kr)

> [정답]
> 1. 서징 현상
> 2. 수격작용
> 3. 캐비테이션 현상
> 4. 베이퍼록 현상

▶ 보충 펌프에서 발생하는 현상
- 캐비테이션(공동) 현상
  수중에 용해하고 있는 공기가 석출하여 적은 기포를 발생시키는 현상
- 수격작용
  관속의 액체 속도를 급격히 변화시키면 액체에 압력 변화가 생겨 물이 관 벽을 치는 현상
- 서징 현상
  펌프 운전 시 주기적으로 운동, 양정, 토출량이 변동하는 현상으로 토출구와 흡입구에서 압력계의 바늘이 흔들리며 동시에 유량이 변함
- 베이퍼록 현상
  저비등점 액체를 이송할 때 펌프의 입구 쪽에서 발생하는 현상으로 액상이 기체로 흘러가는 것을 막는 현상

04 다음 도시가스용 가스보일러를 배기 방식에 따른 명칭을 쓰시오.

※ 사진 출처 : 송파보일러
(http://송파보일러.com)

> [정답]
> 단독·반밀폐식·강제배기식

05 액화천연가스(LNG)를 이용한 실험장면에서 −161이라는 숫자가 의미하는 것은 무엇인가?

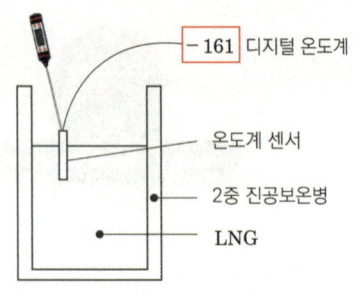

> [정답]
> LNG의 주성분인 메탄 비점 -161 ℃

06 방폭전기기기에 표시된 각 내용에 대해 설명하시오.

※ 사진 출처 : 아성테크
(https://www.a-sungtech.com)

| 1. Ex | 2. d |
| 3. ⅡB | 4. T6 |

정답

1. 방폭구조
2. 내압방폭구조
3. 내압 방폭전기기기의 폭발등급(최대안전틈새범위 0.5 mm 초과 0.9 mm 미만)
4. 방폭전기기기의 온도등급(가연성 가스의 발화도(℃) 범위 : 85 ℃ 초과 100 ℃ 이하)

보충 방폭구조의 종류
① 안전증방폭구조(e)
② 유입방폭구조(o)
③ 내압방폭구조(d)
④ 압력방폭구조(p)
⑤ 본질안전방폭구조(ia, ib)
⑥ 특수방폭구조(s)

보충 방폭전기기기 온도 등급에 따른 발화도 범위
T1 : 450 ℃ 초과
T2 : 300 ℃ 초과 450 ℃ 이하
T3 : 200 ℃ 초과 300 ℃ 이하
T4 : 135 ℃ 초과 200 ℃ 이하
T5 : 100 ℃ 초과 135 ℃ 이하
T6 : 85 ℃ 초과 100 ℃ 이하

보충 폭발등급
① ⅡA : 최대안전틈새범위 0.9 mm 이상
② ⅡB : 최대안전틈새범위 0.5 mm 초과 0.9 mm 미만
③ ⅡC : 최대안전틈새범위 0.5 mm 이하

07 다음은 LPG용 차량에 고정된 탱크가 정차하는 위치에 설치된 것으로 이것의 명칭과 저장탱크 표면적 1 m^{2}당 물분무능력(L/min)은 얼마인지 각각 쓰시오.

※ 사진 출처 : 대명에너지
(https://www.daemyoung-eng.com)

정답

1. 명칭 : 냉각살수장치
2. 물분무능력 : 5 L/min 이상

08 도시가스 매설배관의 전기방식 중 배류법 및 외부전원법의 경우 전위측정용 터미널(TB) 설치 간격은 얼마인가?

※ 사진 출처 : ROPLANT
(https://www.roplant.com)

정답

1. 배류법 : 300 m 이내
2. 외부전원법 : 500 m 이내

보충 전기방식법
1. 선택배류법 : 300 m 이내
2. 희생양극법(유전양극법) : 300 m 이내
3. 외부전원법 : 500 m 이내

암 선희 300, 그밖 500

09 도시가스 도매사업의 1일 처리능력이 25만 m³인 압축기와 액화천연가스 저장탱크 외면과 유지하여야 하는 거리는 얼마인가?

※ 사진 출처 : 가스신문
(https://www.gasnews.com)

> [정답]
> 30 m 이상

10 맞대기 융착이음을 하는 가스용 폴리에틸렌관의 두께가 20 mm일 때 비드 폭의 최소치(B_{min})와 최대치(B_{max})를 각각 계산하시오.

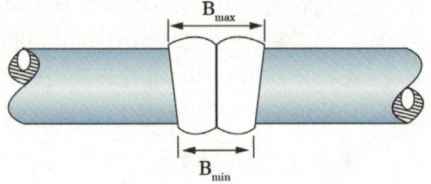

> [정답]
> 1. $B_{min} = 3 + 0.5t = 3 + 0.5 \times 20 = 13 mm$
> 2. $B_{max} = 5 + 0.75t = 5 + 0.75 \times 20 = 20 mm$
> ∴ 최소치 : 13 mm, 최대치 : 20 mm

> [보충] KGS CODE FU551
> (1) 열 융착이음 방법은 맞대기 융착, 소켓 융착 또는 새들 융착으로 구분하여 다음 기준과 같이 한다.
> (1-1) 맞대기 융착(Butt Fusion)은 공칭 외경 90 mm 이상의 직관과 이음관 연결에 적용하되, 다음 기준에 적합하게 한다.
> (1-1-1) 비드(Bead)는 좌·우 대칭형으로 둥글고 균일하게 형성되도록 한다.
> (1-1-2) 비드의 표면은 매끄럽고 청결하게 한다.
> (1-1-3) 접합면의 비드와 비드 사이의 경계 부위는 배관의 외면보다 높게 형성되도록 한다.
> (1-1-4) 이음부의 연결오차(v)는 배관 두께의 10 % 이하로 한다.
> (1-1-5) 공칭 외경별 비드 폭은 원칙적으로 다음 식에 따라 산출한 최소치 이상 최대치 이하이고, 산출 예는 다음과 같다.
> 최소 = 3 + 0.5t, 최대 = 5 + 0.75t
> (여기서 t = 배관 두께)
> (1-1-6) 접합하는 PE배관은 KS M 3515(가스용 폴리에틸렌관의 이음관-조합형 전기 융착이음관) 부속서E에서 규정하는 동일한 호수의 관 종류를 사용한다.
> (1-1-7) 시공이 불량한 융착이음부는 절단하여 제거하고 재시공한다.

2016년 2회

01 다음은 공업용 용기이다. 각 용기에 충전하는 가스 명칭을 순서대로 쓰시오.

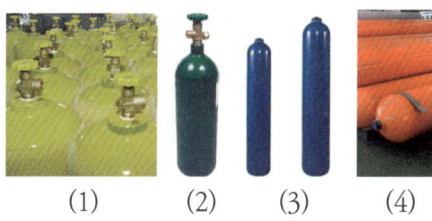

(1) (2) (3) (4)

※ 사진 출처 : 가스신문
(https://www.gasnews.com)

정답
(1) 아세틸렌
(2) 산소
(3) 이산화탄소
(4) 수소

보충 용기

1. 용기도색

탄산가스	산소	아세틸렌	암모니아	수소	염소	기타
청색	녹색	황색	백색	주황색	갈색	회색

2. 가스명칭

아세틸렌	암모니아	LPG	기타
흑색	흑색	적색	백색

02 방폭전기기기에 표시된 각 내용에 대해 설명하시오.

※ 사진 출처 : 아성테크
(https://www.a-sungtech.com)

| 1. Ex | 2. d |
| 3. ⅡB | 4. T4 |

정답
1. 방폭구조
2. 내압방폭구조
3. 내압 방폭전기기기의 폭발등급(최대안전틈새범위 0.5 mm 초과 0.9 mm 미만)
4. 방폭전기기기의 온도등급(가연성 가스의 발화도 ℃ 범위 135 ℃ 초과 200 ℃ 이하)

보충 방폭구조의 종류
① 안전증방폭구조(e)
② 유입방폭구조(o)
③ 내압방폭구조(d)
④ 압력방폭구조(p)
⑤ 본질안전방폭구조(ia, ib)
⑥ 특수방폭구조(s)

보충 방폭전기기기 온도 등급에 따른 발화도 범위
T1 : 450 ℃ 초과
T2 : 300 ℃ 초과 450 ℃ 이하
T3 : 200 ℃ 초과 300 ℃ 이하
T4 : 135 ℃ 초과 200 ℃ 이하
T5 : 100 ℃ 초과 135 ℃ 이하
T6 : 85 ℃ 초과 100 ℃ 이하

보충 폭발등급
① ⅡA : 최대안전틈새범위 0.9 mm 이상
② ⅡB : 최대안전틈새범위 0.5 mm 초과 0.9 mm 미만
③ ⅡC : 최대안전틈새범위 0.5 mm 이하

04 다음은 산소 충전 용기 밸브이다. 이 안전밸브 형식을 쓰시오.

※ 사진 출처 : 가스신문
(https://www.gasnews.com)

정답 파열판식 안전밸브

03 장미를 LNG(비점 −162 ℃)에 넣었다 빼면 꽃잎이 쉽게 부스러진다. 100 % CH_4를 Cl_2와 반응시키면 HCl과 냉매로 사용되는 물질이 생성되는데 이 물질의 명칭은 무엇인가?

※ 사진 출처 : 국제신문
(https://www.kookje.co.kr)

정답 염화메틸(CH_3Cl) = 염화메탄

05 공정에 존재하는 위험요소들과 공정의 효율을 떨어뜨릴 수 있는 운전상의 문제점을 찾아내어 그 원인을 제거하는 위험성 평가기법의 명칭을 쓰시오.

정답 위험과 운전 분석기법(HAZOP)

종류	영문약자	특징
체크 리스트	-	공정 및 설비 오류, 결함상태, 위험상황을 목록화한 형태로 작성하여 경험적 비교로 위험성을 정성적으로 파악하는 기법
결함수 분석	FTA	사고를 일으키는 장치 이상이나 운전사 실수 조합을 연역적으로 분석하는 기법
이상 위험도 분석	FMECA	공정 및 설비 고장 형태 및 영향, 고장형태별 위험도 순위를 결정하는 기법

종류	영문약자	특징
위험과 운전 분석	HAZOP	공정에 존재하는 위험 요소와 공정 효율을 떨어뜨릴 수 있는 운전상의 문제점을 찾아 원인 제거 기법
사건수 분석	ETA	초기사건으로 알려진 특정 장치 이상이나 운전자 실수로부터 발생하는 잠재적 사고결과 평가기법
원인 결과 분석	CCA	잠재된 사고 결과와 근본적 원인을 찾아내고 결과와 원인의 상호관계를 예측·평가하는 기법
작업자 실수 분석	HEA	설비 운전원, 정비보수원, 기술자 등의 작업에 영향을 미칠 요소를 평가하여 실수 원인을 파악 및 추적으로 상대적 순위를 결정하는 기법
사고 예상 질문 분석	WHAT-IF	공정에 잠재하며 원하지 않는 나쁜 결과를 초래할 수 있는 사고에 대해 예상질문을 통해 사전 확인함으로써 위험을 줄이는 방법을 제시하는 기법
예비 위험 분석	PHA	공정 또는 설비에 관한 상세 정보를 얻을 수 없는 상황에서 위험물질과 공정 요소에 초점을 두어 초기위험을 확인하는 기법
공정 위험 분석	PHR	기존설비 또는 안전성향상계획서를 제출·심사 받은 설비에 대하여 설비 설계·건설·운전 및 정비 경험을 바탕으로 위험성 분석하는 방법
상대 위험 순위 결정	-	설비 존재 위험에 대해 수치적으로 상대위험순위를 지표화하여 피해 정도를 나타내는 상대적 위험 순위를 정하는 안전성평가기법

06 자석의 S극과 N극을 이용하여 검사하는 비파괴검사의 명칭은 무엇인가?

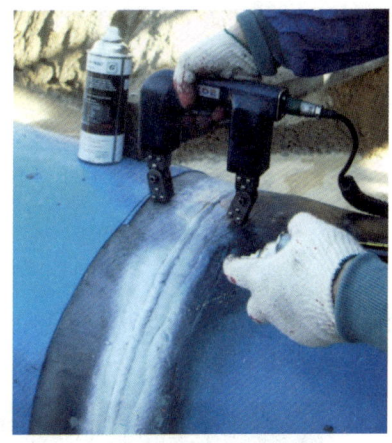

※ 사진 출처 : 김재노
(https://jae-no.tistory.com)

정답

자분탐상검사(MT)

보충 비파괴검사 종류
1. 침투탐상검사(PT)
2. 자분탐상검사(MT)
3. 초음파탐상검사(UT)
4. 방사선투과검사(RT)

07 다음과 같이 지상에 설치된 LPG 저장탱크의 지름이 각각 30 m, 34 m일 때 저장탱크 상호 간 유지해야 할 안전거리를 쓰시오. (단, 물분무장치가 설치되지 않은 경우)

※ 사진 출처 : 국립중앙도서관
(www.nl.go.kr)

정답

저장탱크 상호 간 유지해야 하는 안전거리는 두 저장탱크 최대지름을 합한 길이의 4분의 1 이상이므로 $L = \dfrac{30+34}{4} = 16\,m$

∴ 16 m 이상

---

08 다음은 LPG 저장소이다. 통풍구 면적은 바닥 면적의 몇 % 이상을 확보해야 하는가?

※ 사진 출처 : 가스신문
(https://www.gasnews.com)

정답

3 %
(통풍구는 바닥면적 1 m² 당 300 cm² 이상 이때 1 m² = 10000 cm²이므로 3 % 이상을 확보해야 함)

---

09 액화산소 저장탱크가 설치된 곳에 설치되는 방류둑 성토의 기울기는 수평에 대하여 몇 도 이하로 하는가?

※ 사진 출처 : 가스신문
(https://www.gasnews.com)

정답

45°

보충 방류둑

1. 설치
   (1) 저장탱크 내 액화가스가 액체상태로 유출되는 것을 방지하기 위해 설치
   (2) 저장탱크 저부가 지하에 있으며 주위피트상 구조로인 것으로 그 용량 이상일 것
2. 설치 적용 범위
   (1) 고압가스 특정제조
      ① 독성 가스 : 5톤 이상
      ② 가연성 가스 : 500톤 이상
      ③ 액화산소 : 1000톤 이상
   (2) 고압가스 일반제조
      ① 독성 가스 : 5톤 이상
      ② 가연성 가스, 액화산소 : 1000톤 이상
   (3) 냉동제조시설(독성 가스 냉매 사용) : 수액기 내용적 1만 L 이상
   (4) 액화석유가스 : 1000톤 이상
   (5) 도시가스
      ① 가스도매사업 : 500톤 이상
      ② 일반도시가스사업 : 1000톤 이상
   ※ LNG 저장탱크는 가스도매사업에 해당
3. 용량
   (1) 저장탱크 저장능력에 상당하는 용적 이상으로 할 것
   (2) 액화산소는 저장능력의 상당 용량의 60 % 이상으로 할 것

4. 방류둑 구조 및 기준
   (1) 재료 : 철근콘크리트, 금속, 흙 또는 이를 혼합한 액밀한 구조
   (2) 액체류 표면적 : 가능한 한 적게
   (3) 배관관통부 틈새로부터 누설방지 및 방식조치
   (4) 금속재료 : 부식되지 않게 방식 및 방청조치
   (5) 방류둑 내 고인 물을 배출하기 위한 배수조치
   (6) 가연성과 독성, 가연성과 조연성 액화가스 방류둑은 혼합배치하지 말 것
   (7) 방류둑 내면과 외면으로부터 10 m 이내 : 저장 탱크 부속설비 이외의 것은 설치 금지
   (8) 성토 : 수평에 대해 45° 이하 구배를 가지고 성토 정상부 폭은 30 cm 이상
   (9) 방류둑 계단 및 사다리 : 출입구 둘레 50 m마다 1개 이상 설치
      → 둘레 50 m 미만 : 2개소 이상 분산 설치

10 다음과 같이 횡으로 설치된 도시가스 배관의 호칭지름이 100 A일 때 고정장치 설치거리 (지지간격)는 얼마인가?

※ 사진 출처 : 가스신문
(https://www.gasnews.com)

정답
8 m

보충 교량 및 횡으로 설치하는 가스배관 호칭지름별 지지간격

호칭지름	지지간격
100 A	8 m
150 A	10 m
200 A	12 m
300 A	16 m
400 A	19 m
500 A	22 m
600 A	25 m

2016년 4회

01 가스용 폴리에틸렌관의 열 융착이음 종류 2가지를 쓰시오.

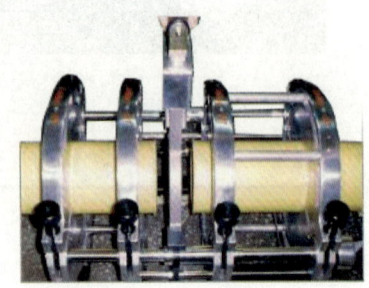

※ 사진 출처 : 나노인스텍
(http://www.nanoist.co.kr)

[정답]
1. 맞대기 융착이음
2. 소켓 융착이음
3. 새들 융착이음

02 다음 동영상의 LNG를 도시가스로 공급하는 정압기실에서 지시하는 정압기 안전밸브 방출관 높이는 지면에서 얼마인가? (단, 전기시설물과 접촉사고 등으로 인한 사고의 우려가 없는 장소이다)

※ 사진 출처 : 가스신문
(https://www.gasnews.com)

[정답]
5 m 이상
※ 〈KGS CODE FS552〉
2.7.1.3 과압안전장치 가스방출관 설치
안전밸브는 가스방출관이 설치된 것으로 하고, 그 방출관의 방출구는 주위에 불 등이 없는 안전한 위치로서 지면으로부터 5 m 이상의 높이에 설치한다. 다만 전기시설물과의 접촉 등으로 사고의 우려가 있는 장소에서는 3 m 이상으로 할 수 있다.

03 다음은 LPG 시설에 설치된 설비이다. 각각의 물음에 답하시오.

※ 사진 출처 : 가스신문
(https://www.gasnews.com)

1. 명칭을 쓰시오.
2. 이 설비를 설치하는 이유를 쓰시오.

[정답]
1. 명칭 : 스프링식 안전밸브
2. 설치목적 : 내부 압력이 이상 상승 시 압력을 외부로 배출하여 사고 방지

04 다음 동영상은 LPG를 이입, 충전할 때 사용하는 압축기에 접지선을 연결한 것이다. 이 방법 외에 정전기 제거 방법 4가지를 쓰시오.

※ 사진 출처 : https://sale.alibaba.com

[정답]
1. 상대습도 70 % 이상을 유지한다.
2. 공기를 이온화한다.
3. 대전방지제를 사용한다.
4. 정전의, 정전화를 착용한다.
5. 제전기를 사용한다.

05 다음은 공업용 용기이다. 각 용기에 충전하는 가스 명칭을 순서대로 쓰시오.

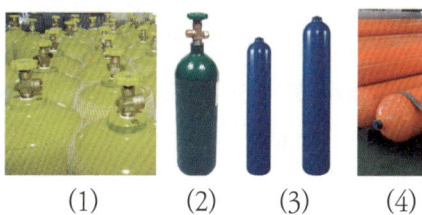

(1)　　(2)　　(3)　　(4)

※ 사진 출처 : 가스신문
(https://www.gasnews.com)

[정답]
(1) 아세틸렌
(2) 산소
(3) 이산화탄소
(4) 수소

[보충] 용기

1. 용기도색

탄산가스	산소	아세틸렌	암모니아	수소	염소	기타
청색	녹색	황색	백색	주황색	갈색	회색

2. 가스명칭

아세틸렌	암모니아	LPG	기타
흑색	흑색	적색	백색

06 실내에 설치된 기화장치에 대한 다음 물음에 각각 답하시오.

※ 사진 출처 : 가스신문
(https://www.gasnews.com)

1. 액체 상태로 열교환기 밖으로 유출을 방지하는 장치의 명칭은 무엇인가?
2. 액 유출 시 나타나는 현상 2가지를 쓰시오.

[정답]
1. 액유출방지장치
2. ① 폭발의 위험
   ② 피부 노출 시 저온으로 인한 동상
   ③ 산소 부족으로 인한 질식

07 방폭전기기기 결합부의 나사류를 외부에서 쉽게 조작함으로써 방폭성능을 손상시킬 우려가 있는 것은 드라이버, 스패너, 플라이어 등의 일반공구로 조작할 수 없도록 한 구조의 명칭과 II B에 대하여 설명하시오.

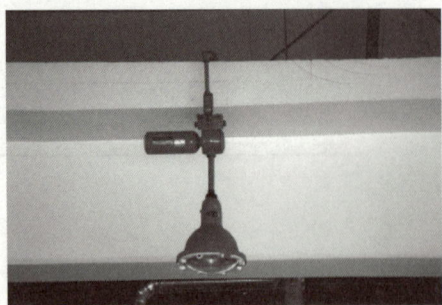

※ 사진 출처 : 다음카페 소방#위험물 정보세상***
(https://m.cafe.daum.net/standby119)

> **정답**
> 1. 자물쇠식 죔임 구조
> 2. II B : 방폭전기기의 폭발등급(최대안전틈새범위 0.5 mm 초과 0.9 mm 미만)

08 도시가스 배관에서 관지름 30 mm 배관의 길이가 500 m이고, 150 mm 배관의 길이가 3000 m일 때 배관 고정장치는 몇 개를 설치하여야 하는가?

※ 사진 출처 : 오마이뉴스
(https://www.ohmynews.com)

> **정답**
> 1. 30 mm : 2 m마다 고정장치 설치
>
> $\dfrac{500}{2} = 250$개
>
> 2. 150 mm : 10 m마다 고정장치 설치
>
> $\dfrac{3000}{10} = 300$개
>
> ∴ 합계 : 250 + 300 = 550개

보충 배관 관경에 따른 고정

관지름 13 mm 미만	1 m마다
관지름 13 mm 이상 33 mm 미만	2 m마다
관지름 33 mm 이상	3 m마다

보충 호칭지름이 100 m 이상인 경우

호칭지름	지지간격
100 A	8 m
150 A	10 m
200 A	12 m
300 A	16 m
400 A	19 m
500 A	22 m
600 A	25 m

09 지시하는 것은 LPG 이송에 사용하는 차량에 고정된 탱크에서 차량 운전석 외부에 설치된 것으로 명칭과 역할을 각각 쓰시오.

※ 사진 출처 : 가스신문
(https://www.gasnews.com)

> [정답]
> 1. 명칭 : 높이 측정 기구(감지봉)
> 2. 역할 : 탱크 정상부 높이가 차량 정상부 보다 높을 경우 충돌사고 방지

10 도시가스 배관을 지하에 매설할 때 다음 물음에 답하시오.

※ 사진 출처 : 가스신문
(https://www.gasnews.com)

> 1. 도시가스 배관과 상수도관 등 다른 시설물과의 이격거리는 얼마인가?
> 2. 도시가스 배관 매설 시 보호판을 설치하는 이유를 2가지 쓰시오.

> [정답]
> 1. 0.3 m 이상
> 2. ① 도로 밑에 최고사용압력이 중압이상인 배관을 매설하는 경우
>   ② 배관을 지하에 매설할 때 타 시설물과 이격거리를 유지하지 못하는 경우
>   ③ 배관의 매설깊이를 확보할 수 없는 경우

2015년 1회

01 다음 동영상에서 보여주는 설비의 명칭을 쓰시오.

※ 사진 출처 : 가스신문
(https://www.gasnews.com)

정답

라인마크

보충 라인마크
지하 가스배관의 위치를 표시

02 장미를 LNG(비점 -162 ℃)에 넣었다 빼면 꽃잎이 쉽게 부스러진다. 100 % CH_4를 Cl_2와 반응시키면 HCl과 냉매로 사용되는 물질이 생성되는데 이 물질의 명칭은 무엇인가?

※ 사진 출처 : 국제신문
(https://www.kookje.co.kr)

정답

염화메틸(CH_3Cl) = 염화메탄

03 다음 그림은 탱크 내부의 폭발모습으로 방폭 전기기기의 용기 내부에서 가연성 가스의 폭발이 발생할 경우 그 용기가 폭발압력에 견디고 접합면, 개구부 등을 통하여 외부의 가연성 가스에 인화되지 아니하도록 한 구조의 명칭과 기호를 쓰시오.

정답

1. 명칭 : 내압방폭구조
2. 기호 : d

04 다음 동영상은 다기능 가스안전계량기이다. 다기능 가스 안전계량기의 작동 성능 4가지를 쓰시오.

※ 사진 출처 : 가스신문
(https://www.gasnews.com)

정답
1. 원격검침
2. 유량차단
3. 가스누설감지기 차단
4. 압력차단
5. 누설검사
6. 지진 감지 및 차단
7. 일산화탄소 감지 및 차단

05 LPG 충전사업소에서 폭발사고가 발생하였을 때 사업자가 한국가스안전공사에 제출하여야 하는 사고보고서 중 기술하여야 할 내용을 5가지 쓰시오.

정답
1. 통보자의 소속, 직위, 성명 및 연락처
2. 사고 발생 장소
3. 사고 내용
4. 사고 발생 일시
5. 피해 현황(인명 및 재산)
6. 시설 현황

06 다음은 압축기이다. 압축기에는 정전기를 방지하기 위해 접지선을 설치하는데, 정전기를 제외한 점화원 종류 4가지를 쓰시오.

※ 사진 출처 : https://sale.alibaba.com

정답
1. 충격   2. 마찰 스파크
3. 단열압축   4. 복사열
5. 적외선   6. 낙뢰에 의한 열

07 도시가스 배관을 폭이 6 m인 도로에 매설할 때 다음 물음에 답하시오.

※ 사진 출처 : 가스신문
(https://www.gasnews.com)

1. 매설깊이를 쓰시오.
2. 최고사용압력이 저압인 배관을 횡으로 분기하여 수용가에게 직접 연결할 때 매설깊이를 쓰시오.

정답

1. 1 m 이상
2. 0.8 m 이상

보충 매설깊이

1. 공동주택 부지 내 : 0.6 m 이상
2. 폭 4 m 이상 8 m 미만의 도로 : 1 m 이상
3. 폭 8 m 이상의 도로 : 1.2 m 이상
4. 위에 해당하지 않는 곳 : 0.8 m 이상

08 다음 영상에서 용기부속품(충전 용기 밸브)에 각인된 기호 W, TP에 대해 쓰시오.

※ 사진 출처 : 가스신문
(https://www.gasnews.com)

정답

1. W : 질량(kg)
2. TP : 내압시험압력(MPa)

보충 기호

1. V : 내용적(L)
2. FP : 압축가스 충전의 경우 최고충전압력(MPa)

09 다음은 도시가스 지하 정압기실에 설치된 강제통풍장치이다. ① 배기구 관지름(mm) 크기와 ② 방출구는 지면에서 몇 m 이상의 높이에 설치해야 하는지 각각 쓰시오.

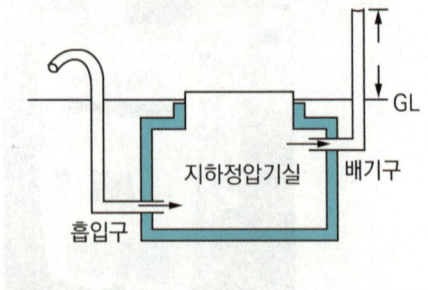

정답

1. 배기구 관지름 : 100 mm 이상
2. 방출구 : 지면에서 3 m 이상

10 다음은 LPG 시설에 설치된 설비이다. 각각의 물음에 답하시오.

※ 사진 출처 : 가스신문
(https://www.gasnews.com)

1. 명칭을 쓰시오.
2. 이 설비를 설치하는 이유를 쓰시오.

정답

1. 명칭 : 스프링식 안전밸브
2. 설치목적 : 내부 압력 이상 상승 시 압력을 외부로 배출시켜 사고 방지

2015년 2회

01 다음 동영상은 아세틸렌가스 용기이다. 이 용기에 각인된 "TW"에 대해 설명하시오.

※ 사진 출처 : 가스신문
(https://www.gasnews.com)

정답

용기의 질량에 용기의 다공물질·용제 및 밸브의 질량을 합한 질량(기호 : TW, 단위 : kg)

보충 아세틸렌가스 충전 용기

KGS AC214
1. 내용적(기호 : V, 단위 : L)
2. 밸브 및 부속품(분리할 수 있는 것으로 한정한다)을 포함하지 않은 용기의 질량(기호 : W, 단위 : kg)
3. 용기의 질량에 용기의 다공물질·용제 및 밸브의 질량을 합한 질량(기호 : TW, 단위 : kg)
4. 내압시험에 합격한 연월
5. 내압시험 압력(기호 : TP, 단위 : MPa)
6. 압축가스 충전의 경우 최고충전 압력(기호 : FP, 단위 : MPa)
7. 내용적이 500 L를 초과하는 용기의 경우 동판의 두께(기호 : t, 단위 : mm)

02 다음 동영상은 매설된 도시가스 배관의 누설을 탐지하는 차량으로 이곳에서 사용하는 가스누출검지기의 명칭을 쓰시오.

※ 사진 출처 : 이투뉴스
(https://www.e2news.com)

정답

수소불꽃이온화검출기(FID)
1. 깔대기가 있으면 : FID
2. 깔대기가 없이 차량 위에서 레이저를 통해 검사를 하면 : OMD

03 가스용 폴리에틸렌관(PE관)을 지하에 매설할 때 사용하는 이 설비 명칭을 쓰시오.

※ 사진 출처 : 투데이에너지
(https://www.todayenergy.kr)

> 정답
>
> 가스용 PE밸브

04 도시가스 중압배관을 시공하는 것이다. 용접부에 대한 비파괴검사 중 외관검사를 제외한 종류 3가지를 쓰시오.

※ 사진 출처 : 가스신문
(https://www.gasnews.com)

> 정답
>
> 1. 침투탐상검사(PT)
> 2. 자분탐상검사(MT)
> 3. 초음파탐상검사(UT)
> 4. 방사선투과검사(RT)

05 다음 그림은 탱크 내부의 폭발모습으로 방폭 전기기기의 용기 내부에서 가연성 가스의 폭발이 발생할 경우 그 용기가 폭발압력에 견디고 접합면, 개구부 등을 통하여 외부의 가연성 가스에 인화되지 아니하도록 한 구조의 명칭과 기호를 쓰시오.

> 정답
>
> 1. 명칭 : 내압방폭구조
> 2. 기호 : d

06 밀폐식 보일러를 사람이 거처하는 곳에 부득이하게 설치할 때 바닥면적이 5 m²이면 통풍구 면적은 최소 몇 cm²인가?

※ 사진 출처 : 가스신문
(https://www.gasnews.com)

🔲 정답
통풍구 면적 : 1 m²당 300 cm² 이상
∴ 5 × 300 = 1500 cm²
∴ 1500 cm²

07 LPG 자동차 충전기(Dispenser)에 대한 다음 물음에 답하시오.

※ 사진 출처 : 가스신문
(https://www.gasnews.com)

1. 충전호스 길이는 얼마인가?
2. 충전호스에 과도한 인장력이 작용하였을 때 분리되는 안전장치의 명칭은 무엇인가?

🔲 정답
1. 5 m 이내
2. 세이프티 커플링

08 LNG 저장탱크는 저장능력이 몇 톤 이상일 때 방류둑을 설치하는가?

※ 사진 출처 : 통영신문
(https://www.tynewspaper.co.kr)

🔲 정답
500톤 이상일 때 설치

보충 방류둑
1. 설치
 (1) 저장탱크 내 액화가스가 액체상태로 유출되는 것을 방지하기 위해 설치
 (2) 저장탱크 저부가 지하에 있으며 주위피트상 구조로인 것으로 그 용량 이상일 것
2. 설치 적용 범위
 (1) 고압가스 특정제조
  ① 독성 가스 : 5톤 이상
  ② 가연성 가스 : 500톤 이상
  ③ 액화산소 : 1000톤 이상
 (2) 고압가스 일반제조
  ① 독성 가스 : 5톤 이상
  ② 가연성 가스, 액화산소 : 1000톤 이상
 (3) 냉동제조시설(독성 가스 냉매 사용) : 수액기 내용적 1만 L 이상
 (4) 액화석유가스 : 1000톤 이상
 (5) 도시가스
  ① 가스도매사업 : 500톤 이상
  ② 일반도시가스사업 : 1000톤 이상
※ LNG 저장탱크는 가스도매사업에 해당

3. 용량
   (1) 저장탱크 저장능력에 상당하는 용적 이상으로 할 것
   (2) 액화산소는 저장능력의 상당 용량의 60% 이상으로 할 것
4. 방류둑 구조 및 기준
   (1) 재료 : 철근콘크리트, 금속, 흙 또는 이를 혼합한 액밀한 구조
   (2) 액체류 표면적 : 가능한 한 적게
   (3) 배관관통부 틈새로부터 누설방지 및 방식조치
   (4) 금속재료 : 부식되지 않게 방식 및 방청조치
   (5) 방류둑 내 고인 물을 배출하기 위한 배수조치
   (6) 가연성과 독성, 가연성과 조연성 액화가스 방류둑은 혼합배치하지 말 것
   (7) 방류둑 내면과 외면으로부터 10 m 이내 : 저장 탱크 부속설비 이외의 것은 설치 금지
   (8) 성토 : 수평에 대해 45° 이하 구배를 가지고 성토 정상부 폭은 30 cm 이상
   (9) 방류둑 계단 및 사다리 : 출입구 둘레 50 m마다 1개 이상 설치
      → 둘레 50 m 미만 : 2개소 이상 분산 설치

09 다음은 입상관이다. 각 물음에 답하시오.

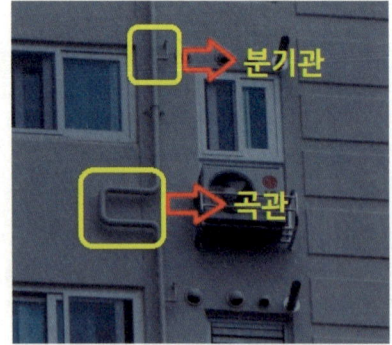

※ 사진 출처 : 도시가스 시설기준
(https://kara1529.tistory.com)

1. 입상관에 설치하는 신축이음은 최소 몇 개인가?
2. 각 세대에 분기되어 벽체를 관통하는 부분의 보호관은 분기관 바깥지름의 몇 배인가?

> [정답]
> 1. 2개
> 2. 1.5배 이상

10 다음은 LPG 충전사업소이다. 지하에 설치된 저장탱크 저장능력이 30톤일 경우 사업소 경계와의 거리는 얼마인가?

※ 사진 출처 : 가스신문
(https://www.gasnews.com)

> [정답]
> 21 m 이상

2015년 4회

01 다음은 LPG 자동차 충전소의 폭발사고 모습으로 LPG가 누설되어 가연성 액체 저장탱크 주변에서 화재가 발생하여 기상부의 탱크가 국부적으로 가열되면 그 부분이 강도가 약해져 탱크가 파열된다. 이때 내부의 액화가스가 급격히 유출 팽창되어 화구(Fire Ball)를 형성하여 폭발하는 형태를 무엇이라 하는지 영문 약자로 쓰시오.

※ 사진 출처 : MDPI
(https://www.mdpi.com)

정답
BLEVE

02 시험편에 일정한 충격을 가해 파괴시켜 금속재료를 시험하는 장치의 명칭과 시험목적을 쓰시오.

※ 사진 출처 : 한국신뢰성기술센터
(http://krtc.re.kr)

정답
1. 명칭 : 충격시험기
2. 목적 : 금속재료의 인성(재료의 질긴 정도)과 취성 확인

03 LPG 자동차 충전기(Dispenser)에 대한 다음 물음에 답하시오.

※ 사진 출처 : 가스신문
(https://www.gasnews.com)

1. 충전호스 끝부분에 설치되는 장치는 무엇인가?
2. 충전호스에 과도한 인장력이 작용하였을 때 분리되는 안전장치의 명칭은 무엇인가?

정답
1. 정전기 제거장치
2. 세이프티 커플링

04 LNG의 주성분인 CH_4의 대기압 상태에서 비점과 분자량을 각각 쓰시오.

※ 사진 출처 : 가스신문
(https://www.gasnews.com)

정답
1. 비점 : -161.5 ℃
2. 분자량 : 16

05 다음을 보고 가연성 가스 또는 독성 가스 설비에서 이상 상태가 발생하는 경우 그 설비 내의 내용물을 설비 밖으로 긴급하고 안전하게 이송하는 설비의 명칭을 쓰시오.

※ 사진 출처 : 에너지신문
(https://www.energy-news.co.kr)

정답
벤트스택

보충 벤트스택
1. 벤트스택의 높이는 방출된 가스의 착지농도가 폭발하한계값 미만이 되도록 충분한 높이로 하고, 독성 가스인 경우에는 TLV - TWA 기준 농도 값 미만이 되도록 충분한 높이로 한다
2. 벤트스택 방출구의 위치는 작업원이 정상작업을 하는데 필요한 장소 및 작업원이 항시 통행하는 장소로부터 긴급용은 10 m 이상, 그 밖의 벤트스택은 5 m 이상 떨어진 곳에 설치한다.
3. 벤트스택에는 정전기 또는 낙뢰 등으로 인한 착화를 방지하는 조치를 강구하고 만일 착화된 경우에는 즉시 소화할 수 있는 조치를 강구한다.
4. 벤트스택 또는 그 벤트스택에 연결된 배관에는 응축액의 고임을 제거 또는 방지하기 위한 조치를 강구한다
5. 액화가스가 함께 방출되거나 또는 급냉될 우려가 있는 벤트스택에는 그 벤트스택과 연결된 가스공급시설의 가장 가까운 곳에 기액분리기를 설치한다.

〈KGS CODE FP111〉

06 다음 동영상을 보고 LPG를 이입, 충전할 때 사용하는 압축기에서 정전기를 제거하기 위한 것으로 지시하는 것의 방법은 무엇인가?

※ 사진 출처 : https://sale.alibaba.com

정답
대상물을 접지

07 건축물 내부에 호칭지름 20 mm 배관을 300 m 설치하였을 때 배관 고정장치는 몇 개를 설치하여야 하는가?

※ 사진 출처 : 삼정가스공업
(https://sjgas.co.kr)

정답
호칭지름이 20 mm : 고정장치 2 m마다 설치
300 ÷ 2 = 150
∴ 150개

보충 배관 관경에 따른 고정

관지름 13 mm 미만	1 m마다
관지름 13 mm 이상 33 mm 미만	2 m마다
관지름 33 mm 이상	3 m마다

08 가스용 폴리에틸렌관을 맞대기 융착이음할 때 최소 관지름은 몇 mm인가?

※ 사진 출처 : 나노인스텍
(http://www.nanoist.co.kr)

정답
공칭외경 90

09 다음 동영상의 LNG를 도시가스로 공급하는 정압기실에서 지시하는 정압기 안전밸브 방출관이다. 각 물음에 답하시오.

※ 사진 출처 : 가스신문
(https://www.gasnews.com)

1. 방출관 높이는 지면으로부터 얼마인가?
2. 방출관이 전기시설물과의 접촉 등으로 인한 사고의 우려가 있는 장소일 때는 지면으로부터 얼마인가?

정답
1. 5 m 이상
2. 3 m 이상

10 다음은 공업용 용기이다. 각 용기에 충전하는 가스 명칭을 순서대로 쓰시오.

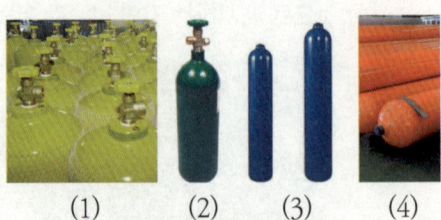

(1)　　(2)　　(3)　　(4)

※ 사진 출처 : 가스신문
(https://www.gasnews.com)

정답
(1) 아세틸렌
(2) 산소
(3) 이산화탄소
(4) 수소

보충 용기
1. 용기도색

탄산가스	산소	아세틸렌	암모니아	수소	염소	기타
청색	녹색	황색	백색	주황색	갈색	회색

2. 가스명칭

아세틸렌	암모니아	LPG	기타
흑색	흑색	적색	백색

Part 04

KGS CODE 핵심모음

※ 과년도 기출문제와 최근 출제경향 분석을 통해
  시험에 출제될 가능성이 있는 핵심 KGS CODE를
  정리하여 제공하오니 학습에 도움이 되시길 바랍니다.

<목 차>

■ 도시가스

1. KGS FU551 도시가스 사용시설의 시설·기술·검사 기준 ·················· 359
2. KGS FP451 가스도매사업 제조소 및 공급소의 시설·기술·검사·정밀안전진단·안전성평가 기준 ·················· 362

■ 고압가스

3. KGS FP112 고압가스 일반제조의 시설·기술·검사·감리·안전성평가 기준 ·················· 364
4. KGS FP111 고압가스 특정제조의 시설·기술·검사·감리·정밀안전검진 기준 ·················· 366

■ 액화석유가스

5. KGS FU331 저장탱크에 의한 액화석유가스 저장소의 시설·기술·검사·정밀안전진단·안전성평가 기준 ·················· 369
6. KGS AA434 일반용 액화석유가스 압력조정기 제조의 시설·기술·검사 기준 ·················· 371

■ 수소

7. KGS FU671 수소연료사용시설의 시설·기술·검사 기준 ·················· 374

■ 공통

8. KGS GC208 주거용 가스보일러의 설치·검사 기준 ·················· 377
9. KGS GC202 가스시설 전기방식 기준 ·················· 380
10. KGS GC207 고압가스 운반차량의 시설·기술 기준 ·················· 382

1. KGS FU551 도시가스 사용시설의 시설·기술·검사 기준

2.4.4.2 압력조정기 설치

2.4.4.2.1 압력조정기는 다음 기준에 적합한 장소에 설치한다.

(1) 압력조정기는 실외에 설치한다. 다만 부득이하게 실내에 설치할 경우에는 환기가 양호한 장소에 설치한다.
(2) 빗물 등이 조정기에 들어가지 않고 직사광선을 받지 않는 장소에 설치한다. 다만 격납상자에 설치하는 경우에는 그러지 않을 수 있다.
(3) 압력조정기는 차량 등에 의하여 손상될 위험이 없는 안전한 장소에 설치한다. 다만 불가피한 사유로 차량 등에 의해 손상될 위험이 있는 장소에 설치하는 경우에는 다음 기준에 따라 보호대 등의 방호조치를 한다.

2.4.4.2.2 압력조정기는 다음 기준에 따라 설치한다.

(1) 배관 내의 스케일, 먼지 등을 제거한 후 설치한다.
(2) 배관의 비틀림 또는 조정기의 중량 등으로 배관에 유해한 영향이 없도록 설치한다.
(3) 조정기 입구 쪽에 스트레이너 또는 필터가 부착된 조정기를 설치한다. 다만 압력조정기 입구 쪽에 인접한 정압기에 스트레이너 또는 필터가 부착된 경우에는 그렇지 않다.
(4) 릴리프식 안전장치가 내장된 조정기를 건축물 내에 설치하는 경우에는 가스 방출구를 실외의 안전한 장소에 설치한다.
(5) 지면으로부터 1.6 m 이상 2 m 이내에 설치한다. 다만 격납상자에 설치하는 경우에는 그러지 않을 수 있다.
(6) 제조회사의 설치 설명서 등에 따라 설치한다.

2.4.4.3 계량기 설치

(1) 가스계량기는 검침·교체·유지관리 및 계량이 용이하고 환기가 양호하도록 다음의 어느 하나의 조치를 한 장소에 설치하되, 직사광선 또는 빗물을 받을 우려가 있는 곳에 설치하는 경우에는 보호상자 안에 설치한다.
  ① 가스계량기를 설치한 실내의 상부(공기보다 무거운 가스의 경우 하부)에 $50\ cm^2$ 이상 환기구(철망 등을 부착할 때는 철망 등이 차지하는 면적을 뺀 면적) 등을 설치한 장소
  ② 가스계량기를 설치한 실내에 기계환기설비를 설치한 장소
  ③ 가스누출자동차단장치를 설치하여 가스 누출 시 경보를 울리고 가스계량기 전단에서 가스가 차단될 수 있도록 조치한 장소
  ④ 환기가 가능한 창문 등(개방 시 환기 면적이 $100\ cm^2$ 이상인 곳에 한정한다)이 설치된 장소
(2) 주택에 설치하는 가스계량기는 가스 사용자가 구분하여 소유하거나 점유하는 건축물의 외벽에 설치한다. 다만 실외에서 가스사용량을 검침할 수 있는 경우에는 그렇지 않다.

(3) 가스계량기(30 m³/h 미만에 한정한다)의 설치 높이는 바닥으로부터 계량기 지시장치(계량값 표시창)의 중심까지 1.6 m 이상 2 m 이내에 수직·수평으로 설치하고, 밴드·보호가대 등 고정 장치로 고정한다. 다만 보호상자 내에 설치, 기계실에 설치, 보일러실(가정에 설치된 보일러실은 제외한다)에 설치 또는 문이 달린 파이프 덕트(Pipe Shaft, Pipe Duct) 내에 설치하는 경우에는 바닥으로부터 2 m 이내에 설치한다.
(4) 가스계량기와 전기계량기 및 전기개폐기와의 거리는 0.6 m 이상, 굴뚝(단열조치를 하지 않은 경우에 한하며, 밀폐형 강제급·배기식 보일러(FF식 보일러)의 2중 구조의 배기통은 '단열조치가 된 굴뚝'으로 보아 제외한다)·전기점멸기 및 전기접속기와의 거리는 0.3 m 이상, 절연조치를 하지 않은 전선과는 0.15 m 이상의 거리를 유지한다.
(5) (4)에서 전기설비와 가스계량기와의 이격거리 적용 시에는 각 설비의 외면 간 거리를 기준으로 한다.

2.4.4.4 중간밸브 설치

2.4.4.4.1 연소기가 설치된 곳에는 조작하기 쉬운 위치에 배관용 밸브를 다음 기준에 따라 설치한다.
(1) 가스사용시설에는 연소기 각각에 퓨즈콕 등을 설치한다. 다만 연소기가 배관(가스용 금속플렉시블호스를 포함한다)에 연결된 경우 또는 가스소비량이 19400 kcal/h을 초과하거나 사용압력이 3.3 kPa을 초과하는 연소기가 연결된 배관(가스용 금속플렉시블호스를 포함한다)에는 배관용 밸브를 설치할 수 있다.
(2) 배관이 분기되는 경우에는 주 배관에 배관용 밸브를 설치한다. 다만 부득이하게 매립하여 설치하는 주배관의 경우에는 매립하는 부분 직전의 노출배관에 배관용 밸브를 설치할 수 있다.
(3) 2개 이상의 실로 분기되는 경우에는 각 실의 주 배관마다 배관용 밸브를 설치한다.
2.4.4.4.2 중간밸브 및 퓨즈콕 등은 해당 가스사용시설의 사용압력 및 유량에 적합한 것으로 한다.

2.4.4.5 호스 설치

2.4.4.5.1 호스의 길이는 연소기까지 3 m 이내로 하되, 호스는 T형으로 연결하지 않는다.
2.4.4.5.2 배관용 호스와 중간밸브 및 연소기와의 접촉 부분은 호스밴드 등으로 견고하게 조인다.
2.4.4.5.3 호스가 열로 인해 손상을 받지 않도록 조치한다. 〈신설 17.8.7.〉
2.4.4.5.4 빌트인(Built-in) 연소기는 연소기와 호스 연결 부분에서의 누출을 확인할 수 있도록 설치하되, 확인할 수 없는 경우에는 호스 단면적 이상의 점검구를 연소기와 호스 연결부 부근에 설치하거나 다음 중 어느 하나에 해당하는 가스 누출 확인장치를 설치한다.
(1) 다기능가스안전계량기
(2) 가스 누출 확인 퓨즈콕
(3) 가스 누출 확인 배관용 밸브
(4) 점검구 대신 누출 점검이 가능한 것으로, 한국가스안전공사의 제품 검사 또는 성능 인증을 받은 제품
2.4.4.5.5 빌트인(Built-in) 연소기의 호스는 뒤틀리거나 처지지 않도록 고정장치로 고정한다.

2.4.4.6 온압보정장치의 설치 〈신설 21.10.8.〉

온압보정장치는 KS표시 허가 제품 또는 「계량에 관한 법률」에 따른 형식 승인과 검정을 받은 것을 다음 기준에 따라 설치한다.

⑴ 수시로 환기가 가능한 장소에 설치한다.
⑵ 화기(그 시설 안에서 사용하는 자체 화기는 제외한다)와 유지해야 하는 거리는 우회거리 2 m 이상으로 한다.
⑶ 수직·수평으로 설치하고 밴드·보호 가대 등 고정장치로 견고하게 고정한다.
⑷ 기존 배관을 분리(절단)하는 경우에는 배관 내부의 가스를 외부의 안전한 장소로 퍼지한 후 배관 내부 가스 농도가 폭발하한계의 1/4 이하가 된 것을 확인한 다음에 배관 작업을 실시한다.
⑸ 배관 작업을 실시한 후 배관은 최고사용압력의 1.1배 또는 8.4 kPa 중 높은 압력 이상의 압력으로 기밀시험을 실시한다. 다만 작업 여건상 기밀시험이 어려운 경우에는 가스누출검지기 및 검지액 등을 이용한 누출검사로 기밀시험을 대신할 수 있다.
⑹ 2.4.4.3.2 ⑷ 및 2.5.4.5.8에도 불구하고, 온압보정장치와 연결되는 전선(전선에 3.6 V 이하의 전압이 걸리는 경우에 한정한다)은 가스계량기 또는 배관의 이음부와 이격거리 기준을 적용하지 않는다.

2. KGS FP451 가스도매사업 제조소 및 공급소의 시설·기술·검사·정밀안전진단· 안전성평가 기준

2.5.7.3.3 배관 방호조치

지상에 노출되는 배관은 차량 등으로 추돌할 위험이 없는 안전한 장소에 설치하고, 배관 또는 그 지지물이 손상을 받을 우려가 있는 경우에는 단단하고 내구력이 있는 방호설비를 다음 중 어느 하나의 방법으로 설치한다.

(1) **철판 방호조치**

'ㄷ' 형태로 가공한 방호 철판으로 다음과 같이 방호조치를 한다.
① 방호 철판의 두께는 4 mm 이상이고 재료는 KS D 3503(일반구조용 압연강재) 또는 이와 동등 이상의 기계적 강도가 있는 것으로 한다.
② 방호 철판은 부식을 방지하기 위한 조치를 한다.
③ 방호 철판 외면에는 야간 식별이 가능한 야광테이프나 야광페인트로 배관임을 알려주는 경계표지를 한다.
④ 방호 철판의 크기는 1 m 이상으로 하고 앵커볼트 등으로 건축물 외벽에 견고하게 고정 설치한다.
⑤ 방호 철판과 배관은 서로 접촉되지 않도록 설치하고 필요한 경우에는 접촉을 방지하기 위한 조치를 한다.

[철판 방호조치]

(2) **파이프 방호조치**

파이프를 'ㄷ' 형태로 가공한 강관제 구조물로 다음과 같이 방호조치를 한다.
① 방호파이프는 호칭지름 50 A 이상으로 하고 재료는 KS D 3507(배관용 탄소강관) 또는 이와 동등 이상의 기계적 강도가 있는 것으로 한다.
② 강관제 구조물은 부식을 방지하기 위한 조치를 할 것
③ 강관제 구조물 외면에는 야간 식별이 가능한 야광테이프나 야광페인트로 도시가스배관임을 알려주는 경계표지를 한다.
④ 그 밖에 강관제 구조물의 크기 및 설치 방법은 ((1)-④) 및 ((1)-⑤)의 기준에 따른다.

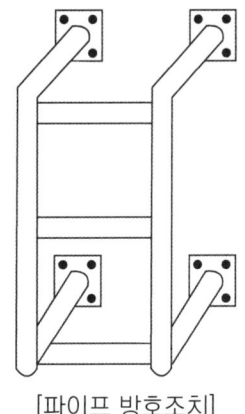

[파이프 방호조치]

⑶ **철근콘크리트 방호조치**

'ㄷ' 형태의 철근콘크리트재 구조물로 다음과 같이 방호조치를 한다.
① 철근콘크리트재는 두께 0.1 m 이상, 높이 1 m 이상으로 한다.
② 철근콘크리트재 구조물 외면에는 야간 식별이 가능한 야광테이프나 야광페인트로 도가스배관임을 알려주는 경계표지를 한다.
③ 철근콘크리트재 구조물은 건축물 외벽에 견고하게 고정 설치한다.
④ 철근콘크리트 방호구조물과 배관은 서로 접촉되지 않도록 설치하고 필요한 경우에는 접촉을 방지하기 위한 조치를 한다.

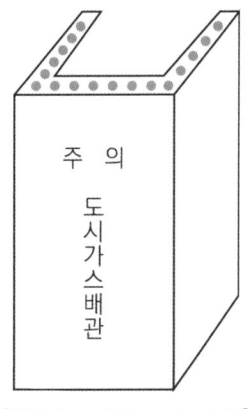

[철근콘크리트 방호조치]

2.5.7.3.4 배관을 지상에 설치하는 경우에는 배관의 부식 방지와 검사 및 보수를 위하여 지면으로부터 0.3 m 이상의 거리를 유지하여야 하며, 배관의 손상 방지를 위하여 주위의 상황에 따라 방책이나 가드레일 등의 방호조치를 한다.

2.5.7.3.5 배관은 지진·풍압·지반침하·온도 변화에 따른 신축 등에 안전한 구조의 지지물로 지지한다.

2.5.7.3.6 2.5.7.3.5의 지지물은 철근콘크리트구조 또는 이와 동등 이상의 내화성을 가지는 것으로 한다. 다만 화재로 인한 변형의 우려가 없는 경우에는 지지물의 내화 성능을 제한하지 않을 수 있다.

2.5.7.3.7 배관은 다른 시설물(그 배관의 지지물은 제외한다)과 그 배관의 유지관리에 필요한 간격을 유지한다.

3. KGS FP112 고압가스 일반제조의 시설·기술·검사·감리·안전성평가 기준

2.3.4 저장탱크의 형식
저장탱크의 방호형식은 단일방호형식, 이중방호형식, 완전방호형식으로 분류하고, 그 구조는 다음과 같다.

(1) 단일방호형식
 내부탱크는 액상 및 기상의 가스를 모두 저장하며, 내부탱크가 파괴되는 경우 누출된 액상의 가스를 방류둑에서 충분히 담을 수 있는 구조

(2) 이중방호형식
 내부탱크는 액상 및 기상의 가스를 모두 저장하며, 내부탱크가 파괴되어 액상의 가스가 누출되는 경우 방류둑 또는 외부탱크에서 누출된 액상의 가스를 담을 수 있는 구조

(3) 완전방호형식
 정상운전 시 내부탱크는 액상의 가스를 저장할 수 있고, 외부탱크는 기상의 가스를 저장할 수 있는 구조로서 내부탱크가 파괴되어 누출되는 경우 외부탱크가 누출된 액상 및 기상의 가스를 담을 수 있으며, 증발가스(Boil-off Gas)는 안전밸브를 통해 방출될 수 있는 구조

2.5.8 배관부대설비 설치
배관은 그 배관의 안전한 유지·관리를 위하여 다음 기준에 따라 필요한 설비를 설치하거나 필요한 조치를 강구한다.

2.5.8.1 수취기 설치
산소 또는 천연메탄을 수송하기 위한 배관과 이에 접속하는 압축기(산소를 압축하는 압축기는 물을 내부윤활제로 사용하는 것에 한정한다)와의 사이에는 수취기를 설치한다.

2.5.8.2 압력계 및 온도계 설치
배관은 그 배관에 대한 위해(危害)의 우려가 없도록 배관의 적당한 곳에 압축가스배관의 경우에는 압력계를, 액화가스배관의 경우에는 압력계 및 온도계를 설치한다. 다만 초저온 또는 저온의 액화가스배관의 경우에는 온도계 설치를 생략할 수 있다.

2.5.8.3 순회감시자동차 보유
배관의 유지상태를 감시하기 위하여 순회감시차를 보유하고 필요한 경우에는 안전을 위한 기자재 창고 등을 설치한다.

2.5.8.4 누출확산방지 조치
시가지·하천·터널·도로·수로 및 사질토 등의 특수성지반(해저를 제외한다) 중에 배관을 설치하는 경우에는 고압가스의 종류에 따라 안전한 방법으로 누출된 가스의 확산방지조치를 한다. 이 경우 고압가스의 종류 및 압력과 배관의 주위상황에 따라 2.5.8.4.1의 장소에는 2.5.8.4.2에 따라 배관을 2중관으로 하고, 가스누출검지 경보장치를 설치한다.

2.6 사고예방설비기준

2.6.1 과압안전장치 설치
고압가스설비에는 그 고압가스설비 내의 압력이 상용의 압력을 초과하는 경우 즉시 상용의 압력 이하로 되돌릴 수 있도록 하기 위하여 다음 기준에 따라 과압안전장치를 설치한다.

2.6.1.1 과압안전장치 선정
가스설비 등에서의 압력상승 특성에 따라 다음 기준에 따라 과압안전장치를 선정한다.
(1) 기체 및 증기의 압력상승을 방지하기 위하여 설치하는 안전밸브
(2) 급격한 압력상승, 독성 가스의 누출, 유체의 부식성 또는 반응생성물의 성상 등에 따라 안전밸브를 설치하는 것이 부적당한 경우에 설치하는 파열판
(3) 펌프 및 배관에서 액체의 압력상승을 방지하기 위하여 설치하는 릴리프밸브 또는 안전밸브
(4) (1)부터 (3)까지의 안전장치와 병행 설치할 수 있는 자동압력제어장치(고압가스설비 등의 내압이 상용의 압력을 초과한 경우 그 고압가스설비 등으로의 가스유입량을 감소시키는 방법 등으로 그 고압가스설비 등 안의 압력을 자동적으로 제어하는 장치)

2.6.1.2 과압안전장치 설치위치
과압안전장치는 고압가스설비 중 압력이 최고허용압력 또는 설계압력을 초과할 우려가 있는 다음의 구역마다 설치한다.
(1) 내·외부 요인으로 압력상승이 설계압력을 초과할 우려가 있는 압력 용기 등
(2) 토출측의 막힘으로 인한 압력상승이 설계압력을 초과할 우려가 있는 압축기(다만 압축기의 경우에는 각 단) 또는 펌프의 출구측
(3) 배관 안의 액체가 2개 이상의 밸브로 차단되어 외부열원으로 인한 액체의 열팽창으로 파열이 우려되는 배관
(4) (1)부터 (3)까지 이외에 압력조절실패, 이상반응, 밸브의 막힘 등으로 인한 압력상승이 설계압력을 초과할 우려가 있는 고압가스설비 또는 배관등 〈개정 17.12.14〉
(5) 압축기에는 그 최종단에, 그 밖의 고압가스설비에는 압력이 상용압력을 초과한 경우에 그 압력을 직접 받는 부분마다

2.6.1.3 과압안전장치 구조 및 재질
과압안전장치의 구조 및 재질은 그 과압안전장치가 설치되는 가스설비등의 안에 있는 고압가스의 압력 및 온도에 견딜 수 있고, 그 고압가스에 내식성이 있는 것으로 한다.

4. KGS FP111 고압가스 특정제조의 시설·기술·검사·감리·정밀안전검진 기준

2.4.4 가스설비 설치
고압가스 제조시설에는 고압가스시설의 안전을 확보하기 위하여 다음 기준에 적합한 고압가스설비를 설치한다.

2.4.4.1 충전용 교체밸브 설치
아세틸렌의 충전용교체밸브는 충전하는 장소에서 격리하여 설치한다.

2.4.4.2 원료공기 흡입구 설치
공기액화분리기로 처리하는 원료공기의 흡입구는 공기가 맑은 곳에 설치한다.

2.4.4.3 피트 설치
공기액화분리기에 설치하는 피트는 양호한 환기구조로 한다.

2.4.4.4 여과기 설치
공기액화분리기(1시간의 공기압축량이 1천 m^3 이하의 것을 제외한다)의 액화공기탱크와 액화산소증발기와의 사이에는 석유류·유지류 그 밖의 탄화수소를 여과·분리하기 위한 여과기를 설치한다.

2.4.4.5 에어졸 자동충전기 설치
에어졸제조시설에는 정량을 충전할 수 있는 자동충전기를 설치하고, 인체에 사용하거나 가정에서 사용하는 에어졸의 제조시설에는 불꽃길이 시험장치를 설치한다.

2.4.4.6 에어졸 누출시험시설 설치
에어졸제조시설에는 온도를 46℃ 이상 50℃ 미만으로 누출시험을 할 수 있는 에어졸 충전 용기의 온수시험탱크를 설치한다.

2.5.6 배관설비 절연
배관에는 유지관리에 지장이 없고, 그 배관에 위해(危害)의 우려가 없도록 다음 기준에 따라 절연설비를 설치한다.
2.5.6.1 배관장치에는 필요에 따라 안전용접지 또는 이와 유사한 장치를 설치한다.
2.5.6.2 배관장치는 안전확보를 위하여 지지물에 이상전류가 흘러 배관장치가 대지전위(對地電位)로 인하여 부식이 예상되는 다음 장소에 설치된 배관은 지지물 그 밖의 구조물로부터 절연시키고 절연용 물질을 삽입한다. 다만 절연이음물질 사용 등의 방법에 따라서 매설배관에 부식이 방지될 수 있는 경우에는 절연조치를 하지 않할 수 있다.
(1) 누전으로 인하여 전류가 흐르기 쉬운 곳
(2) 직류전류가 흐르고 있는 선로(線路)의 자계(磁界)로 인한 유도전류가 발생하기 쉬운 곳
(3) 흙 속 또는 물 속에서 미로전류(謎路電流)가 흐르기 쉬운 곳
2.5.6.3 배관장치에 접속되어 있는 기기, 저장탱크, 그 밖의 설비가 배관의 부식방지에 해로운 영향을 미칠 우려가 있는 경우에는 해당 설비와 배관을 절연이음 물질로 절연한다. 다만 해당 설비에 대한 양극의 설치 등으로 전기방식의 효과를 얻을 수 있는 경우에는 절연을 하지 않을 수 있다.

2.5.6.4 배관을 구분하여 전기방식 하는 것이 필요한 경우 지하에 매설된 배관의 부분과의 경계, 배관의 분기부 및 지하에 매설된 부분 등에는 절연이음물질을 설치한다.

2.5.6.5 피뢰기(피뢰침 및 고압철탑기 등과 접지케이블, 매설지선을 말한다)의 접지장소에 근접하여 배관을 매설하는 경우는 다음 기준에 따라 절연조치를 한다.

2.5.6.5.1 피뢰기와 배관 사이의 거리 및 흙의 전기저항 등을 고려하여 배관을 설치함과 동시에 필요한 경우에는 배관의 피복, 절연재의 설치 등으로 절연조치를 한다.

2.5.6.5.2 피뢰기의 낙뢰전류(落雷電流)가 기기, 저장탱크, 그 밖의 설비를 지나서 배관에 전류가 흐를 우려가 있는 경우 2.5.6.3 및 2.5.6.4에 따라 절연이음물질을 설치하여 절연함과 동시에 배관의 부식방지에 해로운 영향을 미치지 않는 방법으로 배관을 접지한다.

2.5.6.5.3 2.5.6.5.1 및 2.5.6.5.2의 경우 절연을 위한 조치를 보호하기 위하여 필요한 경우에는 스파크 간극 등을 설치한다.

3.3.8 사고예방설비 점검

3.3.8.1 과압안전장치 성능

안전밸브(액체의 열팽창으로 인한 배관의 파열방지용 안전밸브는 제외한다. 이하 3.3.8.1에서 같다) 중 압축기의 최종단에 설치한 것은 1년에 1회 이상, 그 밖의 안전밸브는 2년에 1회 이상 2.8.1에 따라 설치 시 설정되는 압력 이하의 압력에서 작동하도록 조정한다. 다만 「액화석유가스의 안전관리 및 사업법 시행령」 제14조에 따른 종합적안전관리대상자의 시설에 설치된 안전밸브의 조정 주기는 저장탱크 및 압력 용기에 대한 재검사 주기로 한다.

3.3.8.2 긴급차단장치 점검

가스시설에 설치된 긴급차단장치에 대하여는 1년에 1회 이상 밸브시이트의 누출검사 및 작동검사를 실시하여 누출량이 안전확보에 지장이 없는 양 이하이고, 원활하며 확실하게 개폐될 수 있는 작동기능을 가졌음을 확인한다.

3.3.8.3 정전기제거설비 기능 확인

정전기 제거설비를 정상상태로 유지하기 위해 다음 기준에 따라 검사를 하여 기능을 확인한다.
(1) 지상에서 접지저항치
(2) 지상에서의 접속부의 접속상태
(3) 지상에서의 절선 그밖에 손상부분의 유무

3.3.9 피해저감설비 점검

물분무장치, 살수장치와 소화전은 매월 1회 이상 작동상황을 점검하여 원활하고 확실하게 작동하는지 확인하고, 그 기록을 작성·유지할 것. 다만 동결할 우려가 있는 경우에는 펌프구동만으로 통수시험을 갈음할 수 있다.

3.3.10 부대설비 점검

3.3.10.1 액면계 점검

슬립튜브식 액면계의 패킹을 주기적으로 점검하고 이상이 있을 때에는 교체한다.

3.3.10.2 압력계 점검

충전용주관의 압력계는 매월 1회 이상, 그 밖의 압력계는 1년에 1회 이상 「국가표준기본법」에 따른 교정을 받은 압력계로 그 기능을 검사한다.

3.3.10.3 비상전력 점검

비상전력은 그 기능을 정기적으로 검사하여 사용에 지장이 없도록 한다.

5. KGS FU331 저장탱크에 의한 액화석유가스 저장소의 시설·기술·검사·정밀안전진단·안전성평가 기준

2.3.3.2 저장설비 부압파괴방지 조치
저온저장탱크는 그 저장탱크의 내부압력이 외부압력보다 저하됨에 따라 그 저장탱크가 파괴되는 것을 방지하기 위한 조치로서 다음의 설비를 갖춘다.
(1) 압력계
(2) 압력경보설비
(3) 다음 중 어느 하나의 설비
　① 진공안전밸브
　② 다른 저장탱크 또는 시설로부터의 가스도입배관(균압관)
　③ 압력과 연동하는 긴급차단장치를 설치한 냉동제어설비
　④ 압력과 연동하는 긴급차단장치를 설치한 송액설비

2.3.3.3 저장설비 폭발방지장치 설치
주거지역이나 상업지역에 설치하는 저장능력 10톤 이상의 저장탱크에는 그 저장탱크의 안전을 확보하기 위하여 다음 기준에 따라 폭발방지장치를 설치한다. 다만 안전조치를 한 저장탱크의 경우 및 지하에 매몰하여 설치한 저장탱크의 경우에는 폭발방지장치를 설치하지 아니할 수 있다.

2.3.3.3.1 폭발방지장치 재료
(1) 폭발방지장치의 열전달 매체인 다공성 알루미늄박판(이하 "폭발방지제"라 한다)은 알루미늄합금 박판에 일정 간격으로 슬릿(Slit)을 내고 이것을 팽창시켜 다공성 벌집형으로 한 것으로 한다.
(2) 폭발방지제 지지구조물의 후프링 재질은 기존 저장탱크의 재질과 같은 것 또는 이와 같은 수준 이상의 것으로서 액화석유가스에 대하여 내식성을 가지며 열적 성질이 탱크동체의 재질과 유사한 것으로 한다.
(3) 폭발방지제 지지구조물의 지지봉은 KS D 3507(배관용 탄소 강관)에 적합한 것(최저 인장강도 294 N/mm^2)으로 한다.
(4) 그 밖의 폭발방지제 지지구조물의 부품 재질은 안전을 확보하기 위하여 충분한 기계적 강도 및 액화석유가스에 대한 내식성을 가지는 것으로 한다.

2.4.3 가스설비 두께 및 강도
가스설비는 상용압력의 2배 이상의 압력에서 변형되지 아니하는 두께를 가지고, 상용 압력에 견디는 충분한 강도를 갖는 것으로 한다.

2.4.4 가스설비 설치
저장시설에는 그 저장시설의 안전확보를 위하여 조정기 등의 가스설비를 다음 기준에 따라 설치한다.

2.4.4.1 압력조정기 설치

압력조정기의 입·출구압력, 조정압력 및 최대유량은 연소기의 사용압력 및 가스소비량에 충분한 것으로 한다. 다만 압력조정기를 병렬로 설치하는 경우, 각각의 압력조정기가 사용시설의 최대가스소비량 이상의 용량이 되는 것으로 설치하되, 검사를 받은 국내 생산 제품이나 수입 제품이 없는 경우에는 각각의 압력조정기를 사용시설의 최대가스소비량 이상의 용량이 되는 것으로 하지 않을 수 있다.

2.4.4.2 기화장치 설치

2.4.4.2.1 기화장치는 저장설비와 구분하여 설치하고, 기화장치를 병렬로 설치하는 경우에는 각각의 기화장치가 최대가스소비량 이상의 용량이 되는 것으로 설치한다. 다만 저장설비가 소형저장탱크인 경우에는 구분하여 설치하지 아니할 수 있다.

2.4.4.2.2 전원으로 조작하는 기화장치는 자가발전기 등은 2.10.2에 적합하게 비상전력을 보유하거나 저장탱크 또는 소형저장탱크의 기상부에 별도의 예비 기체라인을 기화장치 후단에 연결하고 정전 시 사용할 수 있도록 조치한다. 다만 한국가스안전공사가 안전관리에 지장이 없다고 인정하는 경우에는 비상전력을 보유하지 아니할 수 있다.

2.4.4.3 로딩암

저장탱크에는 자동차에 고정된 탱크에서 가스를 이입할 수 있도록 건축물 외부에 로딩암을 설치할 수 있다. 다만 로딩암을 건축물 내부에 설치하는 경우에는 건축물의 바닥면에 접하여 환기구를 2방향 이상 설치하고, 환기구 면적의 합계는 바닥면적의 6% 이상으로 한다.

2.4.5 가스설비 성능

가스설비는 액화석유가스를 안전하게 취급할 수 있도록 하기 위하여 다음 기준에 따라 내압성능 및 기밀성능을 가지도록 한다.

2.4.5.1 가스설비 기밀성능

상용압력 이상의 기체의 압력으로 기밀시험(공기·질소 등의 기체로 내압시험을 실시하는 경우는 제외하고 기밀시험을 실시하기 곤란한 경우에는 누출검사)을 실시하여 이상이 없도록 한다.

2.4.5.2 가스설비 내압성능

상용압력의 1.5배(그 구조상 물로 내압시험이 곤란하여 공기·질소 등의 기체로 내압시험을 실시하는 경우에는 1.25배) 이상의 압력(이하 "내압시험압력"이라 한다)으로 내압시험을 실시하여 이상이 없도록 한다

6. KGS AA434 일반용 액화석유가스 압력조정기 제조의 시설·기술·검사 기준

2.1 제조설비

2.1.1 압력조정기를 제조하려는 자는 제품의 성능을 확인·유지할 수 있도록 하기 위하여 다음 기준에 적합한 검사설비를 갖춘다. 다만 허가관청이 부품의 품질 향상을 위하여 필요하다고 인정하는 경우에는 그 부품을 제조하는 전문생산업체의 설비를 이용하거나 그가 제조한 부품을 사용할 수 있다.

⑴ 구멍 가공기, 외경 절삭기, 내경 절삭기, 나사 전용 가공기, 다이케스팅 머신, 프레스 및 그 밖의 제조에 필요한 가공설비
⑵ 표면처리설비 및 도장설비
⑶ 초음파 세척설비
⑷ 압력조정기를 조립할 수 있는 동력용 조립지그 및 공구

2.2 검사설비

2.2.1 압력조정기를 제조하려는 자는 제품의 성능을 확인·유지할 수 있도록 하기 위하여 다음 기준에 적합한 검사설비를 갖춘다.

2.2.1.1 검사설비의 종류는 안전관리규정에 따른 자체검사를 수행할 수 있는 것으로 다음과 같다.
⑴ 버니어캘리퍼스·마이크로미터·나사게이지 등 치수 측정설비
⑵ 액화석유가스액 또는 도시가스 침적설비
⑶ 염수 분무 시험설비
⑷ 내압시험설비
⑸ 기밀시험설비
⑹ 안전장치 작동시험설비
⑺ 출구 압력 측정시험설비
⑻ 내구시험설비
⑼ 저온시험설비
⑽ 유량 측정설비
⑾ 그 밖에 필요한 검사 설비 및 기구

2.2.1.2 검사설비의 처리 능력은 해당 사업소의 제품생산능력에 적합한 것으로 한다.

2.2.2 2.2.1에도 불구하고 다음 중 어느 하나의 기관에 의뢰하여 설계단계검사 항목의 시험·검사를 하는 경우 또는 다음 중 어느 하나의 기관과 설계단계검사 항목에 필요한 시험·검사설비의 임대차계약을 체결한 경우에는 2.2.1에 따른 검사설비 중 해당 설계단계검사 항목의 검사설비를 갖춘 것으로 본다.

⑴ 한국가스안전공사
⑵ 고법 제35조에 따라 지정을 받은 검사기관(이하 "검사기관"이라 한다)
⑶ 「국가표준기본법」에 따라 지정을 받은 해당 공인시험·검사기관

3.4 구조 및 치수
압력조정기는 그 압력조정기의 안전성·편리성 및 호환성을 확보하기 위하여 다음 기준에 따른 구조 및 치수를 가지는 것으로 한다.

3.4.1 사용 상태에서 충격에 견디고 빗물이 들어가지 않는 구조로 한다.

3.4.2 출구 압력을 변동시킬 수 없는 구조로 한다.

3.4.3 용량 10 kg/h 미만의 1단 감압식 저압조정기 및 1단 감압식 준저압조정기는 몸체와 덮개를 일반 공구(멍키렌치·드라이버 등)로 분리할 수 없는 구조로 한다.

3.4.4 압력이 이상 상승한 경우에 자동으로 가스를 방출하는 안전장치를 가지는 것으로 하고, 용량 30 kg/h를 초과하는 압력조정기의 방출구는 1/4B 이상의 배관 접속이 가능한 구조로 한다. 다만 조정압력이 3.5 kPa 이상인 것 및 그 밖에 안전에 필요 없다고 인정한 것은 압력이 이상 상승한 경우에 자동으로 가스를 방출하는 안전장치를 가지지 않을 수 있다.

3.4.5 용량 100 kg/h 이하의 압력조정기는 입구 쪽에 황동 선망 또는 스테인리스 강선망을 사용한 스트레이너를 내장하는 구조로 한다.

3.4.6 (삭제)

3.4.7 자동절체식 조정기는 가스 공급 방향을 알 수 있는 표시기를 갖춘다.

3.4.8 관 연결부 및 방출구가 나사식인 경우에는 KS B 0222(관용 테이퍼나사)에 해당하는 것으로 하고, 플랜지식인 경우에는 KS B 1511(철강제 관플랜지의 기본치수)에 해당하는 것으로 한다.

3.4.9 용기밸브에 연결하는 조정기의 나사는 왼나사로서 W 22.5×14 T, 나사부의 길이 12 mm 이상으로 하고, 용기밸브에 연결하는 조정기의 핸들은 지름은 50 mm 이상, 폭은 9 mm 이상으로 한다.

3.4.10 자동절체식 조정기의 출구는 KS B 0222(관용 테이퍼나사)에 연결할 수 있는 유니언을 내장하는 구조로 한다.

3.4.11 용기밸브 충전구에 연결하는 조정기의 각형 패킹 및 핸들 죔 니플, 손 죔 핸들의 구조 및 치수는 그림 3.4.11에 따르며, 각 치수에 대한 허용편차는 6 mm 이하는 ±0.1 mm, 6 mm 초과 30 mm 이하는 ±0.2 mm, 30 mm 초과 120 mm 이하는 ±0.3 mm 으로 한다.

3.9.1 제품 표시
압력조정기에 표시할 사항은 다음과 같다. 다만 권장사용기간은 용량이 10 kg/h 이하인 압력조정기에만 표시하되, 한국가스안전공사가 내구성 등이 우수하다고 인정한 경우에는 3년의 범위에서 기간을 더하여 연장된 기간을 표시할 수 있다.

(1) 품명
(2) 제조자명이나 그 약호
(3) 제조번호나 로트번호
(4) 제조 연월
(5) 품질보증기간
(6) 입구 압력(기호 : P, 단위 : MPa)
(7) 용량(기호 : Q, 단위 : kg/h)
(8) 조정압력(기호 : R, 단위 : kPa 또는 MPa)
(9) 가스 흐름 방향

⑩ 핸들의 조임 및 풀림 방향(핸들연결식만을 말한다)
⑪ 권장사용기간 : 6년
⑫ 제조국

7. KGS FU671 수소연료사용시설의 시설·기술·검사 기준

2.4.5 수소제조설비 설치

2.4.5.1 수전해설비 설치

2.4.5.1.1 수전해설비실의 환기가 강제환기만으로 이루어지는 경우에는 강제환기가 중단되었을 때 수전해설비의 운전이 정지되도록 한다.

2.4.5.1.2 수전해설비를 실내에 설치하는 경우 해당 실 내의 산소 농도가 23.5 % 이하가 되도록 유지한다.

2.4.5.1.3 수전해설비를 실외에 설치하는 경우 눈, 비, 낙뢰 등으로부터 보호할 수 있는 조치를 한다.

2.4.5.1.4 수전해설비의 수소 및 산소 방출관의 방출구는 다음 기준에 적합하도록 설치한다.

(1) 수소 및 산소의 방출관 방출구는 방출된 수소 및 산소가 체류할 우려가 없는 통풍이 양호한 장소에 설치한다.

(2) 수소의 방출관 방출구는 지면에서 5 m 이상 또는 설비 상부에서 2 m 이상의 높이 중 높은 위치로 설치하며, 화기를 취급하는 장소와 6 m 이상 떨어진 장소에 위치하도록 한다.

(3) 산소의 방출관 방출구는 수소의 방출관 방출구 높이보다 낮은 높이에 위치하도록 한다.

2.4.5.1.5 산소를 대기로 방출하는 경우에는 방출구에서의 산소 농도가 23.5 % 이하가 되도록 공기 또는 불활성 가스와 혼합하여 방출한다.

2.4.5.1.6 수전해설비의 동결로 인한 파손을 방지하기 위하여 해당 설비의 온도가 5 ℃ 이하인 경우에는 설비의 운전을 자동으로 차단하는 조치를 한다.

2.4.5.2 수소추출설비 설치

2.4.5.2.1 수소추출설비를 실내에 설치하는 경우에는 다음 기준에 따른다.

(1) 수소추출설비 캐비닛 내 또는 수소추출설비실 내에 일산화탄소를 검지하기 위한 검지부를 설치한다.

(2) 수소추출설비실 내의 산소농도가 19.5 % 미만이 되는 경우 수소추출설비의 운전이 정지되도록 한다.

2.4.5.2.2 수소추출설비의 급기구는 배기가스 등 오염된 공기가 흡입되지 않는 곳에 위치하도록 하고, 외부로부터의 이물질이 유입되지 않도록 적절한 조치를 한다.

2.4.5.2.3 수소추출설비의 배기구는 배기가스가 실내로 유입되지 않는 안전한 장소에 위치하도록 한다.

2.4.6 압력조정기 설치

2.4.6.1 압력조정기는 다음 기준에 적합한 장소에 설치한다.

(1) 압력조정기는 실외에 설치한다. 다만 부득이하게 실내에 설치할 경우에는 환기가 양호한 장소에 설치한다.

(2) 빗물 등이 조정기에 들어가지 않고 직사광선을 받지 않는 장소에 설치한다. 다만 격납상자에 설치하는 경우에는 그렇지 않을 수 있다.

⑶ 압력조정기는 차량 등에 의하여 손상될 위험이 없는 안전한 장소에 설치한다. 다만 불가피한 사유로 차량 등에 의해 손상될 위험이 있는 장소에 설치하는 경우에는 2.3.3에 따른 방호조치를 한다.

⑷ 보호대의 외면에는 야간식별이 가능하도록 야광 페인트로 도색하거나 야광 테이프 또는 반사지 등으로 표시한다.

2.4.6.2 압력조정기는 다음 기준에 따라 설치한다.

⑴ 배관 내의 스케일, 먼지 등을 제거한 후 설치한다.

⑵ 배관의 비틀림 또는 조정기의 중량 등에 의하여 배관에 유해한 영향이 없도록 설치한다.

⑶ 조정기 입구 쪽에 스트레이너 또는 필터가 부착된 조정기를 설치한다. 다만 압력조정기 입구 쪽에 인접한 정압기에 스트레이너 또는 필터가 부착된 경우에는 그렇지 않다.

⑷ 릴리프식 안전장치가 내장된 조정기를 건축물 내에 설치하는 경우에는 가스방출구를 실외의 안전한 장소에 설치한다.

⑸ 지면으로부터 1.6 m 이상 2 m 이내에 설치한다. 다만 격납상자에 설치하는 경우에는 그렇지 않을 수 있다.

⑹ 제조회사의 설치설명서 등에 따라 설치한다.

2.4.7 계량기 설치

2.4.7.1 계량기는 수소가스 사용에 적합한 것으로 한다.

2.4.7.2 가스계량기의 설치장소는 다음 기준에 따라 설치한다.

⑴ 가스계량기는 검침·교체·유지관리 및 계량이 용이하고 환기가 양호하도록 다음의 어느 하나의 조치를 한 장소에 설치하되, 직사광선 또는 빗물을 받을 우려가 있는 곳에 설치하는 경우에는 보호상자 안에 설치한다.

　① 가스계량기를 설치한 실내의 상부에 50 cm^2 이상 환기구(철망 등을 부착할 때는 철망 등이 차지하는 면적을 뺀 면적) 등을 설치한 장소

　② 가스계량기를 설치한 실내에 기계환기설비를 설치한 장소

　③ 가스누출자동차단장치를 설치하여 가스누출 시 경보를 울리고 가스계량기 전단에서 가스가 차단될 수 있도록 조치한 장소

　④ 환기가 가능한 창문 등(개방 시 환기면적이 100 cm^2 이상에 한정한다)이 설치된 장소

⑵ 주택에 설치하는 가스계량기는 가스사용자가 구분하여 소유하거나 점유하는 건축물의 외벽에 설치한다. 다만 실외에서 가스사용량을 검침할 수 있는 경우에는 그렇지 않다.

⑶ 가스계량기(30 m^3/h 미만에 한정한다)의 설치높이는 바닥으로부터 1.6 m 이상 2.0 m 이내에 수직·수평으로 설치하고 밴드·보호가대 등 고정장치로 고정한다. 다만 보호상자 내에 설치, 기계실에 설치, 보일러실(가정에 설치된 보일러실은 제외한다)에 설치 또는 문이 달린 파이프덕트(Pipe Shaft, Pipe Duct) 내에 설치하는 경우 바닥으로부터 2.0 m 이내 설치한다.

⑷ 가스계량기와 전기계량기 및 전기개폐기와의 거리는 0.6 m 이상, 굴뚝(단열조치를 하지 않은 경우에 한정하며, 밀폐형 강제급·배기식 보일러(FF식보일러)의 2중 구조의 배기통은 '단열조치가 된 굴뚝'으로 보아 제외한다)·전기점멸기 및 전기접속기와의 거리는 0.3 m 이상, 절연조치를 하지 않은 전선과의 거리는 0.15 m 이상의 거리를 유지한다.

⑸ ⑷에서 전기설비와 가스계량기와의 이격거리 적용 시에는 각 설비의 외면 간의 거리를 기준으로 한다.

2.4.8 중간밸브 설치

2.4.8.1 연료전지가 설치된 곳에는 조작하기 쉬운 위치에 배관용 밸브를 다음 기준에 따라 설치한다.
⑴ 수소연료사용시설에는 연료전지 각각에 대하여 배관용 밸브를 설치한다.
⑵ 배관이 분기되는 경우에는 주배관에 배관용 밸브를 설치한다.
⑶ 2개 이상의 실로 분기되는 경우에는 각 실의 주배관마다 배관용 밸브를 설치한다.
2.4.8.2 중간밸브는 해당 수소연료사용시설의 사용압력 및 유량에 적합한 것으로 한다

8. KGS GC208 주거용 가스보일러의 설치·검사 기준

1.3.1 "연통(Flue Pipe)"이란 가스보일러 배기가스를 이송하기 위한 관으로서, 배기통, 이음연통, 연돌 등을 말한다.

1.3.1.1 "배기통(Vent)"이란 가스보일러를 단독배기 방식으로 사용하는 경우로서, 가스보일러에서 나오는 배기가스를 이음연통이나 연돌을 거치지 않고 건축물 바깥으로 직접 배출하는 연통을 말한다.

1.3.1.2 "이음연통(Connecting Flue Pipe)"이란 가스보일러와 연돌을 연결하는 연통으로서 가스보일러 출구에서 연돌 입구로 연결하는 관을 말한다.

1.3.1.3 "연돌(Chimney)"이란 가스보일러에서 나오는 배기가스를 건축물 바깥으로 배출하기 위한 연통으로서 하나 이상의 수직 또는 수직에 가까운 통로를 가진 구조물을 말한다.

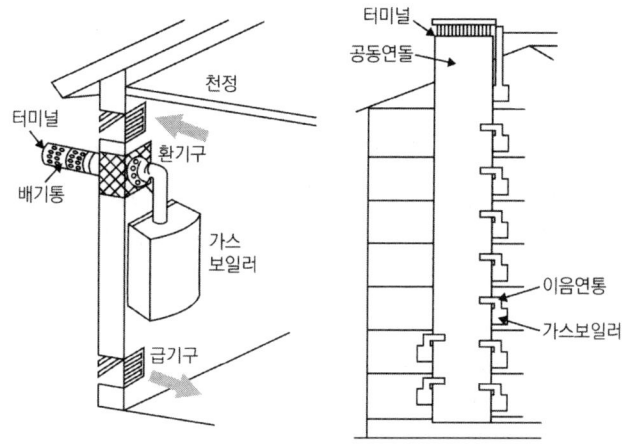

1.3.2 "배기시스템(Venting System)"이란 배기가스와 직접 접촉하는 가스보일러 부속품과 이 기준에서 사용하는 모든 연통을 말한다.

1.3.3 "터미널(Terminal)"이란 배기가스를 건축물 바깥 공기 중으로 배출하기 위하여 배기시스템 말단에 설치하는 부속품(배기통과 터미널이 일체형인 경우에는 배기가스가 배출되는 말단부분을 말한다)을 말한다.

1.3.4 "라이너(Liner)"란 표면이 배기가스와 접촉하는 연돌의 벽을 말한다.

1.3.5 "단독·밀폐식·강제급배기식"이란 하나의 가스보일러를 사용하는 배기시스템으로서 연소용 공기는 실외에서 급기하고, 배기가스는 실외로 배기하며, 송풍기를 사용하여 강제적으로 급기 및 배기하는 시스템을 말한다.

1.3.6 "단독·반밀폐식·강제배기식"이란 하나의 가스보일러를 사용하는 배기시스템으로서 연소용 공기는 가스보일러가 설치된 실내에서 급기하고, 배기가스는 실외로 배기하며(연돌을 통하여 배기하는 것을 포함한다), 송풍기를 사용하여 강제적으로 배기하는 시스템을 말한다.

1.3.7 "공동·반밀폐식·강제배기식"이란 다수의 가스보일러를 사용하는 배기시스템으로서 연소용 공기는 가스보일러가 설치된 실내에서 급기하고, 배기가스는 연돌을 통하여 실외로 배기하며, 송풍기를 사용하여 강제적으로 배기하는 시스템을 말한다.

2.1.3 설치방법

2.1.3.1 공장에서 부품을 생산하여 성능인증을 받은 배기통과 이음연통은 성능인증기준에 따라 조립한다.

2.1.3.2 라이너는 내화벽돌 또는 배기가스에 대하여 동등 이상의 내열 및 내식 성능을 가진 것을 설치한다.

2.1.3.3 바닥 설치형 가스보일러는 그 하중을 충분히 견딜 수 있는 구조의 바닥면 위에 설치하고, 벽걸이형 가스보일러는 그 하중을 충분히 견딜 수 있는 구조의 벽면에 견고하게 설치한다.

2.1.3.4 가스보일러를 설치하는 주위는 가연성 물질 또는 인화성 물질을 저장·취급하는 장소가 아니어야 하며 조작·연소·확인 및 점검수리에 필요한 간격을 두어 설치한다.

2.1.3.5 가스보일러는 전용보일러실(보일러실 안의 가스가 거실로 들어가지 않는 구조로서 보일러실과 거실 사이의 경계벽은 출입구를 제외하고는 내화구조의 벽을 말한다. 이하 같다)에 설치한다. 다만 다음 중 어느 하나에 해당하는 경우에는 전용보일러실에 설치하지 않을 수 있다.

(1) 밀폐식 가스보일러
(2) 옥외에 설치한 가스보일러
(3) 전용급기통을 부착하는 구조로 검사에 합격한 강제배기식 가스보일러

2.1.3.6 가스보일러는 방, 거실 그밖에 사람이 거처하는 곳과 목욕탕, 샤워장, 베란다, 그 밖에 환기가 잘되지 않아 가스보일러의 배기가스가 누출될 경우 사람이 질식할 우려가 있는 곳에는 설치하지 않는다. 다만 밀폐식 가스보일러로서 다음 중 어느 하나의 조치를 한 경우에는 설치할 수 있다.

(1) 가스보일러와 연통의 접합은 나사식, 플랜지식 또는 리브식으로 하고, 연통과 연통의 접합은 나사식, 플랜지식, 클램프식, 연통일체형 밴드 조임식 또는 리브식 등으로 하여 연통이 이탈되지 않도록 설치하는 경우
(2) 막을 수 없는 구조의 환기구가 외기와 직접 통하도록 설치되어 있고, 그 환기구의 크기가 바닥면적 $1\ m^2$마다 $300\ cm^2$의 비율로 계산한 면적(철망 등을 부착할 때는 철망이 차지하는 면적을 뺀 면적으로 한다) 이상인 곳에 설치하는 경우
(3) 실내에서 사용 가능한 전이중급배기통(Coaxial Flue Pipe)을 설치하는 경우

2.1.3.7 전용보일러실에는 음압(대기압보다 낮은 압력을 말한다) 형성의 원인이 되는 환기팬을 설치하지 않는다.

2.1.3.8 전용보일러실에는 사람이 거주하는 거실·주방 등과 통기될 수 있는 가스레인지 배기덕트(후드)등을 설치하지 않는다.

2.1.3.9 가스보일러는 지하실 또는 반지하실에 설치하지 않는다. 다만 밀폐식 가스보일러 및 급배기시설을 갖춘 전용보일러실에 설치하는 반밀폐식 가스보일러의 경우에는 지하실 또는 반지하실에 설치할 수 있다.

2.1.3.10 가스보일러를 옥외에 설치할 때에는 눈·비·바람 등 때문에 연소에 지장이 없도록 보호조치를 강구한다. 다만 옥외형 가스보일러의 경우에는 보호조치를 하지 않을 수 있다.

2.1.3.11 연통이 가연성의 벽을 통과하는 부분은 금속 이외의 불연성 재료 등으로 피복하는 등의 방화조치를 하고, 배기가스가 실내로 유입되지 아니하도록 조치한다.

2.1.3.12 연통의 터미널에는 동력팬을 부착하지 않는다. 다만 부득이 연돌에 무동력팬을 부착할 경우에는 무동력팬의 유효단면적이 연돌의 단면적 이상이 되도록 한다.

2.1.3.13 가스보일러 연통의 호칭지름은 가스보일러 연통의 접속부 호칭지름과 동일한 것으로 하며, 연통과 가스보일러의 접속부 및 연통과 연통의 접속부는 내열실리콘, 내열실리콘 밴드(KS B 2805 4종 C 또는 이와 동등 이상으로서 해당 배기통의 부속품으로 성능인증을 받은 제품) 등(석고붕대는 제외한다)으로 마감조치하여 기밀이 유지되도록 한다.

2.1.3.14 가스보일러에 연료용 가스를 공급하는 배관은 가스의 누출이 없도록 확실하게 접속한다.

2.1.3.15 가스보일러실내에 동파방지열선을 설치하는 경우에는 전기적 안전장치(과전류차단기 또는 퓨즈)를 설치하고, 동파방지열선은 전기용품안전인증을 받은 것으로 한다.

2.1.3.16 가스보일러를 설치할 경우에는, 가스보일러의 접합부와 배기통의 접합부는 접속구경, 접합 방식이 동일해야 한다.

9. KGS GC202 가스시설 전기방식 기준

2.1 전기방식 대상
전기방식조치 대상은 다음과 같다.

2.1.1 고압가스시설
고압가스 특정(일반) 제조 사업자·충전 사업자·저장소 설치자 및 특정 고압가스 사용자의 시설 중 지중 및 수중에 설치하는 강재 배관 및 저장탱크(이하 "고압가스시설"이라 한다). 다만 다음 시설은 제외할 수 있다.
(1) 가정용 가스시설
(2) 기간을 정해 임시로 사용하기 위한 고압가스시설

2.1.2 액화석유가스시설
지중 및 수중에 설치하는 강재 배관 및 강재 저장탱크(이하 "액화석유가스시설"이라 한다). 다만 기간을 정해 임시로 사용하기 위한 액화석유가스시설인 경우에는 제외할 수 있다.

2.1.3 도시가스시설
지중 및 수중에 설치하는 강재 배관(이하 "도시가스시설"이라 한다). 다만 기간을 정해 임시로 사용하기 위한 도시가스시설인 경우에는 제외할 수 있다.

2.1.4 수소시설
지중 및 수중에 설치하는 강재 배관(이하 "수소시설"이라 한다). 다만 기간을 정해 임시로 사용하기 위한 수소시설인 경우에는 제외할 수 있다.

2.2 전기방식 방법 및 시공
전기방식의 방법 및 시공 기준은 다음과 같다.

2.2.1 전기방식 방법
2.2.1.1 직류전철 등에 따른 누출전류의 영향이 없는 경우에는 외부전원법 또는 희생양극법으로 한다.
2.2.1.2 직류전철 등에 따른 누출전류의 영향을 받는 배관에는 배류법으로 하되, 방식 효과가 충분하지 않을 경우에는 외부전원법 또는 희생양극법을 병용한다.

2.3 전기방식 기준
가스시설로부터 가능한 한 가까운 위치에서 기준전극으로 측정한 전위가 다음 기준에 적합하도록 한다.

2.3.1 고압가스시설

고압가스시설의 부식 방지를 위한 전위 상태는 다음 중 어느 하나에 따라 설치한다.

2.3.1.1 방식전류가 흐르는 상태에서 토양 중에 있는 고압가스시설의 방식전위는 포화황산동 기준전극으로 -5 V 이상, -0.85 V 이하(황산염환원 박테리아가 번식하는 토양에서는 -0.95 V 이하)로 한다.

2.3.1.2 방식전류가 흐르는 상태에서 자연전위와의 전위 변화가 최소한 -300 mV 이하로 한다. 다만 다른 금속과 접촉하는 고압가스시설은 제외한다.

2.3.2 액화석유가스시설

액화석유가스시설의 부식 방지를 위한 전위 상태는 다음 중 어느 하나에 따라 설치한다.

2.3.2.1 방식전류가 흐르는 상태에서 토양 중에 있는 액화석유가스시설의 방식전위는 포화황산동 기준전극으로 -0.85 V 이하로 하고 황산염환원 박테리아가 번식하는 토양에서는 -0.95 V 이하로 한다.

2.3.2.2 방식전류가 흐르는 상태에서 자연전위와의 전위 변화가 최소한 -300 mV 이하로 한다. 다만 다른 금속과 접촉하는 액화석유가스시설은 제외한다.

2.3.3 도시가스시설

배관의 부식 방지를 위한 전위 상태는 다음 중 어느 하나에 적합하도록 하고, 방식전위 하한값은 전기철도 등의 간섭 영향을 받는 곳을 제외하고는 포화황산동 기준전극으로 -2.5 V 이상이 되도록 한다.

2.3.3.1 방식전류가 흐르는 상태에서 토양 중에 있는 배관의 방식전위 상한값은 포화황산동 기준전극으로 -0.85 V 이하(황산염환원 박테리아가 번식하는 토양에서는 -0.95 V 이하)로 한다.

2.3.3.2 방식전류가 흐르는 상태에서 자연전위와의 전위 변화가 최소한 -300 mV 이하로 한다. 다만 다른 금속과 접촉하는 배관은 제외한다.

2.3.3.3 토양 중에 있는 배관의 방식전위 상한값은 방식전류가 일순간 동안 흐르지 않는 상태(Instant-off)에서 포화황산동 기준전극으로 -0.85 V(황산염환원 박테리아가 번식하는 토양에서는 -0.95 V) 이하로 한다.

2.3.4 수소시설 〈신설 24.7.23〉

수소시설의 부식 방지를 위한 전위 상태는 다음 중 어느 하나에 적합하도록 한다.

2.3.4.1 방식전류가 흐르는 상태에서 토양 중에 있는 수소시설의 방식전위가 포화황산동 기준전극으로 -5 V 이상, -0.85 V 이하(황산염환원 박테리아가 번식하는 토양에서는 -0.95 V 이하)가 되도록 한다.

2.3.4.2 방식전류가 흐르는 상태에서 자연전위와의 전위변화가 최소한 -300 mV 이하가 되도록 한다. 다만 다른 금속과 접촉하는 수소시설은 제외한다.

10. KGS GC207 고압가스 운반차량의 시설·기술 기준

3.1.1.4 재해발생 또는 재해확대 방지조치

3.1.1.4.1 고압가스 운반차량의 운전자는 운반 중 재해방지를 위하여 운행개시 전에 다음의 필요한 조치·주의 사항을 차량에 비치한다.

(1) 가스의 명칭과 물성
  ① 가스의 명칭
  ② 가스의 특성(온도와 압력과의 관계, 비중, 색깔, 냄새)
  ③ 화재·폭발의 위험성 유무
  ④ 인체에 대한 독성 유무
(2) 운반 중의 주의사항
  ① 점검 부분과 방법
  ② 휴대품의 종류와 수량
  ③ 경계표지 부착
  ④ 온도 상승 방지조치
  ⑤ 주차 시 주의
  ⑥ 안전운행 요령
(3) 충전 용기 등을 적재한 경우는 짐을 내릴 때의 주의사항
(4) 사고 발생 시 응급조치
  ① 가스누출이 있는 경우에는 그 누출 부분을 확인하고 수리를 한다.
  ② 가스누출 부분의 수리가 불가능한 경우
    ㉠ 상황에 따라 안전한 장소로 운반한다.
    ㉡ 부근의 화기를 없앤다.
    ㉢ 착화된 경우 용기파열 등의 위험이 없다고 인정될 때는 소화한다.
    ㉣ 독성 가스가 누출한 경우에는 가스를 제독한다.
    ㉤ 부근에 있는 사람을 대피시키고, 동행인은 교통통제를 하여 출입을 금지한다.
    ㉥ 비상연락망에 따라 관계업소에 원조를 의뢰한다.
    ㉦ 상황에 따라 안전한 장소로 대피한다.
    ㉧ 구급조치

3.1.1.4.2 고압가스의 운반 중 재해발생이나 확대를 방지하기 위하여 다음과 같은 필요한 조치를 한다.

(1) 운반 개시 전에 차량, 고압가스가 충전된 용기 및 탱크, 그 부속품 등 및 보호구, 자재, 제독제, 공구 등 휴대품의 정비 점검 및 가스 누출의 유무를 확인한다.

(2) 운반 중 사고가 발생한 경우에는 다음 조치를 한다.
   ① 가스누출이 있는 경우에는 그 누출 부분의 확인 및 수리를 한다.
   ② 가스누출 부분의 수리가 불가능한 경우
      ㉠ 상황에 따라 안전한 장소로 운반한다.
      ㉡ 부근의 화기를 없앤다.
      ㉢ 착화된 경우 용기파열 등의 위험이 없다고 인정될 때는 소화한다.
      ㉣ 독성 가스가 누출할 경우에는 가스를 제독한다.
      ㉤ 부근에 있는 사람을 대피시키고, 동행인은 교통통제를 하여 출입을 금지한다.
      ㉥ 비상연락망에 따라 관계업소에 원조를 의뢰한다.
      ㉦ 상황에 따라 안전한 장소로 대피한다.

3.2 차량에 고정된 탱크 운반차량

3.2.1 이입 및 이송 작업

3.2.1.1 이입작업

이입작업을 할 경우에는 차량 운전자와 안전관리자(차량에 고정된 탱크로 고압가스를 공급하는 시설에 선임된 안전관리자를 말한다. 이하 3.2.1.1에서 같다)가 각각 다음 기준에 따른 조치를 한다.

(1) 차량운전자는 안전관리자의 책임하에 다음 기준에 따른 조치를 한다. 〈신설 21.1.12.〉
   ① 차를 소정의 위치에 정차하고 주차브레이크를 확실히 건 다음, 엔진을 끄고(엔진 구동 방식의 것은 제외한다) 메인스위치, 그 밖의 전기장치를 완전히 차단하여 스파크가 발생하지 않도록 하며, 커플링을 분리하지 않은 상태에서는 엔진을 사용할 수 없도록 적절한 조치를 강구한다.
   ② 차량이 앞뒤로 움직이지 않도록 차바퀴의 전후를 차바퀴 고정목 등으로 확실하게 고정한다.
   ③ 정전기 제거용의 접지코드를 접지탭에 접속하여 차량에 고정된 탱크에서 발생하는 정전기를 제거한다.
   ④ 이입작업 장소 및 그 부근에 화기가 없는지를 확인한다. 〈개정 21.1.12.〉
   ⑤ "이입작업 중(충전 중) 화기 엄금"의 표시판이 눈에 잘 띄는 곳에 세워져 있는지를 확인한다.
   ⑥ 만일의 화재에 대비하여 작업장소 부근에 소화기를 비치한다. 〈개정 21.1.12.〉
   ⑦ 저온 및 초저온 가스의 경우에는 가죽장갑 등을 끼고 작업을 한다.
   ⑧ 이입작업이 종료될 때까지 차량 부근에 위치하며, 가스 누출 등 긴급사태 발생 시 차량의 긴급차단장치를 작동하거나 차량 이동 등 안전관리자의 지시에 따라 신속하게 누출방지조치를 한다.
   ⑨ 이입작업을 종료한 후에는 차량 및 수입시설 쪽에 있는 각 밸브의 잠금 및 캡 부착, 호스의 분리, 접지코드의 제거 등이 적절하게 되었는지 확인하고, 차량 부근에 가스가 체류되어 있는지를 점검한 후 안전관리자의 지시에 따라 차량을 이동한다.

(2) 안전관리자는 다음 기준에 따른 조치를 한다. 〈신설 21.1.12.〉
① 가스 누출 등 긴급사태 발생 시, 차량 운전자에게 차량의 긴급차단장치 작동 및 차량의 이동을 지시하는 등 신속하게 누출방지조치를 한다. 〈신설 21.1.12.〉
② 가스를 공급한 차량에 고정된 탱크에 가스의 누출 여부 등 안전점검을 실시하고 그 결과를 기록·보존한다.
③ ②에 따른 점검 결과 이상이 없음을 확인한 후 차량 운전자에게 차량 이동을 지시한다.

3.2.1.2 이송작업

이송작업을 할 경우에는 차량 운전자와 안전관리자(차량에 고정된 탱크로부터 고압가스를 공급받는 시설에 선임된 안전관리자를 말한다. 이하 3.2.1.2에서 같다)가 각각 다음 기준에 따른 조치를 한다. 다만 고압가스를 공급받는 시설이 안전관리책임자의 선임 대상에 해당하지 않는 경우에는 차량 운전자가 다음 기준에 따른 모든 조치((3)-①에 따른 안전점검 결과의 기록·보존은 제외한다)를 한다.

(1) 차량 운전자는 3.2.1.1((1)-①)부터 3.2.1.1((1)-③)까지와 3.2.1.1((1)-⑦) 및 3.2.1.1((1)-⑧)에 따른 조치를 한다. 이 경우 "이입작업"을 "이송작업"으로 본다.

(2) 이송작업에 필요한 설비 중 차량에 고정된 탱크 및 그 부속설비(차량에 고정 설치된 펌프·압축기 등을 포함한다)는 차량 운전자가, 고압가스를 공급받는 저장탱크 및 그 부속설비(사업소에 고정 설치된 펌프·압축기 등을 포함한다)는 안전관리자가 각각 다음 기준에 따라 안전하게 취급·조작해야 한다.
① 이송작업 전후에 밸브의 누출 유무를 점검하고 개폐는 서서히 행한다.
② 저울·액면계, 유량계 또는 압력계를 사용하여 가스를 공급받는 저장탱크의 저장능력을 초과하여 가스를 공급하지 않도록 주의한다.
③ 가스 속에 수분이 혼입되지 않도록 하고 슬립튜브식 액면계의 계량 시에는 액면계의 바로 위에 얼굴이나 몸을 내밀고 조작하지 않는다.

(3) 안전관리자는 3.2.1.1((1)-④)부터 3.2.1.1((1)-⑦)까지(이 경우 "이입작업"을 "이송작업"으로 본다)와 다음 기준에 따른 조치를 한다.
① 가스를 공급받은 저장설비에 대한 가스의 누출 여부 등 안전점검을 실시하고 그 결과를 기록·보존한다.
② 이송작업 장소 및 그 부근에는 동시에 2대 이상의 차량에 고정된 탱크를 주정차하지 않도록 통제·관리한다. 다만 충전가스가 없는 차량에 고정된 탱크의 경우에는 그렇지 않다.

모아 가스산업기사 실기(이론 + 과년도) [개정2판]

발행일 2025년 1월 8일 개정2판 1쇄
지은이 오민정
발행인 황모아
발행처 (주)모아교육그룹
주 소 서울특별시 영등포구 영신로 32길 29 세화빌딩 2층
전 화 02-2068-2393(출판, 주문)
등 록 제2015-000006호 (2015.1.16.)
이메일 moagbooks@naver.com
ISBN 979-11-6804-373-2 (13530)

이 책의 가격은 뒤표지에 있습니다.

Copyright ⓒ (주)모아교육그룹 Co., Ltd. All Rights Reserved.

이 책은 저작권법에 의해 보호를 받는 저작물이므로 저자와 출판사의 서면 허락 없이 내용의 전부 또는 일부를 이용하는 것을 금합니다.

가스산업기사 합격!
여러분의 합격은 모아의 보람입니다.

끊임없이 변화를 추구하는 교육기업
모아교육그룹

모아를 선택해주신 여러분께 감사드립니다.

- ✔ 모아는 혁신적인 교육을 통해 인간의 사고(思考)를 확장 및 변화시킬 수 있다고 믿고 있습니다.

- ✔ 모아는 미래를 교육으로 변화시킬 수 있다고 믿고 있습니다.

- ✔ 모아는 청년부터 장년, 중년, 노년까지의 성인교육에 중점을 두고 사업을 진행하고 있습니다.

초고령화, 불확실성의 시대

모아는 당신의 미래를 함께 하는 혁신적인 교육 플랫폼이 되겠습니다.